創見文化，智慧的銳眼
www.book4u.com.tw　　www.silkbook.com

序

　　「全世界六成以上的成功企業家都是業務出身！」拿前台塑集團總裁王永慶以及首富郭台銘為例，他們都曾親自站上火線負擔起銷售業務，說明了業務員的價值。

　　日本首富柳井正說過這樣一句話：「我父親一直要求我，要當第一，什麼第一都可以。」當然，柳井正也真的是做到了。身為日本迅銷有限公司「優衣庫（Uniqlo）」CEO的服裝銷售巨頭，柳井正在2009年、2010年和2011年分別以61億美元、92億美元和逾百億美元身價蟬連日本財富榜冠軍。

　　一次在接受記者採訪時，年過花甲的柳井正再一次當起業務員：「你該有一條寬鬆牛仔褲，修身、緊身牛仔褲已經不流行了。」「羊絨連衣裙？這可能會是今年秋冬最流行的單品，我建議你最好去買一件。」幾十年的服裝銷售經歷，柳井正儼然成了時尚界潮人，而且幾秒鐘的時間就能判斷一個人的腰身，該穿什麼尺碼的衣服，顯然有著早已爐火純青的銷售經驗。

　　這位日本商界的傳奇人物讓我超敬佩，我不禁在想：到底是什麼因素讓柳井正從一個僅有九個月銷售經驗的平凡業務員，成長為全日本休閒服飾領軍企業的掌門人呢？

　　瀏覽柳井正先生的經歷，我發現他的成功並非一蹴而就。從最初找不到方向和目標，到自我創業時的不斷嘗試、凡事親力親

為，到對銷售瞭若指掌的自信、獨特的眼光和不斷迸發的靈感，柳井正走了三個大臺階：從早稻田大學畢業生成為一名平凡業務員，從平凡業務員中脫穎而出，成為經驗豐富的優秀銷售人才，又從優秀的銷售人才成長為成就卓越的業績之王，柳井正一步步走上業績王位，從普通→優秀→卓越三步跨越，這值得每一個有志業務員敬佩和學習。

業務不怕沒得做，就怕你不做；而對於缺乏背景、學歷卻急需收入的職場弱勢者而言，往往是救命良方。業務是唯一能打破死薪水限制、工作領域障礙和學歷文憑窠臼，並快速累積人脈、財富、經驗的職務，更有業務員認為，業務做得好，能讓素人名利雙收、窮者鹹魚翻身。雖然業務的工作向來給人「低門檻」的觀感，但卻有超乎其他職務的價值。

剛剛踏進銷售大門的業務員不熟悉銷售技巧，最重要的是沒有了解一名成功的超級業務員應該擁有怎樣的心態和觀念。將正確的銷售觀念熟稔於心，業務員才能拿到入門通行證，有資格進入銷售行業，做一名合格的業務員。這是突破業績的基礎。

哪個業務員願意停留在普通階段止步不前呢？那些擁有雄心壯志的業務員始終到達不了優秀的臺階，問題在於他們這一步邁得不得要領，不懂得也不能自如地應用銷售技巧，如同在戰場揮刀亂舞，不懂防備也不知道如何進攻，註定成不了將相。靈活自如地運用銷售技巧，是業務員從普通銷售兵卒晉身為精英戰將的唯一道路。

像柳井正一樣，優秀的業務員們也絕不願在第二個臺階上

就善罷甘休。從優秀業務員躍為業績長紅的「超級業務」，成為業績之王，當然也有相應的上升途徑，柳井正的經歷就印證了這一點。想從金戈鐵馬的將相成為一語定江山的王者，業務員需要了解的並非只有行銷知識和銷售技巧那樣簡單，而是要洞徹由此舉一反三後獲得的靈感與感悟，以及那些經歷過無數次失敗和成功後得到的精髓之物。像柳井正著名的「一勝九敗」哲學所體現的那樣：「重點在於嘗試，錯了也沒關係，錯九次，就有九次經驗，就有九次不同的感悟」。

我將研究與歸納多位超級業務最核心的銷售精華，及無數業務員奔波、思考、行動的銷售經驗，濃縮總結成４６個王道關鍵，著成這本名為《王道：業績3.0》的業務讀本，文字中潛藏著無數卓越銷售人才經歷成功和失敗之後蓄積的無窮力量。本書從銷售觀念、技巧再深入至精髓，分成**業績1.0**、**業績2.0**、**業績3.0**三階段，為業務員搭建起突破業績的成功框架，告訴業務員如何從平凡業務員中脫穎而出，成為經驗豐富的優秀銷售人才，又從優秀的銷售人才成長為成就卓越的業績之王。

值得提醒的是，全書每一部分都非常值得業務員認真閱讀，普通→優秀→卓越，對業務員來說，每一個階段都有著不同意義，每邁向一個新的臺階，都需要業務員經過大量的學習和實踐才得以實現。

「業務員不只是負責銷售，他們是不斷追求改變的學生、自我要求處理不滿現狀的醫師、為客戶架構最理想境界的建築師、經由比較之後創造高成效的教練、消除客戶購買恐懼的心理醫

師、促進客戶做正確決定的談判高手，也是一位啟發他人新期望的老師，和不斷培植出令人滿意水果的好農夫。」這是哈佛企管超級業務員充電課程中，提及身為超級業務員必須揣摩的八大角色。在這個競爭激烈的後商業型社會，我希望更多的業務員能夠從平凡走向優秀，從優秀邁向卓越，成為業績之王，更希望我的研究成果能對有志業務員有所幫助，指導他們完善職業生涯，更為自己創造不斐的身價，點擊理想的按鍵，實現個人價值，擁有甚至超越像柳井正一樣的傳奇人生！

PART I

業績1.0
——熟知銷售觀念，為成為銷售冠軍做準備

行為從觀念而來，觀念從學習而來。正確的銷售觀念是你進入行銷大門的通行證，本章18條黃金法則直接而強烈地改造業務員的思考，幫助業務員擁有銷售冠軍的心態，具備銷售冠軍的基本素質，實現角色蛻變，從布衣百姓變身嚴陣以待、標籤鮮明的業務英勇戰士，做好起跑的準備。

業績2.0
——善用銷售技巧，勇闖業務大勝利

價值從業績來，業績從練習來。高效的銷售技巧是你實現目標業績的法寶，本章16條黃金法則從根本上改造你的銷售能力，只要掌握好原則，做些細微而重要的修正，成為產品專家和客戶專家，擁有像銷售冠軍一樣的說服力和影響力，就不怕沒業績、沒客戶，你的業績將能一飛衝天。

PART III

業績3.0
——挖掘銷售精髓，坐穩銷售冠軍大位

卓越從精髓而來，精髓從鑽研而來。本章提供業務必贏的12條終極秘訣，如何將不符合現今潮流的銷售技巧，轉變為符合顧客期望的方式，擺脫傳統銷售的束縛，少談賣東西，為你的客戶策略加值，讓客戶深覺買越多賺越多。向第一名取經，向失敗拿藥單，攻破專業銷售密碼，從此脫胎換骨成為一個業績領先的超級業務員！

訂製自己的成功
——審視當下自我，打開你的問題鎖

完美王道，因人而異，因人而變，也許超級業務們的成功之道並不一定適合你，但絕對有你可以學習和借鑑之處。結合王道根本，審視當下自我，找到你的問題所在，讓王道與你緊密貼合，你方能推陳出新，自成一派。

☆ PART Ⅰ ☆

業績1.0

熟知銷售觀念，為成為銷售冠軍做準備

行為從觀念而來，觀念從學習而來。
正確的銷售觀念是你進入行銷大門的通行證，
本章18條黃金法則直接而強烈地改造業務員的思考，
幫助業務人員擁有銷售冠軍的心態，
具備銷售冠軍的基本素質，實現角色蛻變，
從布衣百姓變身嚴陣以待、標籤鮮明的業務英勇戰士，
做好起跑的準備。

弄清銷售到底是什麼？

　　銷售，從字面上的定義看，就是介紹產品或服務所提供的利益，以滿足客戶特定需求的過程。簡單來說，銷售就是一個過程，是業務員與客戶的溝通過程。而成交是銷售的結果，透過溝通來達成客戶與業務員的雙贏，實現交易。

　　業務員銷售產品既是為了從工作中獲得利益、實現自身價值，也是為客戶、為社會提供服務。而客戶購買產品，除了要滿足自身基本的生活所需之外，更是對自己心理需求的滿足。因此，銷售的最終目的雖然是賣出產品，但是其過程卻不是這麼簡單。

　　不同的人對銷售的理解不同，有人認為銷售就是要完成業績、給公司帶來收入；有人認為銷售就是控制好客戶的需求和選擇，做大單、做快單、多回款；有人認為銷售就像「傳教士」那樣用自己的專業和產品知識引導客戶，為客戶創造價值；還有人認為銷售就是要與競爭對手激烈較量並取得成功。這些都是銷售的一部分，但卻不能代表銷售的全部意義。

　　對於每一個業務員來說，要做好銷售就要認清形勢，找到自己的定位。一名合格的業務員必須具備以下特質：

像漁夫一樣勤奮

　　漁夫在海中捕魚，起早摸黑出海，費盡力氣地撒網，有時還會遇到

狂風暴雨，處境危險。但是收網返航時，能打到多少魚，就要看自己的運氣了。有經驗的漁夫雖然能根據經驗預測哪裡能夠捕到更多的魚，但也不是百分之百的準確，還是要面臨很大的風險。漁夫想要更成功就要靠勤奮，要比其他的漁夫更加早出晚歸，比別人更加深入地到達大海深處。

銷售工作就像是漁夫捕魚，茫茫人海，尋尋覓覓，誰也不確定哪個地方的魚多一些。業務員要費盡心力地到處撒網，尋找客戶，但是並不是與每個客戶都能成交，難免會做些無用之功。尤其是在當今社會，產品的可替代性越來越強，一不小心，業務員就會失去自己的客戶。所以，**業務員要有像漁夫一樣的勤奮及強大的自律能力，持續而規律地開發新客戶，花費比其他業務員更多的時間和精力，使自己變得比別人更優秀。讓「客戶如果要買東西，第一個想到你」**，只有這樣才能留住自己的客戶，獲得銷售領域的成功。

像獵人一樣反應迅速

獵人打獵時，要有敏銳的觀察力、準確的判斷力、超強的行動力、迅速的反應力和有效的進攻力。他們在森林中尋找目標，一旦聽到風吹草動就要迅速判斷是不是獵物、該不該開槍、該從哪個角度開槍。做出判斷之後，就要迅速地展開行動，將獵物捕獲。

做銷售就如同打獵，市場瞬息萬變，稍有猶豫就會錯失良機。業務員要像獵戶一樣善於觀察環境，有靈敏的嗅覺，能比競爭對手早一步，找準潛在客戶，判斷客戶的需求，並立即採取行動，與客戶積極溝通。只有抓住機遇，迅速行動才能留住客戶，取得成功。

⭐ 像醫生一樣專業

醫生，是一個被人信賴的職業，治病救人、救死扶傷容不得一點馬虎。傳統的中醫能從身體這個有機整體的角度出發，望聞問切、辨症施方、對症下藥。西醫則是透過一系列的現代生醫科技幫人確定病症，加以治療。醫生這個職業的特殊性要求他們必須熟練地掌握專業知識，保證自己的工作不出差錯，萬無一失地向病人提供服務。

業務員也要像醫生一樣專業，熟悉自己的產品和相關領域。在客戶遇到問題時，能及時準確地向客戶提出建議，為客戶解決問題，**當客戶的專業級產品顧問，根據客戶的實際情況，替客戶看到他沒發現的問題，為客戶建議最合適的產品。**

⭐ 像明星一樣散發魅力

明星能夠吸引到粉絲的目光，受到大眾的喜愛，其自身存在不可忽視的魅力。漂亮的容貌、高貴的氣質、優雅的言辭，都能給人好感，讓人不由自主地追隨他們的腳步。

業務員雖然沒有明星那樣的氣質，但卻可以像明星一樣用自己的魅力吸引客戶。在日常的工作之餘，業務員要注意提升個人的素質，增強個人修養，增加產品知識。使自己由內到外都能散發出一種耀眼的光芒，從而吸引客戶的目光，贏得客戶的關注。

銷售是一種特殊的工作，更是一種藝術。要做好銷售，除了要有專業的知識和技巧外，還必須具備豐富的知識內涵，強烈的敬業精神和專業自信。要用良好的職業道德和個人修養贏得客戶的信賴，只有全身心地投入其中，才能把業績做多、做大、做強。

銷售Tips 練.習.單

- 與自己的同事組成互助小組，就產品知識進行問答練習，藉以掌握專業的產品知識。

- 不論是銷售員還是業務員銷售賣的不僅是產品，還有服務，溫暖的笑容和親切的語言遠遠比撲克臉和冷冰冰的話更能吸引客戶。

- 業務員要從思想上認識到銷售是一份有前途的工作，這樣工作時才有熱忱和動力。

- 客戶把我們當做自己的員工來運用，我們就要把自己當成是客戶的員工來做事。

- 要讓客戶說出自己的需求，然後你再根據客戶的需求，推薦適合客戶的產品。

- 業務員的基本準則就是：一切以客戶為中心。永遠把客戶當上帝，但別把自己當乞丐。

Rule 02 賣產品前先把自己賣出去

有些人認為，銷售不僅僅是把產品賣出去，而是在販售「個人魅力」。銷售是一個過程，在這個過程中最重要的環節就是贏得客戶的信任和好感——也就是把自己推銷出去。客戶只有在認同眼前這個業務員之後，才有可能接受他銷售的產品，不然再好的產品也難以打動客戶。尤其是高價位的商品，客戶通常比的不是商品，而是品牌以及人（銷售人員）。所以，優秀的業務員都是在向客戶介紹產品前先把自己介紹給客戶，在取得客戶的信任後才開始介紹自己的產品，進而讓客戶掏錢買單。

業務員要想在這一行業站穩腳跟，重點在於開發並留住客戶，不停地在老客戶身上尋找商機。與客戶建立良好的關係，爭取讓他們成為回頭客是主要關鍵。**業務員一定要在客戶心中留下良好的印象，最好可以創造自我形象與特色，讓客戶在有需求的時候隨時都能想起你。**業務最怕的就是服務了半天，客戶對你毫無印象，因此設計自己出現的方式，加深客戶對你的第一印象是重要的。如每次出現都會帶小點心；固定的裝扮，如前101董事長陳敏薰的黑色套裝加盤髮是一種方式；幽默風趣，每次一到就帶來歡笑是一種方式……，最忌諱的就是讓自己默默地像個隱形人似地出現與消失，客人連名字都叫不出來。

那麼，業務員要如何才能成功地把自己介紹客戶呢？

 七秒鐘決定別人對你的印象

加州柏克萊大學心理學教授馬布藍（Albert Mebrabian）提出著名的「7：38：55定律」，指出人們在看待他人時，有55%的印象分數來自外型，38%受到說話語調與表達方式影響，至於對方究竟說出哪些實質內容，只占印象分數的7%。換言之，穿著與儀態，極大程度決定了第一印象，以及別人對你的「好感度」。在與人的交往中，第一印象很重要，包括來自於對方的表情、姿勢、儀表、服裝和動作等。第一印象並非總是正確的，但卻是最鮮明、牢固的，它是雙方今後往來的依據。所以平時就要培養外在形象與談吐氣質，學習社交技巧與禮儀，陶冶個人魅力。在與客戶的初次見面時，客戶對業務員並不了解，只能憑著第一印象決定是否要與眼前的業務員進行進一步的往來。所以，業務員一定要注重自己的儀表，力求給客戶留下一個好印象，為交易的成功打下基礎。

大衛是一個美國醫療器材經銷商，為了節省成本，他想從中國大陸引進一些醫療器材。他聽說A公司是中國國內有名的醫療器材生產商，他們在醫療器材製造上擁有先進的製程，品質優良。於是就主動與A公司的業務員聯繫，希望能與A公司合作。

到了他們約定好的會面時間，大衛坐在辦公室裡等待A公司業務員的到來。不一會兒，響起了敲門聲，大衛便請他進來。

門開了，大衛看見一個人走進來說自己是A公司的業務員。這個人穿著皺皺巴巴的淺色西裝，裡面是一件襯衫，打著一條領帶，領帶飄在襯衫的外面，有些髒，好像還有些油污。他穿著棕色的皮鞋，鞋上面還看得見灰土。大衛打量著他，心裡起了個大問號，腦中也一片空白，似乎只看見

他的嘴巴在動，完全聽不清他在說什麼。

業務員介紹完了之後，沒有再說別的，氣氛頓時安靜下來。大衛一下子回過神來，馬上對他說：「把資料放在這裡，你請先回去吧！」但是業務員離開後，大衛完全沒有意願去翻看那份資料。

最終，大衛沒有與A公司合作，而是選擇了另外一家醫療器材生產商。

由於A公司的業務員衣著邋遢，沒有給大衛留下一個好印象，所以大衛對他所代表的產品完全沒有了解的興趣，使得雙方的交流在還沒開始就已經畫下休止符。由此可見，業務員一定要注重自己的儀表與態度，務必要給客戶留下一個良好的第一印象。

1. 第一眼的印象

那麼，業務員怎樣做才能給客戶留下好印象呢？

首先，在儀表方面，衣著要整潔大方。業務員的服裝是第一印象的主角之一，包括上衣、褲子、領帶等。穿著整潔得體的服裝能給人帶來自信，使業務員看上去就顯得很專業，給客戶值得信賴的感覺。

再來是良好的精神面貌。業務員要容光煥發、精神抖擻地投入到工作中，給客戶一種眼前一亮的感覺，並用自己的精神感染客戶，使客戶在溝通過程中也保持愉快的心情。

業務員有親和力更是一大加分。要贏得客戶的好感，就用自己的親和力打動客戶。一般情況下，人們都會對陌生人心懷戒備，難以敞開心扉。客戶在面對初次見面的業務員時，往往是懷著一種戒備的態度，這種態度會影響溝通的效率。所以業務員要有意識地加強與客戶之間心與心的交流，使自己被客戶接受、喜歡和依賴。你可以透過以下幾種方式展現自

己的親和力：

▶▶ **讓微笑成為你最好的名片**：對業務員而言，笑容就是最好的名片，微笑面對每一位客戶，就是對客戶最大的尊重。微笑能拉近人與人之間的關係，減少人與人的隔閡。很多時候，一個親切的笑臉就能帶給客戶溫暖，感染客戶。據一份調查表明，微笑在銷售中佔的分量為95％，而產品知識只佔5％。當你看到一名業務新手在不懂成交訣竅，而只掌握一點最基本的產品知識，卻能不斷將產品銷售出去時，你就會了解到微笑是多麼重要。

▶▶ **說充滿人情味的話**：在與客戶交談時，業務員可以選擇天氣、新聞等日常話題與客戶輕鬆閒聊，像是：「開車來的嗎？車位好找嗎？」也可以對客戶的衣著、髮型或者公司的情況進行讚美。透過這些充滿人情味與善意的話語來打開客戶的心扉。

2. 穩重有禮的口條

與客戶交談時，你的表達能力也影響著客戶對你印象好壞的關鍵之一。如果業務員向客戶介紹產品時吞吞吐吐、磕磕絆絆，就會使客戶懷疑其能力，難以贏得客戶的信任。相反地，如果業務員準確流暢地將自己的意思表達出來，不僅能更輕鬆地與客戶溝通，還能贏得客戶的好感，促使雙方交易順利達成。

同時，業務員還應該注意說話時的禮儀，多使用文明用語和文雅的詞語，不要講粗話或負面語言。無論在什麼場合都不要大聲喧嘩，容易引起客戶的反感。

▶▶ **簡單明瞭的自我介紹**：業務員第一次拜訪客戶，做自我介紹的時候，第一句話不要太長。一般情況下，人們通常沒有耐心去聽陌生人講很長的一段話，所以業務員的自我介紹一定要簡短，並且要能吸引客戶的注意。例如有的業務員在做自我介紹時說：「我是××公司在××地區的××分公司

熟知銷售觀念，為成為銷售冠軍做準備

19

的業務員×××」這樣的自我介紹太長且拗口，客戶聽完之後還是不能清楚業務員的具體情況。業務員剛開始可以先說：「您好，我是××公司的業務員」在取得客戶注意之後，再進行自我介紹：「我是×××，是××分公司的業務員。」

▶▶ **使用恰當的開場白**：業務員不要一見面就向客戶銷售產品，可以根據當時的情況適當使用一些開場白，或幽默風趣、或關懷體貼的開場白能拉近業務員與客戶的關係，為自己贏得好印象。如果客戶比自己年長，請教客戶「事業為何那麼成功？」是一個可以拉近對方距離的好話題，客人也會很有成就感。

3. 適當使用肢體語言

多位知名心理學家都曾經說過，無聲的語言所顯示的意義要比有聲語言所顯示的意義更多更深刻。有些肢體語言已經成為一種必要的禮儀表達，比如：握手、擁抱、敬禮、鞠躬、微笑等等，這些肢體語言在某種意義上已經是文明的象徵，在洽談生意的過程中也發揮了重要的作用。

業務員在與客戶溝通時所使用的表情、手勢以及身體其他部分的動作，都會向客戶傳遞一些資訊。業務員應該掌握以下幾種最基本的肢體語言，來輔助與客戶的交流：

▶▶ **握手**：握手是最常見的一種肢體語言，在業務員與客戶見面和告別時都會用得到。握手是業務員與客戶間最基本的禮儀，業務員要保持手的乾爽，不要失禮於客戶。另外，面對不同的客戶時，握手禮儀也有所不同，業務員要注意區分。

▶▶ **手勢**：業務員在與客戶的接觸中會不自覺地用到一些手勢，這些手勢有助於業務員向客戶表達自己的意思，但是有些手勢會令客戶反感，如用食指對客戶指指點點、亂揮拳頭或者抓頭髮、挖鼻孔或剔牙齒等小動作，這

些都不要在客戶面前出現。另外，業務員要注意，同一個手勢在不同國家和地區表達的意思不同，所以在與外國客戶交流時要搞清楚手勢的具體含義，不要隨便亂用。

▶▶ **體態**：站如松、坐如鐘、行如風，這是對一個人身體姿態的最基本要求。業務員要及時矯正自己的站姿、坐姿以及走路的姿勢，給客戶留下一種端莊大方的印象。

▶▶ **微笑點頭**：微笑點頭是業務員要多多利用的肢體語言，也是與客戶溝通時最好的工具。業務員在使用這個肢體語言時，要注意分寸，不要表現得過於誇張，也不要讓人覺得僵硬和做作，應該從內心發出微笑，用點頭表示自己的問候，讓客戶感覺到自己的熱情。

如果你是房仲業務員，看到顧客車子駛進接待中心就必須立刻高舉手、向顧客打招呼，然後站在等候線上，眼神看著車子、大聲而有精神地引導他到停車場。肢體語言等於是為業務員和客戶打開了一條直接溝通、暢通無阻的大道，只要正確使用這些肢體語言，在向客戶推銷自己時，就能提高自己的專業形象，贏得客戶的信賴。

如何把握對客戶熱情的「度」

熱情是服務的根本，不管是銷售過程中的售前、售中、售後，熱情都是最關鍵的。**銷售熱情能快速幫助業務員在首次和客戶接觸時就能吸引客戶、能夠活躍銷售氣氛，溫暖客戶的心，化解客戶的冷漠和拒絕，喚起他們對你的信任和好感。**

有一些業務員會因為缺少足夠的自信和工作熱情，認為自己沒有能力說服客戶進行購買，而使自己陷入被動，面對客戶時失去了熱情，而與銷售機會擦身而過。世界著名銷售大師齊格拉曾經說過：**「你會因過分熱**

情而失去某一筆生意，但會因為不夠熱情而失去一百次交易。」但是在實際的銷售過程中，業務員必須把握好熱情的程度，不要過於熱情，以免給客戶不自在的感覺，引起客戶的反感。國片「海角七號」裡的業務員馬拉桑就常常因為叫賣或說話太大聲與太熱情而嚇跑客人。這是因為有些客人喜歡被人當做朋友看待，而也有些客人喜歡保有自己的空間，偏愛慢慢挑選，不喜歡被店員、業務員打擾，也會因業務員的緊迫盯人而倍感壓力，覺得自己處在「高壓」下，被控制、被強迫，失去主動性，反而沒了消費的興致。所以業務員一定要學會看客人臉色辦事，不然往往會因太過於積極服務而會嚇跑這類型的客人。所以，並不是服務越殷勤、周到，越能得到顧客的好感。

面對業務員的過度熱情，大多數客戶的反應都是落荒而逃，避之唯恐不及。所以，在銷售過程中，業務員要掌握一定的方法和技巧，使自己對客戶熱情有「度」。具體說來，應該留意以下幾點：

1. 熱情大方地接待客戶

業務員對客戶的熱情是可以透過語言、行動和態度表現出來的。在接待客戶或向客戶介紹產品情況時，業務員要面帶微笑，眼神要有親和力，表現熱情時要自然，讓客戶感到親切與溫暖，但是不要過於誇張。

向客戶介紹產品時，你可以適當使用一些身體語言，如手勢、身體姿態等，但是一定要使用準確，不要對客戶指手畫腳，以免引起客戶反感。無論在銷售過程的哪個階段，都要保持良好的態度，始終做到不卑不亢，雖有「溫度」也要有禮、有節。

2. 注意語言的使用

與客戶的溝通過程中，業務員正確使用語言也可以使客戶感受到熱

情。在向客戶介紹產品時，要盡可能多使用「我們可以」、「您認為」、「咱們」等詞語，少用「我能」、「我會」、「我覺得」、「我希望」等這樣的詞語。巧妙地遣詞用字可以拉近與客戶的關係，增強彼此間的共同感。

3. 不要對客戶寸步不離

客戶在選購產品時，都會希望保有一個挑選產品與思考的空間，能仔細選擇自己喜愛的產品，厭煩業務員寸步不離地跟在自己身邊。所以，業務員要適當地與客戶保持距離，留出一定空間，防止過度熱情使客戶感到有壓力。同時，業務員要隨時觀察客戶的反應，當客戶有疑問或需要幫助時，要及時上前為客戶解答釋疑，並及時提供協助。

4. 不要對客戶句句追問

有些業務員擔心自己留不住客戶，怕客戶放棄交易，習慣不停追問客戶，經常說這樣的話：「我們公司能夠提供最好的產品和最佳的服務，其他公司根本達不到我們先進的技術水準，而且也不具備如此完善的服務系統，可是您們竟然不願意與我們這樣的大公司合作，到底是為什麼呢？」這樣對客戶句句追問好像是在質問客戶，一不小心就會激怒客戶，反而將客戶推得更遠。

業務員應該尊重客戶的意見，即使客戶想放棄交易，也應該禮貌地向客戶詢問原因，並尊重客戶的想法，給客戶留下好印象。

5. 不要迫不及待地打斷客戶

有些業務員為了讓客戶盡快了解概況，經常不顧客戶感受，動不動就打斷客戶的話。他們總是對客戶說：「請先聽我說好嗎？我認為貴公司應盡早做出購買決定，否則的話，對貴公司來說就是一種損失……」有

時，業務員們甚至想當然地用自己的想法取代客戶的想法，替客戶做出決定。這種熱情會把客戶壓得喘不過氣來，銷售工作也只能以失敗告終。

銷售Tips 練.習.單

- 服飾穿著可以遵循「N+1」法則，也就是你的服裝要比客戶好一點，整潔乾淨的形象最好是也能勝過客戶一籌。

- 只要進洗手間，看到鏡子就練習微笑，讓自己在客戶面前留下親和、好相處的印象。

- 鏡子是一個很好的練習夥伴，在它面前，你可以整理自己的服裝，矯正自己的接待動作，讓自己看起來就是一個優秀的業務員。

- 多參加一些商務、社交禮儀課程，學習以一流的禮節來接待客戶。因為「如果禮節是一流的，其他所有的也是一流的。」一流的禮節是堅定客戶購買信心的定心丸。

- 在與客戶的面對面接觸時可以根據實際情況採取四十五公分至一公尺的個人距離和一公尺至三公尺的社交距離，以保證既能正常交流，又不讓客戶感到壓力。

- 就算你想表現自己的熱情，也沒有必要第一次見面就請客戶到高級餐廳用餐，以免讓客戶覺得不自在，以為你是急於討好他，誤認為你是迫不及待，客戶可能會趁機拉高洽談難度。

- 與客戶用餐的時候盡量不要再談公事，可以聊些輕鬆的話題，把正事留在餐後甜點時再說。

Rule 03　讓自己擁有好聽的聲音

俗話說：「良言一句三冬暖，惡語傷人六月寒」，聲音確實具有獨特的魅力，往往會產生意想不到的效果。

有一天，一名男子要搶劫一戶民宅，房子裡只有一位年老的婦人獨自在家。她聽到門鈴響了，於是去應門，只見一位彪形大漢手拿一把菜刀兇神惡煞地站在門口。這個老婦人見到這種情景，先是因為害怕愣了一下，但是她很快就鎮定下來，面帶微笑溫和地對大漢說：「呦！您賣刀啊？請進吧！」

進屋後，這位老婦人請他坐下，熱情地為他倒茶。這一出乎他意料的舉動令本來想打劫的大漢不知所措，接著老婦人又坐下來溫和地與大漢談論他手中的那把刀，還不時地討價還價。整個過程中，老婦人始終用溫柔的聲音、親切的態度和男子說話，就好像這個男子真的是一個賣刀的業務員一樣。老婦人的反應正常而從容，一切都顯得那麼自然。男子緊張的心情慢慢平靜下來，心中本來要搶劫的念頭漸漸消散了。他借機把刀賣給這位老婦人，就趕快離開了。

這位老婦人就是利用自己的智慧和聲音的魅力，使自己脫離了險境。由此可見，聲音的力量是多麼大。業務員與客戶的溝通離不開語言，而語言要靠聲音來傳遞，所以**業務員聲音的好聽程度也對客戶的決定產生影響。擁有好聽聲音的業務員往往更能贏得客戶的好感**，而那些聲音乾澀

的業務員說話時顯得語調平淡、缺乏感情,難以吸引客戶與自己互動,更不能把產品資訊順利地傳達給客戶。

每個業務員都希望自己能擁有清晰響亮、圓潤甜美的聲音,給客戶留下深刻的印象,但並不是人人都能如願。有些業務員天生就具備一副好嗓子,在聲音上佔優勢,而那些不具備天生條件的業務員則需要進行一定的訓練,掌握一些發聲技巧,以彌補先天的劣勢。

業務員可以從以下幾點來培養自己擁有好聽的聲音:

⭐ 聲音要洪亮

業務員與客戶交流時,一定要把聲音傳到客戶的耳朵裡,讓客戶聽見自己的聲音。**如果業務員的聲音細若蚊蠅,不僅會讓客戶在聽你說話的時候感到吃力,還會給客戶留下不夠自信的印象。**

有些業務員可能天生說話聲音就纖細,不夠響亮,這就需要靠後天的鍛鍊,使自己擁有洪亮的聲音。業務員可以按照以下三步驟,練習打開自己的嗓門,使自己擁有清亮的聲音:

▶▶ 微微張開嘴巴,放鬆喉頭,閉合聲帶,低低地哼唱,體會胸腔的震動。

▶▶ 張開嘴巴,使口腔有足夠的空間,發一些如「a」的母音。

▶▶ 微笑著說話,嘴角向上翹。

除此之外,業務員也可以在訓練自己的時候,戴上耳機、聽著音樂或者在餐廳、捷運站等嘈雜的地方與別人說話。一般而言,在這種情況下和別人說話時的音量是平時的兩倍,時間長了,說話的音量自然就大了。

⭐ 盡量使自己的聲音渾厚,避免分貝過高

如果說話的聲音過高過緊,聽起來就會尖利刺耳,使人聽了不舒

服，而渾厚的聲音則能給人舒服的感覺。在與客戶交流時，要注意把握適當的高低音，盡量避免聲音分貝過高，可以透過放鬆喉嚨、加大氣息量和加強胸腔力量的訓練，使自己能自如控制自己的聲音，向客戶展示自己最樸實自然、悅耳動人的聲音。

中氣要足

業務員的聲音條件各不相同，但無論如何，在與客戶交流時都要中氣十足，面帶微笑。有些業務員由於比較害羞或者沒有自信，在與客戶交流時說話聲音小，甚至有些沙啞，這不但讓客戶難以聽清你說話的內容，也會給客戶留下不好的印象，讓客戶以為你對自己的產品沒有信心，影響銷售的成敗。

要想讓自己說話時中氣十足，除了要在心理上對自己和產品有信心外，還可以透過訓練讓自己的聲音更有底氣。業務員可以使用較深的腹式呼吸和胸腹聯合式呼吸法，調整呼吸，使自己說起話來氣韻十足。

控制好聲調和語速

聲調和語速也是影響雙方交談的重要因素。明朗、低沉、愉快的聲調最能贏得別人的好感、吸引別人的注意，業務員在與客戶溝通時，聲音要柔和、平緩、低沉，不要用尖銳的嗓音與客戶交談，那樣會讓客戶覺得不舒服。

語速的快慢也是影響客戶對業務員印象的重要因素。業務員的語速過慢，客戶就會失去耐心，不想再繼續聽下去；語速太快，客戶則沒有時間理解業務員想表達的意思。與客戶交談時，要根據實際情況調整聲音的

大小和語速的快慢。要不急不緩、娓娓道來，這樣既能給客戶留下穩重的印象，也可以給雙方留下思考的時間。

 讓言語充滿感情

不論業務員本身的聲音條件如何，只要對客戶表現出熱情與誠意，就能開啟溝通之門。很多業務員在面對客戶的時候，態度不冷不熱，導致其介紹產品時過於呆板。這種情況下，即使業務員的聲音再好聽，都不能打動客戶，也難以贏得客戶的好感。

百苑公司要為公司員工訂購一批夏裝，向服裝廠招商。採購服裝的負責人張經理來到賓媛服裝廠，業務員黎兵接待了他。張經理看了所有的服裝款式，最後拿著一款襯衫向黎兵詢問：「這款襯衫是純棉製的嗎？」

「是的，先生，這是純棉的。」黎兵面無表情，中規中矩地回答。

張經理說：「純棉的穿起來很舒服，但是會不會容易褪色或縮水啊？」

「不會的，這款襯衫品質相當不錯，從來沒有出現過這種情況。不過您在洗的時候也要注意……」黎兵接著滔滔不絕但面無表情地介紹了一些服裝保養的知識。

張經理聽完後，說要再考慮一下，便放下資料離開了。

熱情能融化客戶的冷漠，業務員要想贏得客戶除了專業知識外，也必須用親切、熱情的態度來襯托自己的語言，此時自己的聲音自然會更加好聽。

 說話要抑揚頓挫、節奏鮮明

語調是表露人真實情感的視窗，語調的抑揚頓挫體現了一個人的感

情與態度。輕柔舒緩、委婉溫和的語調及適當的停頓，能縮短交談雙方的距離，在銷售過程中更是如此。

很多業務員由於缺乏經驗或者過於緊張，在向客戶介紹產品時節奏過快，沒有抑揚停頓，沒有給客戶思考的時間。還有一些業務員由於性格的因素，說話時沒有起伏，整個內容都是一種音調，同樣無法引起客戶的注意。

業務員可以透過調整聲音的強弱、呼吸的急緩、節奏的快慢等方式營造或慷慨激昂、或激情奮進的各種氣氛，達到以聲傳情的效果。

銷售Tips 練.習.單

- 與客戶溝通時最基本的就是讓對方聽清楚你在說什麼，綿軟無力的聲音只會讓客戶厭煩。如果你的聲音不夠大，不妨多練習在嘈雜的環境中說話，你的音量自然會有所提高。

- 聲情並茂地介紹產品才能贏得客戶的心，業務員要抱著向父母介紹女（男）朋友的心態向客戶介紹產品。

- 將身邊的朋友、家人設想成你的客戶，向他們介紹產品，然後向其詢問自己在聲音方面的問題，及時改正。

- 每天花半小時的時間聽演講大師、激勵高手的CD，然後自己也嘗試練習，堅持下去，你就會擁有熱情、有活力的好聲音。

- 多利用電話行銷訓練自己聲音的表達，每一通電話都要保持同樣的活力、熱忱，這樣準客戶才會聽到真正的你，你的話也才會更有說服力、更可靠。

- 事先做好計畫，在指定時間內打一定數量的電話。任務完成後就好好獎勵自己。

Rule 04 學會寒暄暖場，才能敲開客戶的心

　　高爾基曾經說：「最難的開場白，就是第一句話，如同音樂一樣，全曲的音調都是由它來決定的，一般要花較長的時間去尋找。」寒暄是正式進行銷售流程的暖場前奏，這個「調子」定得如何，影響著整個銷售的成敗。初次見面時，可以說些「量身打造」式的問候語，或是正向、樂觀的話，千萬別盡說負面的話，如：「現在景氣真是太差了。」現代人工作壓力大，大家都喜歡接近積極樂觀、正面思考的人。主動又樂觀的特質，能夠讓自己更受歡迎。

　　與客戶寒暄，其實也是一種禮貌。在與客戶打交道時，首先要問候對方，寒暄幾句，然後才能進入接下來產品介紹等流程。特別是第一次拜訪時，介紹產品不應該是交談的重點。第一次面對面的交談，通常不超過半個小時，我們需要盡可能多了解客戶的背景和需求信息。**寒暄具有拋磚引玉的作用，一個恰當的寒暄不僅能贏得客戶的好感，還能讓業務員了解到客戶的身分、性格、愛好、家庭環境等基本資訊**，這些都對了解客戶需求，確定推薦的產品與銷售方向有很大的幫助。

　　因此，業務員絕對不能忽視銷售開場時的寒暄，那麼如何才能讓寒暄達到畫龍點睛的效果呢？接下來將分項敘述之：

 ## 掌握寒暄的常用方式

根據現代漢語詞典的解釋，寒暄的意思為：「見面時談天氣冷暖之類的應酬話。」簡單來說，就是噓寒問暖。業務員與客戶第一次見面時，開場難免覺得有些拘束，這就需要業務員主動打破尷尬的氣氛，說些暖場的話，與客戶閒話家常，聊聊天氣或者談談客戶的興趣嗜好。具體來說，常用的寒暄主要有以下幾種方式：

▶▶ **問候式寒暄：**問候式寒暄是最常見的寒暄方式，業務員在與客戶打交道時第一禮節句話就是要問候對方。可以使用「您好！」「早安！」「新年好！」等禮貌的問候語來開場，然後再慢慢進入談話主題。

▶▶ **讚美式寒暄：**適當的讚美能夠快速拉近人與人之間的距離。因雙方還不熟悉，談話內容可從較表面化的話題去打開話匣子，較表面化的話題如稱讚對方的外型、穿著如：「您的領帶真好看，很適合您。」業務員誠心誠意地讚美客戶，能夠為雙方的交談營造一種和諧的氣氛。要盡量用正面的話語來讚美客戶，消除客戶的心理芥蒂，但也要本著實事求是的原則，不要過於恭維吹捧，以免給客戶留下虛偽的印象。

▶▶ **攀親認故式寒暄：**人與人之間一旦有了某種聯繫或共同點，就會顯得比較親切。業務員可以藉由客戶資料或從對方的背景中，了解對方的故里、曾經居住過的地方或者畢業於哪所學校，並從中尋找自己與客戶之間的共同點，發現雙方這樣或者那樣的「攀親帶故」之關係。這樣就能從感情上靠近客戶，使自己與客戶更加親近。

▶▶ **聊天式寒暄：**聊天式寒暄就是業務員與客戶聊一些較生活化的話題，如：「平常都做什麼消遣」、「今天的天氣狀況」、「昨天股市大漲」、「昨天的國慶煙火轉播很好看！」等，用這些比較輕鬆又不會引起客戶的厭的話題，來拉近雙方的距離。談論天氣是聊天時最常用的話題，經常被用在

熟知銷售觀念，為成為銷售冠軍做準備

31

初次見面的場合,來打破尷尬的窘境。

▶▶ **隨機應變式寒暄:**這種寒暄方式,就是業務員針對具體的場景,臨時發揮,說出問候語「見什麼人說什麼話」,談話內容可談個人化的話題,生活化的話題,如:「您這款手機是上週才剛上市的吧!您真有辦法,聽說很多人排隊都買不到。」、「假日有沒有要到安排去哪裡玩?」這種方式對內容沒有特定限制,都是業務員根據不同情景、不同時間做出的靈活應對。

即便是寒暄,也要注意態度

業務員與客戶寒暄時,除了要使用一定的方式,說一些合適的語句外,還需要搭配主動熱情、真誠友善的態度來表達。如果業務員用冷淡的態度向客戶說:「歡迎光臨」,用不屑一顧的神態說:「我欣賞您的工作風格」,這樣不僅達不到寒暄的效果,客戶也會感覺到你的敷衍。

王經理在一家醫院任職,負責該醫院所需醫療器材的採購。醫院需要一批手術器材,正巧來了一位手術器材製造廠的業務員前來推薦產品。

這個業務員一進門就四處打量,邊看邊點頭。王經理請他坐下,他翹起二郎腿,一邊用手撥弄頭髮,一邊說:「王經理,您是客家人吧?我母親也是客家人,我們算起來是同鄉。那麼,這筆生意是不是就交給同鄉的做吧?」

王經理對他的這種態度非常反感,簡單應付幾句就匆匆起身送客了。

寒暄的目的是拉近雙方距離,給客戶留下好印象。而例子裡的那個業務員卻因為態度不當,引起了客戶的反感。所以,在寒暄時一定要注意

自己的態度，要用熱情、主動、真誠、友善、謙虛的態度與客戶寒暄，這樣才能成功跨出贏得客戶的第一步。

寒暄中常見的錯誤

寒暄既是一種藝術，又是一種學問，它需要業務員在日常工作中不斷地學習與累積。只有在這方面多下功夫，多練習，才能得心應手、遊刃有餘地應對不同場合，運用寒暄拉近與客戶的距離，促進銷售的成功。以下是寒暄時應避免犯以下的錯誤：

▶▶ **禁忌話題：**不要觸及敏感政治話題或宗教話題、批評他人。寒暄是為了拉近與客戶的距離，使雙方互動更熱絡。有些業務員個性比較直，剛見面時就對客戶的髮型、服裝等做一些批評性的評價，以為這樣就是與客戶親近，卻不知道這樣會傷害客戶的自尊，反而將客戶推向門外。業務員要尊重客戶，評價客戶時要把握一定的尺度，且一定要以正面的思維評價之。

▶▶ **以自我為中心：**有些業務員並不會隨時關注客戶的反應，完全自說自話，以自我為中心。這樣容易引起客戶的反感，影響銷售的進行。寒暄時所選的話題應該圍繞客戶進行，一方面能使客戶獲得心理上的滿足，另一方面也能讓業務員了解到更多客戶的購買需求。

▶▶ **長時間的無謂閒談：**很多業務員傾向於花幾個小時不著邊際地與客戶閒談「交朋友」，並認為這是建立關係的有效手段。這在十年前也許是正確的，當時的環境背景不若現在緊湊，客戶普遍都有大量的時間。如今，工作壓力和時間緊迫的職場生態下，無謂的閒談不但會讓客戶心煩，還會降低自己給客戶的專業感覺。有些業務員為了顯示自己的「見多識廣」，喜歡在客戶面前炫耀自己，與客戶進行長時間的閒聊。但是，業務員要明白，自己與客戶建立的是一種商業關係，而不是純粹的私人友誼。因此，

務必要注意節省客戶的寶貴時間，避免和客戶閒聊的時間過長。

雖然做銷售是以良好的服務和優質的產品取勝，但是如果沒有好的開場，那麼成功的機率就減少了一半。業務員只有在開場時寒暄說得好，做好開場，為接下來的洽談打好基礎，才能掃除障礙，增加成功的機會。

銷售Tips 練.習.單

- 多事先設計幾套寒暄的話術，以訓練自己面對不同客戶，就能立即做反應。

- 訓練自己的觀察力，多多利用以客戶的個人特點、專業來打招呼，引起客戶的興趣與好感，而樂於和你做生意。

- 寒暄不能佔用客戶太長的時間，簡單的噓寒問暖之後，業務員只要概括說明一下你的產品是什麼，能夠給客戶帶來什麼好處就可以了。

- 如果你的客戶已經決定購買，但是卻在產品的品牌和型號上猶豫，那麼你的開場白就應該複雜得多了，你要在這一過程中表現出自己的專業性。

- 不管業務員與客戶的關係有多好，在寒暄的時候也要留意應有的禮貌。

Rule 05 客戶在哪裡？

　　對業務員而言，一開始最困擾的是不曉得客戶在哪裡，或者是把精力花在一些小客戶身上，導致業績無法突破。業務員要想在銷售中取得成功，從一開始就要做足準備，審時度勢，只有圈定合適的客戶群，找最終的目標客戶，才有可能交出漂亮的業績。在銷售過程中，業務員當務之急就是要判斷哪些人最有希望成為準客戶，集中火力向他們發起進攻的號角。

　　一般情況下，準客戶具備以下的特點：

▶▶ **有購買意向：**一個人只有對產品感興趣，有需求的時候，才能被稱為準客戶。如果他對產品沒有興趣，沒有購買意向，業務員再怎麼費盡心機也不可能達到讓其購買的目的讓客戶掏錢買。所以，在跟客戶交流的過程中，要仔細地觀察分析，判斷他是不是具有購買的意向，然後再使用相應的銷售策略，促進交易的達成。

▶▶ **有購買能力：**購買產品需要足夠的金錢，客戶只有具備支付這些金錢的能力才能進行購買活動。因此，業務員要善於觀察，透過客戶的背景與衣著打扮、舉止來判斷客戶是否具備購買能力或事先做好調查。例如：這個商品是爸媽要買給小孩，雖然要小孩喜歡才重要，但要記得找孩子的爸媽談價錢。

▶▶ **有購買權力：**除了購買意向和購買能力外，準客戶還必須具備購買的權力。業務員要想把產品賣出去，就得去和那些有購買決策權的人進行談

判，否則到最後將徒勞無功。中國人壽業務經理邱俊傑的經驗談是「銷售要找出Keyman才不會浪費時間！」有一次他的朋友介紹三姊妹給他，她們想替年長的父母買保險，在他分別拜訪後發現，在銀行擔任理專的二姊才是家族中理財問題的「Keyman」，大家都會以二姊的意見為主。於是，掌握關鍵對象後，邱俊傑就以二姊為主要溝通對象，最後順利取得了保單。

　　了解了哪些人是準客戶後，那麼業務員如何才能找到這些客戶資源呢？具體說來，尋找客戶資源主要有以下幾種方式：

⭐ 地毯式尋找法

　　這種方法也稱為逐戶尋找法。業務員在特定的市場區域範圍內，針對特定的群體，利用登門拜訪、寄送郵件、打電話或者發送電子郵件等方式，在該範圍內的公司行號、家庭或者個人中進行毫無遺漏地尋找與確認。在有大量的準客戶需要某一產品或服務的情況下，地毯式尋找法是一種有效的方式。

　　用地毯式尋找法尋找客戶資源有以下的優點：

▶▶ 特定範圍內的地毯式搜尋，能夠做到戶戶俱到地把產品資訊傳遞出去，不會遺漏任何有價值的客戶。

▶▶ 使用這種方法，在尋找過程中接觸面廣、信息量大，而且能得到客戶的各種反應，了解到客戶的意見和需求，也為業務員在分析市場方面提供了廣泛的資料。

▶▶ 這種尋找客戶資源的方式，涉及的對象也比較多，業務員可以讓更多人了解自己的產品和企業，即使沒有達成交易，也為自己的產品和企業做了宣傳。

　　但是，這種方法也存在著一定的缺陷和不足。無論是挨家挨戶地上門拜訪還是寄送郵件或者打電話，都需要付出一定的代價，不僅成本高而且費時費力。另外，採用這種方式有時可能會對客戶的工作、生活造成不良的干擾，容易引起客戶的反感，所以在使用時一定要謹慎。

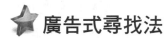 廣告式尋找法

　　廣告式尋找法是最常用的一種尋找客戶資源的方式，是指業務員透過報紙、雜誌、廣播、電視、網路或者製作看板的形式發佈廣告，吸引客戶主動上門。這種方法的基本步驟是：一、向目標客戶群發送廣告；二、吸引客戶主動上門展開業務活動。例如，通過媒體發佈自家產品的廣告，介紹其功能、購買方式、地點、代理和經銷辦法，然後在目標地區展開活動。

　　這種方式的優點是，資訊傳播速度快、覆蓋面廣、重複性好，相對於地毯式尋找法更加省時省力。但是，由於要大規模地宣傳，需要支付廣告費用，而且廣告的針對性和及時回饋性不強。

介紹式尋找法

　　介紹式尋找法是指業務員透過他人提供的資訊或者直接介紹尋找客戶資源。介紹人可以是業務員的親戚朋友等熟人關係，也可以是曾經的客戶和合作夥伴。透過介紹人的當面引薦、電話介紹、信函傳達或者口碑效應等方式，獲取與客戶的見面機會。

　　使用這種方法需要具備一定的條件，那就是業務員要具備廣泛的人脈關係，在平時的工作中持續留意為現存客戶提供滿意的服務和幫助，給

客戶留下這名業務專業或樂於助人的好印象。藉由認真的工作,為自己樹立良好的口碑,累積更廣泛的人脈。業務員只有獲得客戶的認可,才有可能被推薦給更多的人,贏得更多的客戶。

介紹式尋找法對業務員的個人素質要求最高,需要經過一個長時間的累積過程。但是,由於有他人的介紹以及成功的案例和依據,這種尋找客戶資源的方法成功的可能性非常大,並且不用投入太多的資金,能有效地減小成交障礙,降低銷售費用,因此應該受到業務員最大的重視。例如,金氏世界銷售紀錄保持人喬‧吉拉德主要(約85%的成交量)的賣車業績都是源於老客戶與「朋友們」的介紹而來的。

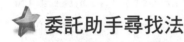

委託助手尋找法

委託助手尋找法通常是指業務員在自己的業務地區或者客戶群中,通過有償的方式委託特定的人為自己收集資訊,了解有關客戶和市場、地區的情報資料,尋找客戶資源,自己則集中精力進行具體的銷售活動。這種方式以往在歐、美、日用得比較多,近幾年也開始在國內興起。

使用這種方法,首先要找到比較好的銷售助手,最理想的人選是那些經驗豐富、人脈廣泛的人。另外,一些老資格的業務員可以委託那些剛進入銷售領域的新人從事這方面的工作,也可藉此提升他們的經驗。

資料查閱尋找法

業務員需要經常利用的資料有:相關政府部門提供的資料、有關行業和協會的資料、國家和地區的統計資料、企業黃頁、工商企業目錄和產品目錄、電視、報紙、雜誌、網路等大眾媒體、客戶發佈的消息、產品介

紹、企業內刊等等。

　　業務員要對這些資料進行分析，找出有用的資訊，從中尋找客戶資源。這樣可以減少銷售工作的盲目性，減小業務員的工作量，提高工作效率。同時，在使用資料查詢法時還需要注意資料的時效性和可靠性，防止被過期或虛假的資料蒙蔽，而做出錯誤的判斷。

　　業務員在工作中，要注意收集客戶資訊，累積客戶資料，透過對客戶資料的整理，發現業務來源，為尋找客戶資源打下基礎。

⭐ 行業協會尋找法

　　每個行業都會由一些公司領頭發起行業組織，創辦一些協會。這些協會組織經常會舉辦一些業內的展覽會、交易會之類的活動，為行業內的公司、企業提供交流的機會。業務員可以充分利用這些機會，不僅要爭取實現交易，更要注意尋找客戶資源，並與他們多多溝通，以聯絡雙方的感情，增加彼此的相互了解。

⭐ 諮詢尋找法

　　一些行業組織、技術服務組織、諮詢單位等組織的手中往往集中了大量的客戶資料以及相關行業的市場訊息。透過諮詢的方式尋找客戶不僅是一個有效的途徑，有時還能獲得這些組織的服務、幫助和支援，比如在客戶聯繫、介紹、市場進入的建議等。

　　在實際的銷售過程中，尋找客戶資源的方式遠不止這些。業務員要根據實際情況，結合多種方法，綜合運用，為自己尋找更多的客戶資源。

熟知銷售觀念，為成為銷售冠軍做準備

 找客戶，一定要找「鑽石級」客戶

並不是每一個名單上的客戶都會變成鑽石，正如老練的挖礦高手說的：「並不是每一件閃閃的東西，就一定是鑽石，但是沒有閃閃發光的話，它就一定不是鑽石。」所以，你必須要具備分析客戶的能力。有些客戶非常值得打交道，有些則是根本不符效益。「鑽石級」客戶，有以下的特質，若有機會遇上他們，一定要好好經營。

❶ 對你的產品和服務有迫切的需求。

❷ 對你的行業、產品或服務抱持認可的態度。

❸ 有給你大訂單的可能。

❹ 是影響力的核心。

❺ 財務健全，付款迅速。

❻ 客戶的辦公室或住家離你不遠。

銷售Tips 練.習.單

🍂 每天一早就要去拜訪能夠為你的銷售帶來益處的朋友。即使約不到新客戶，你也不要和同事聚在一起閒聊，因為他們不會和你做生意。

🍂 如果有時間的話，可以去拜訪老客戶，你當然可以說自己剛巧在附近，順便拜訪。你的光臨，不僅能夠傳達出對客戶的關心，還能多了解客戶的現況，看看有什麼事需要你幫忙的。

🍂 如果遇到朋友有困難，你要積極幫忙，當然我們幫忙的目的不是為了得到回報，但是往往會有意想不到的收穫。

🍂 抽出一些業餘時間去參加一些社團活動，一方面可以增長見聞，一方面能結交朋友，方便以後開發客戶。最好能擔任一些職務，因為這樣可以更方便地接觸會員。

🍂 雖然95%的陌生電話（Cold Call）肯定會被拒絕的，因此，要隨時提醒自己不受客戶影響工作情緒或服務態度。

🍂 將每天打電話的通數加倍。特別是新進人員，剛開始一定要多打一些電話，才能累積到一定數量的拜訪機會和客戶。

🍂 謹記：20：5：1黃金法則。通常打20通陌生電話會產生5個潛在客戶，而在這個客戶中通常能成交一筆生意。謹記，要成交一筆生意，你會被拒絕19次。

熟知銷售觀念，為成為銷售冠軍做準備

41

Rule 06 身邊的每一個人都是你的客戶

　　有些業務員總在抱怨沒有客戶。其實業務員身邊的每個人都是潛在客戶，而銷售商談過程也不是非要在辦公室進行，業務員逛街、買菜、旅遊、理髮甚至去醫院遇到的人都可能成為自己的客戶。**客戶在哪裡，你人就應該在哪裡。**回想一下「海角七號」電影畫面，是不是喜宴裡有賣小米酒的馬拉桑、海產攤有馬拉桑、酒吧裡也有馬拉桑……，你的客戶在哪裡，你就應該出現在哪裡。

　　一天，業務員彼得帶著辭職信來到經理辦公室，向經理表明自己不適合做銷售工作，想去其他行業試試看。經理得知彼得要辭職的消息有點兒吃驚，問道：「為什麼不想做銷售了？」

　　彼得沮喪地說：「我找不到客戶，一個也找不到。」

　　經理聽後馬上把彼得拉到窗前，指著窗外對彼得說：「我們這裡是大樓的第十三樓，從這裡望出去，你看到了什麼？」彼得疑惑地順著經理的手指看出去，回答道：「馬路啊。」

　　經理繼續問：「還看見了什麼？」

　　彼得回答：「還有一些建築物和人。」

　　這時經理大聲說道：「難道你沒看到街上那麼多客戶嗎？」

　　起初彼得一臉疑惑，但很快地就恍然大悟，拿起辭職信，對經理說：「我去工作了，經理看我的表現吧！」

 業務員的財富──人際關係

銷售便是將產品賣出。而產品的買賣牽涉到人與人之間的交往，所以對**業務員來說，若有良好的人際關係，幫自己忙的人越多，則銷售的成績就越好**。然而，有些業務員在簽訂契約之前，唯唯諾諾、頻頻探訪，一旦契約簽訂，便老死不相往來，不再顧及客戶感受。或有些業務員因人事調動調到毫不相干的單位，就與以前對自己諸多關照的人，形同陌路，不再聯繫，而對目前相關單位的人士百般奉承討好。

你是否也會這樣嗎？這麼現實的話，結果會如何呢？「那位業務員曾很熱心的來訪，口才很好，看起來挺不錯的，我也曾關照過他，可是當我離開那單位之後，他就擺出一派冷漠的姿態，好似陌生人。」這樣被之前的客戶批評，即使你在新的工作單位努力經營人脈，想要有好的成績，恐怕是很難的。

換另外一種情形「那個人很好，我們工作上曾有往來，雖說我離開那單位很久了，但他還是不忘年年寄賀卡給我。這個業務員啊！你若能幫忙就盡量幫他！」這樣從旁協助。兩相比較，就有如天壤之別。像這種，一開始因為工作認識，即使之後無直接生意上往來，對方仍直接或間接的給予你幫助；試問，這樣的朋友，你擁有多少？

許多業務員把全部精力放在讓客戶付錢，一旦成交後，就對客戶不聞不問。然而，銷售大師喬‧吉拉德反而認為：成交之後仍要繼續推銷。銷售是一個連續的過程，成交既是本次銷售活動的結束，又是下次銷售活動的開始。業務員在成交之後依然要繼續關心顧客，將會既贏得老客戶，又能吸引新客戶，使生意越做越大，客戶越來越多。 所以，喬‧吉拉德

每個月都會寄卡片給向他買車的一萬多位客戶,只要向他買過車,都會定期收到他的賀卡,自然也不會忘記他。正因為喬·吉拉德沒有忘記他的客戶,他的客戶才不會忘記他。其所銷售的一萬多輛車中,有很大一部分都是重複購買或介紹別人來買車的老客戶。

現在就把從前的客戶再找回來,好好經營,先想想從前和客戶相處的情形,無論是吵架或高興的事,盡量多想,而後依你所想的情形,用懷念、感性的手法寄張明信片給對方,有空時再撥個電話或登門拜訪,對方一定會很高興你的到訪。人際關係的建立就在於此。接下來,以後逢年過節千萬別忘記寄張賀卡。同時,賀卡上的字句不要千篇一律,最好真誠寫下你的問候或感受,讓對方感受到那份真情。

頂尖業務員之所以有更多的銷售機會,在於他們將身邊的每一個人都當做自己的客戶,時時刻刻都在做著產品與自我行銷。

要想獲得更多的銷售機會,業務員就要把身邊的每一個人都當成客戶對待,同時要善於把握時機,撥動和激發他們的購買興趣,將潛在客戶發展成準客戶。那麼平時業務員應該如何做呢?

⭐ 盡己所能幫助身邊的人

俗話說:「贈人玫瑰,手留餘香」而對業務員來說,幫助別人後手中留下的不只餘香,還有訂單和財富。

有一年夏天,原一平先生的公司舉辦員工旅遊,在熊谷車站上車時,旁邊座位上坐著一位約近四十歲的女士,帶著兩個小孩,看樣子應該是名家庭主婦,於是原一平便有了向她推銷保險的念頭。

在列車臨近停站之際,他買了一份小禮物送給他們,並與這位女士

閒聊起來，一直聊到小孩子的學費。

「您先生一定很愛您，他現在哪裡高就？」

「是的，他很優秀，每天都有應酬，因為他在A公司是一個部門的負責人，那是一個很重要的部門，所以他沒有時間陪我們。」

「這次旅行準備到哪裡遊玩？」

「我計畫在輕井澤車站住一宿，第二天坐快車去草津。」

「輕井澤是避暑勝地，又逢盛夏，來這裡的人很多，你們預訂房間了嗎？」

聽見原一平這麼說，她有些緊張：「沒有，如果找不到住的地方那可就麻煩了。」

「我們這次旅遊的地方也是輕井澤。我也許能夠幫上點忙。」

她聽了之後非常高興，並愉快地接受了原一平的建議。到輕井澤以後，原一平透過朋友的協助為他們找到了一家旅館。

兩週之後，他一進辦公室，就接到那位女士丈夫的電話：「原先生，非常感謝您對我妻子的幫助，如果不介意，明天我請您吃頓便飯，您看怎麼樣？」

第二天，原一平欣然赴約，並且在飯局之後得到了一筆保單——那位先生為全家四口人購買了保險。

對業務員來說，盡己所能幫助身邊的人解決問題，能更快贏得對方的信任和好感，一旦與對方建立起良好的關係，就等於多了一條人脈，無論是向對方銷售，還是透過對方關係擴大銷售網，對業務員都是有益的。但是在「贈人玫瑰」的過程中，業務員也需要注意一些問題：

▶▶ **幫助對方解決最緊急的事**：幫人解決燃眉之急，就能迅速贏得對方好感。

▶▶ **不要承諾辦不到的事：**如果你確實無法幫助到對方，就不要冒險許下某些承諾，否則不僅得不到客戶，還會給自己惹來麻煩。

別忽視身邊任何人的意見

有些業務員之所以找不到客戶，並不是沒有潛在客戶的關注，也不是沒有銷售機會，而是他們太粗心，忽視了身邊人的回應或意見，讓許多機會白白溜走了。相反地，那些出類拔萃的業務員只是多關注了身邊人的一些細節，就抓住了很多銷售機會。

業務員小偉去客戶家裡介紹產品，在小偉與客戶談到最後階段時，客戶的兒子從外邊回來了，看起來大概十七八歲的樣子。當他看到父親選的產品時，一口就否定了：「這太難看了，使用起來也不方便，別要了。」

小偉頓時愣住了，他知道到現在這個節骨眼上，銷售的成功與否，小孩的意見很重要。

小偉隨即與客戶的孩子聊了起來，他把產品的資料拿出來讓對方挑選，客戶的孩子一下子就看中一個精緻小巧的商品。

「這個還可以」小孩指著那款設計精美、但體形小一點的商品說。

「哦，這個的確是很美觀，但是不適合人多的家庭使用」小偉看到孩子點點頭，「不如這一款」小偉指著另外一個樣式但是容量很大的商品說，「這個就比較適合你們家使用。」客戶聽了隨即接著說：「看，你已經是一個大人了，那口小鍋做的飯還不夠你一個人吃的呢！」孩子聽後不好意思地笑了。

最後，客戶的孩子做了決定，買下小偉推薦的產品。

一個頂尖業務員能從生活周遭一個微小的回應中發現成交機會。對業務員來說，成交機會可能就藏在身邊人的一句話或一個眼神中，所以**業務員要善於觀察和傾聽，從細節中發現並抓住身邊的銷售機會，這樣生意才能源源不斷。**

從「搭訕」學跑業務

在銷售領域，人脈即財脈，但業務員不要指望客戶能自己找上門來，關係網能自動變大。想要不斷拓展客戶關係網，獲得更多銷售機會，業務員就要走出去，主動和陌生人搭上話。

一次在商場裡，業務員恰巧看中了一款產品，但卻因為昂貴的價格而考慮在三，忽然聽到旁邊有人問店員：「這個多少錢？」說來真巧，問話人要買的產品剛巧也是他想買的，店員很有禮貌地回答：「這個要七萬元。」

「好，我要了，替我包起來吧！」

購買同一樣產品，我還在為價格猶豫不決，這個人居然這麼爽快就買下了？業務員開始在心裡猜測這位先生的身分：這位先生現在到百貨公司購物，說不定就是住附近或公司在附近，很可能是個經理級人物，說不定還是「董事長或是總經理」的高職位呢，他花錢闊綽，一定是收入頗豐，也許努力一下，他就能成為自己的客戶。

想到這裡業務員決定不再購物，馬上追蹤這位爽快的先生。只見這位先生離開百貨公司後走進一棟辦公大樓，大樓的管理員殷勤地向他鞠躬。

業務員便走上前向管理員詢問：「您好，請問剛剛走進電梯的那位

先生是⋯⋯」

「您是什麼人啊？」

「是這樣的，剛才我在百貨公司掉了東西，他撿到之後還給我，我想寫封信謝謝他，卻不知道他的姓名，所以冒昧請教。」

「哦！原來如此，他是A公司的總經理。」

「謝謝您！」

後來，業務員努力與這位A公司的總經理簽了一筆大生意。

這又是一個陌生人變成準客戶的例子，案例中的業務員只是在百貨公司買東西，就將遇到的「潛在客戶」變成了自己的「大客戶」。生活中銷售無處不在，對業務員來說，陌生人中存在著巨大的成交機會。業務員要善於發現，勇敢與陌生人搭話，拓展自己的客戶關係網，更要善於抓住銷售時機實現銷售。

此外，也**別忽略了離自己最近的寶藏－親朋好友。對業務員來說，這個客戶群不僅是非常龐大的，而且還不容易被拒絕，更重要的是：因為熟識的關係，業務員可以更快更準確地發現對方的需求。**

⭐ 不以貌取人，對每一位客戶都尊重

「以貌取人」是很多業務員都會犯的通病，尤其是銷售高單價產品的業務員，他們的內心往往有「以貌取人」的想法，看到有些人其貌不揚或穿著不夠氣派，都不肯正眼看他們一眼，殊不知，這樣的態度只會給自己帶來巨大的利益損失。

古語有云：「海水不可斗量，人不可貌相」生活中常有一些深藏不露的人，他們也許身價驚人，但卻生活樸素，如果業務員犯了「光看穿著

來判斷購買力」的大忌，低估了客戶的身價，就等於自己拆了自己的台，怨不得別人。

就算客戶只是一個普通得不能再普通的客戶，業務員也不應該以貌取人。也許客戶覺得產品雖然昂貴，但完全能滿足自己的要求，願意透過借貸來購買產品，這也是不無可能。客戶也許真的沒有購買能力，暫時沒有購買計畫，但並不代表他身邊的人沒有，也不代表他未來不具備購買能力。

湯是一個房地產業務員。一天，湯在接待中心等著客戶上門，同事傑爾從旁經過，進來跟他打聲招呼。沒多久，一輛破舊的車子駛進了接待中心前的車道上，一對年老邋遢的夫婦朝著他們走來。在熱忱地對他們表示歡迎後，湯的眼角餘光瞥見了傑爾，他正搖著頭，做出明顯的表情對湯暗示著：「別在他們身上浪費時間。」

「但是對人不禮貌不是我的本性，我還是應該熱情地招待他們。因為他們和別的客戶沒有什麼不同。」湯對傑爾說道。已經認定湯在浪費時間的傑爾不悅地離去。當時接待中心中並無其他業務員，湯就帶著老人參觀這個號稱為「豪宅」的新完工建案。

當湯帶著他們參觀時，他們以敬畏的神色看著這棟房屋內部氣派典雅的格局。四米高的天花板令他們目眩得喘不過氣來，很顯然他們從未走進過這樣豪華的宅邸內，而湯也很高興有這個機會，向這對滿心讚賞的夫婦展示這間房子。

在看完第四個浴室之後，這位先生歎著氣地對他的妻子說：「想想看，一間有著四套衛浴的房子！」他轉身對湯說：「這麼多年，我們一直夢想擁有一間有很多浴室的房子」

那位妻子注視著丈夫，眼中蓄滿了淚水。

在他們參觀房子的每一個角落後，回到了客廳，「我們夫婦是否可以私下談一下？」那位先生禮貌地向湯詢問。

「當然」湯說著便走進廚房。

五分鐘之後，那對夫妻走向湯：「好了，我們商量好了。」

這時，那位先生的臉上滿是笑意，他把手伸進外套口袋中，從裡面取出了一個破損的紙袋。然後他在樓梯上坐下來，開始從紙袋中拿出一疊疊整齊的現鈔準備下訂……。請記住，這件事是發生在幾乎已沒有現金交易的201×年代裡！

在他們離開不久後，傑爾回來了，湯向他展示了那張簽好的合約，並交給他那個紙袋。

後來湯才知道，這位先生在一家一流的餐館裡擔任服務生領班，多年以來，他們省吃儉用，存夠了買豪宅的頭期款，而他們的子女也承諾會負擔後續的貸款。

1. 熱情接待你的客戶——不論你的客戶看起來如何！

遇到穿著不甚體面的客人上門時，業務員不妨問客戶：「請問你想找什麼價格的商品（預算多少的房子）？」或「想買什麼類型的車子？」如果對方一臉茫然，就表示他大概只是隨便逛逛。這時你也不要一下子就變張臉，依然要熱情接待，可以先招呼看一下店內的商品或是先給他商品目錄或DM讓他參考。因為現在不買不表示以後不會買，還是要好好照顧。對業務員來說，熱情應該是一種始終如一的堅持。如果業務員根據客戶的外貌決定銷售態度，將在無形中錯失大量的銷售機會。

對每一個客戶都熱情，並不是每個業務員都能做到的。但如果一旦

做到了，躋身優秀業務員的行列就是很正常的事。不論你面對的是什麼樣客戶，都能表現出十足的熱情，你不僅在挖掘那些深藏不露的客戶，同時也在感化那些普通客戶，這會讓客戶更願意與你交談，更願意接受你的產品和服務。

2. 不嘲笑客戶的不專業

俗話說：「外行看熱鬧，內行看門道。」在銷售領域中，業務員們無論經驗是否豐富，都在想辦法提高業績，不斷研究銷售行業以及相關領域的專業知識，看的是門道。但相比之下，大部分客戶看的都是熱鬧，客戶對購買的某種產品瞭若指掌的幾率並不高，在多數時候，客戶在業務員面前都是不專業的。但業務員如果把客戶的不專業當成笑柄，那就是銷售的不專業了。

小李是屏東一家商場的手機售貨員，這天，小李的櫃檯上來了一位男子，男子衣服髒兮兮的、身上充滿了魚腥味，他焦急地說：「給我推薦一款手機吧！」小李隨便拿出一款功能少，款式老的手機給男子，並說道：「這款功能簡單，價位也低。那些3G雙卡的機型你就別看了。」男子一臉疑惑地問：「什麼是3G雙卡？」小李真後悔怎麼這麼多話，心裡想這個人怎麼這麼老土，忍不住竟然笑出聲來，男子狐疑地看著小李，小李立即裝作低頭找東西的樣子，想虛應過去。男子有點措手不及，看起來十分尷尬。

這時另一邊櫃檯上的小王微笑著說：「您想要一款什麼樣式的？對手機功能有什麼要求嗎？」男子聽了，臉上浮現笑容，立即說：「我兒子考上台北的大學了，我想替他買款手機，方便和家裡聯繫，也沒什麼要求，孩子用起來方便就行。」「嗯，那您來看看這款手機吧，學生族都很

喜歡。」男子歡喜地拿起手機看了看，答道：「好的，這個是3G雙卡的嗎？有什麼用途？」小王答道：「有的，這個功能會讓你兒子用手機時更加方便……」經過小王耐心通俗的講解，男子很高興地買下手機，開心地離開了。小李在旁看了整個過程，在男子走後，惋惜自己丟了一個客戶。

專業的業務員能讓不專業的客戶了解專業的知識，不專業的業務員卻只會嘲笑客戶的不專業。對業務員來說，專業不僅是一種工作需要，更應該是一種態度。業務員只有多站在客戶的角度考慮，注重客戶的感受，才能贏得客戶的信任。

當客戶表現出對產品不了解時，業務員應重視客戶的感受，耐心為其解答問題，並用客戶容易接受的語言介紹，讓不專業的客戶聽懂專業的回答。

很多時候，表像只不過是個迷惑，在銷售過程中，客戶的外貌並不能成為你判斷客戶是否購買的依據。否則業務員會讓自己失去很多潛在客戶。因為每一個人都有可能成為你的準客戶。無論在任何時候，面對任何客戶，都要表示出尊重的態度，在每位客戶心中留下好印象。做到這一點，你就能最大限度地為自己爭取成功的機會，搶佔「客戶終身價值」的高佔有率。

銷售Tips 練.習.單

- 克服不善與陌生人說話的毛病，主動和陌生人說話，然後把陌生人變成朋友。

- 替自己制定一個目標，每天要結識四～五個陌生人，這樣才會有更多的成交機會。

- 與自己的同事組團練習，瞪大眼睛盯著對方，看誰的目光先逃開，以此鍛練自己鎮定、平穩的心態。

- 擴大自己的社交範圍，參加一些俱樂部或團體的體育項目，一起參與的同伴中就可能隱藏著客戶。

- 簡單的禮貌性表現會為你爭取到不少客戶。

- 業務員要隨時隨地優化自己的形象，注意自己的言談舉止，恪守自己的工作職責。

- 你應該有這樣的意識：如果客戶沒有購買自己的產品，可能是因為自己輕視了客戶，沒有給他們購買的機會，你不能將他們視為是浪費時間的人，而應該是國王和王后。

熟知銷售觀念，為成為銷售冠軍做準備

Rule 07　業務員要持續不斷地學習

　　一般來說，業務員的入行門檻普遍不高，但想成為業績破百萬的超級業務員就必須下功夫，不怕投資時間與精力。尤其，房仲業更是得隨時二十四小時備戰，因為他們的客戶平日白天也要上班，下班後的時間和假日是他們看房的高峰，必須隨時都要有stand by的準備。

　　既然進了這一行，學習就是你最大的本錢，拿出你的抱負、別害怕，而且專業的知識一般公司都會開班授課傾囊相授。住商不動產開發處副總劉明哲曾說：「新人別把三、六個月作為藉口當令箭，屁股老是緊黏辦公椅，工作草草了結就妄想成為百萬銷售員。」

　　做好銷售工作不僅要求業務員要有一副好口才，還需要業務員全面提升自身的能力。一名**業務員要想在銷售領域取得成就，就必須多多充實自己，在工作之餘學習產品與行銷知識，增強自己的專業技能，並關注銷售策略，綜合提升自己的銷售技能，這樣工作才能進行得更加順利。**除此之外，業務員還要有計畫地展開銷售工作，制定正確的銷售策略，確保自己的工作順利地進行下去。

　　那麼，業務員在平時都該怎樣做呢？

不以忙碌為藉口，再忙也要吸收新知

　　銷售是一份很辛苦的工作，很多業務員都會覺得自己的工作很忙

碌，沒時間學習新知識，這種想法是不正確的。每個業務員都要記住，要想在銷售這個領域有所成就，就必須不斷督促自己，不斷學習新想法、新理念，充實自己，這樣才能確保自己不被淘汰，永遠跟隨時代的腳步前進。

　　具體來說，業務員要注意學習以下的知識：

》學習產品的相關背景知識：熟悉自家公司產品的基本特徵，是實現成交的必要準備，也是一名業務員的基本職責。產品的基本知識包括：產品的名稱、功能、規格種類、產地、材料質地、顏色、價格和付款方式、使用方法、可能風險等，業務員優秀的業績與他對產品知識的熟練掌握是分不開的。此外業務員還要多多吸收業界及同業產品的相關資訊，才能用專業贏得客戶。

》學習利用現代化工具：二十一世紀是一個網路時代，誰能更快、更多地掌握有價值的資訊，誰就能取得勝利，對業務員來說也是如此。在平時的工作中，業務員要學會靈活運用電腦和網路，使它更快、更有效地幫助你完成日常工作需要整理的名片、客戶資料、日程安排、銷售業績等方面的任務。除此之外，網路上的資訊豐富且多元，業務員可以關注來自社會、經濟及「雲端」等各方面的最新動態，使自己在工作中找到更加有利的資訊，提高成交的機會。

》學習高效地管理客戶：業務員要學會對客戶進行管理，包括劃分不同層次、不同性別、不同年齡層、不同觀念的人的習慣和愛好，投其所好確定自己的潛在客戶等等。有效率地管理客戶不僅能讓工作更順暢，還能從客戶中挖掘資源，這也是那些優秀業務員保持個人業績成長的法寶。

以下幾點業務員可以參考一下：

1.為了解客戶心理，業務員可以學習一些心理學，更有效解決客戶真實

的想法。

2. 為了與客戶相處得更好，業務員要了解人際關係學，學習與人交往的知識技巧。

▶▶ **學習成交技能：**為了說服客戶下定決心購買自己的產品，業務員需要具備一些促進成交的技巧。比如說，在銷售過程中會聽到客戶諸如「價錢太貴」、「我不需要」、「以後再買」甚至「趕快離開」、「我沒時間」之類的拒絕時，就必須要用你超強的自我控制力來維持你的樂觀與自信，以扭轉這尷尬的局面。如果你想在眾多的光顧客戶裡，迅速找到有更大可能達成交易的客戶，需要較高的觀察判斷能力，而在銷售過程中，出色的表達能力、應變能力會讓成功的機率大增，如果你有超強的記憶能力，能準確地記住你服務過的客戶的名字與特徵，則更有利於你們之間合作關係的持續。

　　不景氣中，想要逆勢突圍，業務員必須更用功。學習知識是一個漫長的過程，永遠沒有止境。**不管以前做出過多大的成績，成交過多少訂單，業務員都不能滿足於現狀。只有堅持學習，業務員才能跑在其他業務員前面，保持領先的成績。**就以這幾年來國內汽車銷售量直線下滑，大量業務員被迫出局。台灣本田（HONDA）營業部資深經理陳俊亮指出，公司教的汽車商品知識只是基本的，業務員還要多自修，同時也要學習更廣泛的知識，包括高爾夫、紅酒和投資理財等聊天的話題，才能賣得動高價車。高級房車LEXUS會為他們的業務員開辦：品酒、面相、高爾夫球、品牌鑑賞、健康養生等課程。有些超級業務員還會去參加高爾夫球隊，讓自己的人脈發揮相乘效果，結果是很多訂單都是在球場談成的，而不是在展示間。

 關注銷售策略

　　銷售策略是指業務員以客戶的需要為出發點，並根據客戶的需求、購買力等情況，有計畫地組織各項銷售活動，為客戶提供滿意的產品和服務。銷售知識只有在銷售策略中才能發揮作用，銷售策略運用的好壞直接影響著銷售成敗，這就如同智商（I.Q.）與情商（E.Q.）的關係，智商是基礎，情商才是關鍵。所以業務員在學習銷售知識的同時，一定要關注銷售策略，從整體來握自己的銷售過程，防止在某個步驟出現問題，影響整個銷售的順利進行。

　　具體說來，業務員需要掌握以下幾方面的銷售策略：

▸▸ **產品策略：**產品策略是指業務員要明確自己能夠為客戶提供什麼樣的產品和服務，並制定包括產品商標、品牌、包裝、產品組合、產品生命週期等各方面的具體實施策略。業務員只有提供客戶需要的產品，才能引起客戶的購買欲望。產品策略是整個銷售過程的重要組成部分，需要得到業務員格外關注。

▸▸ **價格策略：**價格策略是指業務員透過對客戶需求的估量和成本分析，選擇一種能夠吸引客戶、實現銷售的策略。客戶購買產品除了關注產品的品質外，最關注的還是產品的價格，業務員要確定一個合適的價格，既不損害自己的利益，也能引起客戶的購買興趣。

▸▸ **通路策略：**管道策略是整個銷售系統的重要組成部分，業務員只有找到正確的銷售管道才能更好地把產品銷售出去。隨著市場發展進入了新的階段，銷售管道不斷發生新的變革，業務員要能及時發現新的銷售管道，保持銷售管道的暢通。

▸▸ **促銷策略：**促銷策略是指業務員透過廣告、公共關係和市場推廣等各種手段，向客戶傳遞產品資訊，引起他們的注意和興趣，激發他們的購買欲望

和購買行為，以達到暢銷的目的。好的促銷策略能夠加快產品的銷售，快速提升業務員的業績。

讓業務專上加精

知識不是天生的，知識也是沒有止境的。**那些從優秀突破到卓越的業務員，都是透過不斷地學習、經驗累積和培訓，逐漸豐富、強大自己，最終成為銷售界精英的。**

日本豐田素有「銷售TOYOTA」之稱，擁有大批業績斐然的業務員，他們在激烈的市場競爭環境中為企業創造了巨大的財富。為了擁有頂尖的銷售人才，公司投入大量資金建立自己的訓練機構，並開發各階段的業務訓練教材。每一位業務員從踏進公司的第一天，就要不斷地接受訓練。

在豐田的業務員都要經過一年的訓練期，才能正式加入銷售隊伍。新人在進入公司後要先到機械部門進行四個月的訓練，對汽車的構造有徹底的了解；接下來兩個月，就要接受銷售訓練。之後的六個月，新人會被分配到各分公司、營業部，由分公司的資深業務員帶領做實戰練習。豐田對業務員的看法是，除了極端膽怯及沒有一點毅力的人之外，人人都能被訓練成一名卓越的業務員。

豐田的例子足以證明：一個並不突出的人，只要經過不斷地學習、實踐和努力，都有可能成為頂尖人才。想要變成一個超級業務員，你必須不斷地提升自己的職業素養和技能，積極學習與訓練，比如經由培訓提升自己的表達能力、交際能力、銷售能力等，使自己的專業知識變得更加豐富，以使自己在面對不同客戶和談判局面時都能應對自如。

二〇〇七年保誠人壽亞太高峰會，其在日本大阪表揚一〇〇二位優秀業務員。其中，當時僅二十九歲的吳忠明，加入保誠一年多就大放異彩，榮獲「業務襄理組」第一名的肯定。他說他一進入保誠，面對高手如雲的新戰場，內心雖然緊張，卻異常的興奮。他看到資深協理、業務副總漂亮的成績單後，馬上為自己上緊發條，「我已經比他們慢進入這個領域，要超越他們只有『做得比他多』和『做得比他好』，我才能當第一名。」因此，他每週至少上班六天，每天工作超過十二個小時，積極參加公司一系列的教育訓練，努力考RFP國際認證執照，以最緊繃的狀態加值自己。他把保誠所有的商品，包括費率、保單結構背得滾瓜爛熟，每天都找不同的人「實戰演練」，經過消化與學習應答，很快地就熟能生巧，面對真正的客戶所丟出各種疑難雜症，他也能應對自如。短短兩年的耕耘，他的年薪逼近四百萬，靠的就是他懂得謙虛、虛心對向高手請教，複製對方的成功模式，「時間並不是拿來嘗試錯誤，而是要累積成功價值。」吳忠明提到，每當學到同業的優點，他都會先實際演練，再把成功法則分享給工作夥伴。

業務員應該要終身學習。尤其是高科技的業務員，專業知識高，科技汰換速度快，更是要不斷接受新知。

在保險業十四年的保誠人壽李郁馨經理就表示，在投資型保單躍為保險主流商品後這三、四年來，保險業務員的財經專業更顯得重要。原本在證券業擔任研究工作的李郁馨，現在每個月都會發給客戶「財經週報」，同時也舉辦理財講座，企圖用專業來綁住客戶對她的依賴。她說：「客戶若是信任你，就會把投資理財上的事全權交給你；要不然，至少資產配置裡屬於穩健的那一塊也會給你。」

做好職涯規劃，並列出計畫表

在銷售工作中，業務員無論是學習銷售知識，還是關注銷售策略，都是為了使銷售事業進行得更加順利、更加長久。每個業務員都要為自己的將來做好打算，做好職涯規劃，每一個腳步都按照既定的規劃前進。只有這樣，業務員才能勇敢地面對工作中的重重挑戰，才能從底層的業務員逐步向上爬升，實現自己的人生理想和人生價值。

業務員要根據自己的實際情況設定職涯規劃，並確實施行。在實施規劃時，業務員要注意以下幾點：

▶▶ **盡量多學幾門技術**：技多不壓身，一名出色的業務員一定具備多方面的知識，能夠應對各種情況。每個業務員都要多掌握幾門知識，培養自己的綜合能力，這樣不僅有利於征服客戶，還能幫助業務員抓住晉升機會，為自己事業的提升增加籌碼，同時也可泛出「綜效」（Synergy）。

▶▶ **切忌頻繁跳槽**：有些業務員總不滿意自己現在的工作，想要尋找薪水更高、職位更高、更輕鬆的工作。這種想法本來無可厚非，但過於頻繁的跳槽是不明智的。一旦進入到一個新的公司、新的領域，一切都要從頭開始，之前的工作經驗和人脈關係可能會因行業不同而變得一文不值。所以業務員一旦選定一個行業，就要堅持做下去，不要頻繁轉換跑道。

▶▶ **提高自己的管理能力**：沒有一個業務員甘於在底層做一輩子，每個業務員都希望自己能夠從最底層的業務員逐步晉升到更高的位階上。因此，就要在平時鍛鍊自己的管理能力，這樣在遇到升職的機會時，才能抓住時機，達到自己的目的。

業務員表面上是一個門檻很低的職業，但也是一項最困難的職業。要想做好這個工作，就必須在平時多學習，關注銷售知識與策略，積極經

營自己的客戶，再務實地「Try，Do，New」實踐中不斷地揣摩與累積。

　　一個業務員不管是否創造了輝煌的銷售業績，永遠都不要停止學習。如果你離成功還有一段距離，學習可以當作舟把你送向成功的彼岸。如果你已經遙遙領先，學習則可以幫你穩拿冠軍獎章。

銷售Tips　練.習.單

　🌙 向客戶學習。從客戶的不滿和疑問中學習下次銷售時應該如何改進，將客戶的拒絕率降到最低。

　🌙 向其他的高手業務員學習。留心學習別的業務員的銷售技巧和銷售方法，白痴才不用對手的好點子，競爭對手也可能會為你帶來啟發。

　🌙 向自己學習。從自己的成功中積累寶貴經驗，從失敗中汲取不可多得的教訓，不斷地自我反省是進步的動力。

　🌙 業務員不但要學習銷售技巧和產品知識，更應該涉獵各方面知識，比如為了瞭解客戶心理，你可以學習心理學；為了學習與人交往，你可以學習人際溝通……，總之，多學習一些其他方面的知識，可以讓自己在任何情況下都能胸有成竹。

　🌙 把注意力放在你的工作目標上，確保自己隨時得到提醒。

　🌙 要不斷地追蹤自己的工作進展狀況，對自己目前的工作進行評估和反思。

　🌙 如果實現目標，就要犒賞自己，即使是一些小目標的成功也要慶祝，並將成功模式記錄下來。

熟知銷售觀念，為成為銷售冠軍做準備

Rule 08 練好口才，銷售才有色彩

做銷售，離不開與客戶的溝通。要想在與客戶溝通中贏得客戶的好感，一副好口才是必須的。好的銷售口才，不是滔滔不絕地介紹產品，也不是口若懸河地辯論不休，讓客戶毫無招架，除了語言的措辭和產品介紹的闡述外，主要是反應在業務員的能力和智慧。對於個性比較害羞的業務菜鳥，也別因而氣餒，以為口才不佳不能勝任，只要多觀察、多模仿前輩話術並多加揣摩，假以時日就能有所改善。

一名運動員，即使資質再高、天分再好，如果沒有經過正確的訓練，也無法成為傑出的選手。同樣地，一名業務員，如果不經過訓練，就難以成為頂尖的業務員。在平時的銷售中，業務員應該注重以下幾個方面的訓練：

掃除心理障礙

在銷售過程中，許多業務員都會遇到不少心理障礙。尤其是銷售新人，剛進入銷售領域，對工作不是很熟悉，容易產生自卑心理。在面對客戶時，會緊張或者膽怯。即使擁有一副好的口才也發揮不出來。這時的心理障礙是阻礙口才發揮的最主要因素，要掃除這些障礙就要找到原因，從根本上解決問題。

總括來說，業務員應該做到以下幾個方面：

建立自信：自信心是成就事業的心理基礎。在與客戶的來往中，一個沒有自信的業務員是不可能被客戶喜歡和認可的。業務員必須積極地自我鼓勵，建立自信，亮出自我風采，才能取得優異成績。

消除緊張情緒：緊張情緒是業務員的大敵，它會使業務員無法與客戶正常溝通，影響最終銷售結果。消除緊張情緒的方法很多，比如業務員可以做深呼吸，用二～三秒的時間，重複幾次，這樣就能有效地調節心態，緩解緊張情緒。

對產品瞭若指掌：現代社會，客戶對業務員的專業程度要求越來越高。如果業務員對自己的產品了解不夠，就難以讓客戶放心。因此，在與客戶見面之前，一定要花功夫去深入了解自己的產品，對產品的構成、零組件、性能、功效等方面都要瞭若指掌，同時，還要對同行業的產品熟悉到如數家珍，以便應對客戶的詢問。

增加訊息量：業務員的資訊如果太過匱乏，就會在與客戶交流的時候找不到話題，從而影響口才的發揮。因此，業務員應該多關心時事，透過報紙、雜誌、網路等途徑，了解一些社會焦點和最新動態，使得自己在面對客戶時不至於無話可說。

要想練就一副好口才，就要先掃除心理上的障礙，驅走恐懼，樹立信心。這樣才能在面對客戶時，勇於向對方表達自己的想法，將自己的意思完整地傳達給客戶，取得客戶的信任。

學會察言觀色

好口才不是喋喋不休地說個不停，而是應該把握什麼該說，什麼不該說，聰明的業務員擅長察言觀色，他們可以透過客戶的手勢、表情、眼神，以及說話的語氣、語調等資訊，及時判斷談話的狀態，根據具體情況

把自己的觀點表達出來。

優秀的業務員，能夠把自己的眼睛和耳朵充分調動起來，時刻留意對方的臉部表情、眼神、語氣、姿勢以及其他方面的細節變化。

張濤是一家化妝品廠商的業務員，他的業績一直都很好。

有一次，張濤在街頭設了展台做產品促銷，迎面走來一位漂亮的小姐，對著張濤的展示商品邊走邊看。張濤走上前去招呼：「小姐，您可以參考一下我們公司的新產品，這裡有樣品，您可以試用一下。」

這位小姐說：「不用了，我一會兒還有事要辦。」

張濤急忙說：「沒關係，只需要幾分鐘就可以了。您也可以看一下我們的資料。」邊說邊拿出幾份新產品的DM。

這時，張濤注意到這位小姐的目光停留在一款BB霜的圖片上，而且把手提包放在了展台上，認真地閱讀起來。

張濤意識到，這位小姐已經對那款BB霜產生了興趣，於是打鐵趁熱地介紹了起來，最終張濤祭出折扣招式成功地賣出了這款BB霜。

言辭能透露一個人的品格，表情能讓人窺測他人的內心，坐姿和手勢也會不知不覺地出賣他們的主人。因此，**業務員要具備敏銳的觀察力，這樣才能在與客戶的溝通過程中，揣測客戶的內心，說出最合適的話！**

⭐ 考慮環境和時機

任何語言的使用都是以一定的環境為背景的，說話雙方的關係、所處的時間和地點，都是影響語言的重要因素。業務員要清楚自己所處的場合，明白什麼話該說什麼話不該說。特定的場合只能說特定的話，如果業務員在不適當的場合進行銷售，只會引起客戶的反感，取得相反的效果。

所以只有選擇對的場合，業務員才能最有效地發揮自己的口才，吸引客戶的注意。

除此之外，業務員說話時也要選擇合適的時機。客戶的心情會隨著時間的變化而變化，只有當客戶有心情聽你說的時候，你的話才能發揮作用，不然即便你的口才再好，也只能做無用之功。業務員要在實際的操作過程中累積經驗，判定說話的環境和時機是否合適。在遇到客戶勞累、心情不好或者正專注於某件事的時候，千萬不要冒昧地上前打擾，只有在客戶心情愉快並且時間充裕的情況下，業務員的口才才能發揮最大的作用。

增強應變能力

業務員每天都要面對各式各樣的情況，形形色色的客戶也會帶來不同的際遇。只有具備良好的應變能力，才能瞬間反應，在各種情況下都能把口才發揮出來。剛剛進入銷售領域的業務員在進行銷售時往往會因為缺乏經驗，不能應對突發事件，使自己失去展示已備妥話術的機會，而難以將產品銷售出去。銷售環境是不斷變化的，出現的問題也是各式各樣的，業務員要提高自己的應變能力，做到在任何場合、對任何人都能說出合適的話。具體來說，業務員要注意以下幾點：

▶▶ **提前設想會遇到的狀況：**在拜訪客戶之前，業務員要有所準備，提前思考可能遇到的情況，並想好各種應對的方法。這樣在遇到突發事件時，就能從容不迫地應對，不會驚慌失措、亂了陣腳。業務員在客戶面前要做到應對有度、胸有成竹，就能給客戶留下良好的印象，取得客戶的信任，為交易的成功打下基礎。

▶▶ **有針對性地表達：**每一次銷售都有其特定的對象、主題、時間、地點、目

標和內容，業務員只有根據這些因素運用語言，才能使語言發揮最大的作用。由於客戶的個人背景以及購買情況各有不同，業務員所面對的情況也各有不同，所使用的語言也應該隨之改變。對不同的人說不同的話，更是對業務員應對能力的考驗。

➤➤ **觀察客戶的心情：**在與客戶交流時，要注意了解客戶的心情，並根據客戶的心情判斷應該使用什麼樣的語言。遇到客戶心情不好的時候，就要先暫停介紹產品，換用一些能舒緩對方心情的話題，獲取客戶的好感和信任。只有在客戶願意聆聽的時候，業務員才能大大地發揮自己的口才。

➤➤ **注意平時的經驗累積：**業務員要在日常的銷售工作中注意累積經驗，把遇到過或者從別人那裡聽到的情況記錄下來，並思考應對措施，在往後的工作中如果再遇到類似的情況，就能根據經驗做出反應，發揮口才，而不至於造成無言以對的尷尬場面。

掌握常用的口才技巧

在銷售過程中，業務員要適當掌握一些口才技巧，這樣才能在與客戶的溝通中立於不敗之地。具體來說，常用的口才技巧有以下幾種：

➤➤ **直言：**直言是業務員真誠的表現，也是和客戶關係密切的表現。在客戶選擇產品的時候，業務員不妨與客戶坦誠相對，直接告訴客戶哪些產品不適合對方，這樣才能幫助客戶買到適合自己的產品，是贏得客戶信任的重要手段。

➤➤ **含蓄：**含蓄是說話者有修養的表現，也是對對方的一種尊重。尤其是在關係到客戶的個人缺陷時，業務員就要使用含蓄的語言，不要引發客戶產生反感情緒。

➤➤ **長話短說：**不管是客戶還是業務員，時間都是寶貴的。業務員在與客戶交流時，一定要事先了解客戶的購買意圖，長話短說，有針對性地向客戶介

紹。幫助客戶節省時間也是贏得客戶好感的一種方式。

▶▶ **善用反語：**反語，就是將自己真正想說的話用相反的語言表達出來，在銷售進行到一定程度時，如果業務員已經了解到客戶確實有購買意圖，可以適時使用一些反語，以刺激客戶的購買。

▶▶ **幽默：**幽默，是一個人智慧的體現。當銷售過程停滯、或難以進行下去的時候，業務員可以利用幽默來緩解緊張尷尬的氣氛，以此來表現自己的氣度，讓客戶印象深刻。

　　走進業務這個行業，業務員就需要用好口才武裝自己。**沒有天生的口才專家，只有經過正規訓練的專業銷售人才**，認真學習口才技巧，努力提升說話技能，才能打出漂亮的一仗。

銷售Tips　練.習.單

🌀 業務員可以聽藉由錄音來改進說話的技巧。說話時要生動靈活，但是不能太快，要讓客戶清楚知道你的每一句在說什麼。

🌀 說話要簡單清楚，不要濫用成語和冷僻的詞語，要用最單純的方式說話，只要清楚、不讓人排斥就好。

🌀 好口才並不等於喋喋不休地說，業務員要在自己的表達中添加不一樣的元素，比如：在介紹產品時舉其他用戶的經驗分享、在氣氛緊張時用小笑話緩解局面、在客戶猶豫時用讚美鼓勵客戶做出決定等等。

🌀 業務員與客戶交流的大忌就是一開口就是說教的語氣，必須明白客戶的目的是購買產品，而不是聽你的說教。

Rule 09 只要有自信，在別人眼中就能創造自己的價值

在銷售這場戰役中，業務員要想取勝首先要有自信。無論是在開拓新市場還是在拜訪新客戶時，自信都能給業務員無限的力量，讓他們變得更優秀，能夠勇敢吹響銷售這場戰役的號角，積極迎接工作中的所有挑戰。

如果業務員對自己沒有信心，就會在面對客戶時無法正常發揮自己的潛力，也無法在客戶心中創造自己的價值，致使銷售工作難以順利。只有信心十足的業務員才會以飽滿的熱情對待自己的工作和客戶，並對工作的每一個環節都全力以赴，縮短自己與成功的距離。

瑪莉亞‧艾倫娜‧伊瓦涅斯是著名雜誌《公司》（Inc）歷史上報導的唯一一個白手起家，並使自己的兩個公司分別登上著名排行榜的女企業家。在二十世紀九〇年代中，她的「國際高科技銷售公司」以一千三百萬美元的平均銷售額登上了《公司》雜誌當年500家發展最快的公司的排行榜。這些成就都來自於瑪莉亞‧艾倫娜‧伊瓦涅斯的自信。

出生在哥倫比亞的瑪莉亞‧艾倫娜於1973年到美國上大學，學習電腦技術。畢業後，她發現當時在美國的個人電腦的價格約在八千美元左右，而拉丁美洲的個人電腦價格卻昂貴許多。這種情況讓她萌生了一個念頭：在拉丁美洲銷售美國的個人電腦，她想開發這個非常有前景的市場。

　　一九八〇年，瑪莉亞‧艾倫娜將自己的想法和許多主要的電腦公司進行交流，並請求這些公司給她一個機會，在拉丁美洲銷售他們的電腦。但是，很多公司的電腦銷售經理都認為拉丁美洲正處於經濟危機之中，許多國家都很貧窮，哪來的錢買電腦。他們覺得拉丁美洲的市場太小了，根本不值得去投入。

　　但是瑪莉亞‧艾倫娜沒有聽信這些銷售經理的建議，她堅信自己看到的機會。為了達到目的，她答應了Altos公司所有訂貨必須預先付款的條件，得到了九個月的境外代理商資格。

　　經過瑪莉亞‧艾倫娜的不懈努力，僅僅三個星期她就接到了價值十萬美元的訂單和預先付款的現金支票。在其後的五年裡，她的銷售額逐漸成長，達到了令人震驚的一千五百萬美元。

　　後來，瑪莉亞‧艾倫娜又將目光瞄準了非洲市場，她開辦了一個新公司，開始向非洲銷售電腦。她又一次忽視專家的預測，相信自己的判斷，親自飛往非洲開始她的銷售活動，最後也取得了巨額的訂單。

　　瑪莉亞‧艾倫娜能夠獲得成功的原因固然離不開她有好的產品，但更為重要的是，她不偏信專家的建議，堅信自己的判斷並矢志不移地進行實踐，最終在拉丁美洲和非洲創造了令人刮目相看的業績。

　　只有自信，才能成功。尤其是業務員要與客戶打交道，遭受到的拒絕和失敗要比其他行業的人多得多，所以更不能對自己失去信心。**只有相信自己，才能堅持自己的信念，勇敢地戰勝失敗和挫折，才能把最完美的一面展現給客戶，得到客戶的好感。**

　　自信的力量是強大的，業務員要想使自己變得更加自信，就要做到以下幾個方面：

⭐ 相信自己能做好

每個人都對自己有一定程度的了解，自己在哪些方面有優勢，能夠做到多好都要心裡有數。

小澤征爾是世界著名的交響樂指揮家。在一次世界指揮家大賽的決賽中，他按照評委會給的樂譜指揮演奏。敏銳的他發現了不和諧的聲音，起初，他以為是樂隊演奏出了錯誤，就停下來重新演奏，但他感覺這種不和諧並非演奏有問題，而是樂譜有問題。這時，在場的作曲家和評委會的權威人士都堅持說樂譜絕對沒有問題，是他錯了。面對一大批音樂大師和權威人士，他思考再三，最後斬釘截鐵地大聲說：「不！一定是樂譜錯了！」話音剛落，評委席上的評委們立即站起來，報以熱烈的掌聲，祝賀他大賽奪魁。

原來，這是評委們精心設計的「圈套」，以此來檢驗指揮家在發現樂譜錯誤並遭到權威人士「否定」的情況下，能否堅持自己的正確主張。前兩位參加決賽的指揮家雖然也發現了錯誤，但終因隨聲附和權威們的意見而被淘汰。小澤征爾卻因對自己的專業有自信而摘取了世界指揮家大賽的桂冠。

小澤征爾因為相信自己在專業上的能力，敢於否定權威，堅持自己。他的這種自信為自己贏得了好評。

業務員也應該對自己有一定程度的了解，突出自己的優勢，並深耕自己對產品的專業度，如從事保險業務的就要了解相關稅法、明白什麼保障對客戶最有利；賣車的要了解簡易的汽車維修方法、各廠牌車子的性能差異點。不斷告訴自己：「我是最優秀的」無論是在判定銷售方向，還是

在尋找客戶資源時，業務員都要相信自己的能力，按照自己認定的方向不斷前進。**你了解得越多，就越專業，對自己就更有自信，當你在和客戶對談時整個人的氣勢就會不一樣，客戶也會對你萌生信心，訂單自然就來了。**

相信產品有需求

無論是銷售哪一種產品，業務員一定要堅信自己銷售的產品是有需求的，是最好的，只有這樣，你才能把自己的這種意識傳達給客戶，一舉攻破客戶的心理防線。

業務員要明白，雖然我們的產品不可能做到十全十美，但是在如今這個產品高度同質化的時代，同類產品在功能上沒有什麼顯著的區別，**只要產品符合國際或行業標準，能滿足客戶的需求，它就是合格優秀的產品。**

由於每個客戶的需求不同，一件產品不可能滿足所有人的要求。所以，業務員在面對客戶時，不要把成功的希望寄託在要銷售十全十美的產品上，而是要找到產品的局部優勢，相信自己的產品能重點滿足客戶某方面的需求，並把產品賣給對產品有需求的人，贏得客戶的認可。

相信公司有發展

業務員加入一個公司，為其銷售產品，就在一定程度上代表了公司的形象。業務員頻繁地與客戶接觸，向客戶傳遞的除了產品的資訊外，還有公司的狀況。如果業務員自己都對自己的公司沒有信心，必然不能說服客戶，讓客戶購買自家公司的產品。

　　無論在什麼情況下，業務員都要相信自己選擇的是一家優秀的、有前途的公司，要相信自己的公司能時刻為客戶提供最好的產品和服務，並時刻要求自己以良好的狀態和面貌代表公司面對自己的客戶。

⭐ 相信行業有前途

　　現實生活中，很多人對銷售行業了解不深，他們在面對業務員時，態度很惡劣。這使得很多業務員內心感到壓抑和苦悶，對自己從事的行業失去信心，失去對工作的熱情。

　　我們要謹記SONY創辦人盛田昭夫的一句話：「僅有獨特的技術，生產出獨特的產品，事業是不能成功的，更重要的是產品的銷售。」對於任何企業來說，如果沒有銷售，再好的產品都沒辦法獲得價值。

　　正是因為有了銷售這個行業，人類各式各樣的需求才會被滿足，才能更好地感受生活、享受生活。業務員要正確認識自己的行業，導正自己的觀念，把它當作一項有意義的事業去做，對自己的未來一定要充滿信心。

　　自信，並不是盲目自大，不聽取任何人的意見。它是一個人在綜合分析各種狀況之後，對自己發自內心的肯定，是對業務員自身價值的認同。每一個業務員都要對自己充滿信心，用自信的態度來迎接銷售過程中的挑戰。

銷售Tips 練.習.單

- 每天面對鏡子中的自己問幾個問題:「這次的銷售能成功嗎?」「你能讓客戶接受你嗎?」「你能打敗自己的競爭對手嗎?」千萬別猶豫,明確地告訴自己:我做得到!

- 在成功完成每一次銷售任務之後,修正和完善自己的自我形象,然後盡最大可能地記住這個想像,告訴自己你就是這樣的人。

- 自信是成功的基礎,如果在與客戶交流時缺乏自信,你可以暫時忘記自己,反過來評價對方:仔細觀察對方的表情、服裝、說話的神態,找到對方的缺點,這樣在心理上你就會化被動為主動,樹立起自信心。

- 如果感到畏懼和緊張,你不妨試著放開聲音,大聲寒暄,有力地握著對方的手,開個無傷大雅的玩笑或爽朗地大笑,都會使緊張的心情得到舒緩。

- 在客戶面前,不妨想想自己的優點,即使是微不足道的長處,也可以運用自我擴大的方法,擴大成足以自豪的優點。

- 與客戶見面時要拋開不順心的事,想想讓自己高興的事,哼著喜歡的歌,踏著輕快的步伐,讓心情飛揚起來。

- 只要想著:「同樣都是人,我為什麼要害怕他呢?」就會讓緊張的心情放鬆下來。

- 不要把第一次見面的得失看得太重,只要告訴自己,與對方建立起良好的關係,能取得再次見面的機會就夠了。

- 不要覺得自己無能,找出自己的信心;停止自責和怨天尤人的情緒表達。

熟知銷售觀念,為成為銷售冠軍做準備

Rule 10 銷售禮儀你學會了嗎？

　　對於業務員來說，銷售禮儀也是贏得客戶信任的一個重要因素。銷售禮儀可以幫助業務員塑造完美的個人形象，給客戶留下良好的第一印象。如果業務員能夠在整個銷售過程中都對客戶保持適宜的禮儀，就能贏得客戶的好感，與客戶建立良好的關係，為交易的順利進行打好基礎。

　　王麟是一家服裝廠的業務員，這天他按照和客戶的約定拿著服裝的樣品去拜訪客戶。他衝出電梯，來到客戶趙經理的辦公室前，看見辦公室的門是敞開的，連門都沒敲就進去了。

　　正在工作的趙經理被嚇了一跳，茫然地看著王麟。王麟拿出服裝樣品放到趙經理面前說：「這是我們新產品的樣品，您看看怎麼樣？」

　　趙經理拿起樣品看了看，點點頭說：「看上去很漂亮。」然後就請王麟坐下，並給他倒了杯茶。

　　王麟看到客戶對產品這麼感興趣，心想這筆生意肯定能成交，於是他毫不客氣地靠在沙發上，將放在茶几上的茶水一飲而盡。

　　趙經理皺著眉頭看著他，問：「你們服裝廠生產服裝多長時間了？」王麟用手指梳梳頭髮，翹起二郎腿說：「那可長了，有十幾年了吧」邊說便掏出一盒香菸，從中抽出一根扔給趙經理，然後自己拿出一根用打火機點上。

　　趙經理這時站了起來，把菸放到王麟面前的茶几上，說：「不好意

思，我的辦公室禁菸。我想我沒辦法與貴廠合作，您還是請回吧！」

王麟不明白為什麼剛才還對樣品很感興趣的客戶會突然拒絕他，只好摸摸鼻子離開了。

王麟的錯誤就在於他在與客戶接觸時沒有顧及應有的禮儀，他粗魯的舉動和不合時宜的話語，引起了客戶的反感。業務員的衣著、談吐、行為舉止等，處處都體現著業務員的禮儀之態，任何的疏忽都有可能致使銷售失敗。而且，**越是消費力金字塔頂端，像是精品、飯店、豪宅銷售等業別，越是講究儀態和談吐。**無論是在拜訪客戶，還是在與客戶進行電話溝通時，業務員一定要注重自己的禮儀，為自己樹立良好的形象。

那麼，業務員都應該培養自己哪些方面的銷售禮儀呢？

使用恰當的稱謂

稱謂，也就是對客戶的稱呼，是表現一個業務員禮儀的重要基礎。很多時候，都是因為業務員對客戶使用了不恰當的稱呼，使客戶產生不滿的情緒，影響銷售的順利進行。所以業務員一定要注重稱謂上的禮儀，在銷售的開始就贏得客戶的好感。

對客戶使用恰當的稱謂，最重要的是要熟記客戶的姓名，事先弄清楚客戶姓名的正確寫法和讀法。防止因讀錯寫錯客戶的姓名，引起客戶的不快或雙方的誤會，造成尷尬的場面。

除此之外，在處理對客戶的稱謂問題上，業務員還要遵循以下的規則：

➤➤ 在與客戶見面時，業務員要按照慣例，對男性稱先生，對女性稱女士。

➤➤ 對於有職務或職稱的人，要直接稱呼其職務或職稱，如「老師」、「醫

生」、「經理」、「主任」等，也可以在職務或職稱前加上對方的姓氏，如「王祕書」「張董事長」等。

▶▶ 如果客戶身兼多種職務，就要選擇較高的職務稱呼，就高不就低，從而體現對客戶的尊重，贏得客戶的好感。

▶▶ 如果客戶身處副職，業務員在稱呼客戶的時候可以去掉「副」字，增加客戶的優越感。

▶▶ 如果與一個公司或是一群人談判，要稱呼其「貴公司」或「貴方」，稱自己時要使用「我方」、「敝社」或「敝公司」等字眼。

⭐ 外在形象管理

一個業務員重視自己的外在形象，不僅是對自己的審美觀、內心修養等個人素質的體現，還是對客戶的尊重。業務員應該時刻注重自己的儀表，贏得客戶的好感。

在選擇衣著時，最好乾淨、俐落、整齊，符合行業的屬性，並了解自己身材的優缺點，根據自己的年齡、當時的季節、要去的場合選擇適宜的搭配，不妨先了解客戶的背景、職業，再決定自己的穿著，讓自己看起來與對方很「麻吉」，比較容易給人親切感。另外，業務員還要注意以下幾點：

▶▶ **外套：**不管業務員的性別如何，在選擇西裝、套裙等外套時都要以深素色調為主，樣式要簡單、大方，品質要好。

▶▶ **襯衫：**業務員襯衫顏色要淺於外套的顏色，可以選擇素雅活潑的花紋圖案或者素色的襯衫，樣式不要太過誇張。業務員應該每天換洗襯衫，注意保持領口和袖口的清潔。

▶▶ **鞋子：**男士應該選擇黑色的皮鞋，女士可以做的選擇比較多，但也要以端

莊大方為宜。業務員要注意對鞋子的保養，保持鞋面的清潔，如果是皮鞋的話就應該經常擦拭保養，不要讓鞋子失去光澤。

▶▶ **配飾：**業務員的領帶、皮帶、襪子等配飾要搭配整體造型，不要盲於流行，選擇一些奇怪誇張的配飾。同時，這些配飾都要保持潔淨、整齊。

 ## 名片禮儀

名片是銷售工作中的重要道具，是業務員的第二張臉，在銷售工作中使用非常頻繁。尤其是在與客戶初次見面時，名片能把業務員的資訊傳遞給客戶，並在客戶腦海中留下印象。在銷售過程中，名片有很重要的作用，它的使用也有很多講究：

▶▶ 向客戶遞交名片時，要雙手奉上，並將名片的主要內容朝上，以便客戶能夠看到你的職務、姓名和主要資訊。

▶▶ 在接收客戶回遞的名片時，你要雙手接過，重複唸客戶姓名或職務，並且表示感謝，以示對客戶的尊重。

▶▶ 在與客戶交流結束後，要把客戶的名片放入自己的手提包或資料夾、名片夾內，不要隨便玩弄、折損或是塗改客戶名片。

▶▶ 在一天工作結束後，要把自己一天中接到的名片進行分類管理，歸入名片夾，隨身攜帶，以便查找。

▶▶ 如果你身兼數職，那麼最好多印幾種名片，針對不同的客戶選擇不同的名片。

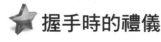 ## 握手時的禮儀

握手是每個業務員都應該掌握的最基本的社交禮儀。業務員要掌握握手的方法，準確地向客戶傳達自己的敬意，贏得客戶的好感。

>> 握手時一定要使用右手，不要戴手套，身體略向前傾，要正視客戶的眼睛。

>> 和客戶握手時要握緊，搖動的幅度不宜太大，時間以客戶鬆手的感覺為準，一般不要超過三十秒。過緊地握手或是只用手指部分漫不經心地接觸對方的手都是不禮貌的。

>> 在社交場合中，通常是地位較高的人、年齡較長的人和女士先伸出手，但是地位較低、年紀較輕或者男士應該主動走到對方面前。對於業務員來說，無論客戶年長與否、職務高低或者性別如何，都要等客戶先伸出手。

>> 業務員與客戶握手時，應稍稍彎身相握。有時為表示特別尊敬，可用雙手迎握。男士與女士握手時，一般只宜輕輕握女士手指部位。另外，男士握手時應脫帽。

>> 在任何情況拒絕對方主動要求握手的舉動都是無禮的，但手上有水或不乾淨時，應謝絕握手，同時必須解釋並致歉。

⭐ 拜訪客戶時的禮儀

　　業務員給客戶留下的印象，決定著客戶的態度和接下來商務洽談的品質。所以，業務員一定要在拜訪客戶時注意自己的禮儀，為自己的形象加分，贏得客戶的好感：

>> 拜訪客戶前要提前預約，並準時或提前到達。如果拜訪的是一家公司，則要先到接待處說明情況，然後耐心地等待安排。

>> 不能馬上見到客戶時，可以到休息室或會客室稍事休息，不要在客戶的公司隨便走動或者亂動客戶公司的東西。

>> 如果業務員帶著樣品或是下雨天進入客戶房間或辦公室，要等待客戶告知將樣品或是雨傘放在哪裡，不要弄髒客戶的辦公室。

>> 如果等待客戶的時間太久，業務員可以再到櫃台詢問情況，要使用禮貌用

語，不要表現出不耐煩。

>> 與客戶溝通時，除非客戶邀請，否則不要抽煙。

>> 與客戶洽談時，業務員要請客戶先落座，或是等待客戶指示，待對方同意後再入座。

>> 業務員與客戶交流時要展現出真誠的態度，認真傾聽和思考客戶的談話。

>> 談話時，業務員的注意力要集中，不要隨意把玩客戶桌子上的東西。

>> 如果客戶為業務員倒茶水或遞煙，則要禮貌地起身回應。

>> 拜訪結束後，業務員要向客戶道別，禮貌地請對方留步。

　　在實際情境中，業務員應該注意的禮儀還有很多，這就要求業務員在平時的工作中注意累積經驗，多加訓練。只有這樣，業務員才能從客戶那裡贏得更多的好感，距離交易成功又更靠近一步。

銷售Tips 練.習.單

🏆 利用攝影機錄下自己的銷售現況，檢查自己在銷售過程中不得體的語言和行為，並進行改正。

🏆 你的禮儀要從頭至尾貫穿在銷售中的每個環節，不要剛開始時對客戶禮儀周到，而談論到關鍵問題就咄咄逼人或拿到訂單後便冷漠對待。

🏆 在進入客戶的辦公室前，你應該先去一下洗手間，看看自己的頭髮是不是被風吹亂了，衣服是否整齊，稍微整理一下自己的儀容再進客戶的辦公室。

🏆 不同的民族和國家有不同的禮儀規範，業務員要事先對客戶的風俗習慣有一個初步瞭解，以免出錯，貽笑大方。

🏆 參加一些禮儀講座，學習一些國際禮儀，餐桌禮儀、交際應酬如何不失禮、請客時如何巧妙結帳……等。

🏆 每天靠牆站立，讓腳後跟、小腿、臀、雙肩、後腦勺都緊貼牆，每次20分鐘左右，以訓練站姿。

🏆 見面時，不論是熟人還是初次見面之人，尤其是向對方問候、致意、祝賀時，都應面帶微笑，用炯炯有神的目光注視對方，以示尊敬和禮貌。交談中，應經常與對方目光保持接觸，長時間回避對方目光而左顧右盼，是很失禮的表現。

🏆 練習微笑時，先對著鏡子找出自己唇齒最美的笑容，然後將嘴巴部分遮起來，只有眼睛照到鏡子，這時你的眼睛應該帶著「笑意」，也就是要用眼睛來表現笑容，因為我們內心的想法會影響到眼神。

80

Rule 11 沒有誠信，生意不長久

人的一生有很多資本，例如年輕、財富、學識和友誼，但其中最重要的，是誠信。誠信是一種道德力量，是一種具有約束力的心靈契約，能讓雙方遵守彼此的約定。儘管誠信無體無形，但卻比任何法律條文更具影響力和約束力。

誠信，是一個人安身立命之本。那些聞名世界、流芳百世的成功者，各自有各自的人格魅力，但他們都有一個共同點，那就是誠信待人。一個沒有誠信的人是難以在世上立足，獲得成功的。業務員當然也是如此。

傑克開了一家汽車維修店，由於他修車技術精湛，做人又實在，很多顧客都慕名前來，傑克店裡的生意一直很不錯。

一天，店裡來了一位顧客，要找維修店的老闆。傑克上前回應：「先生，我就是這個店的老闆，請問您找我有什麼事情？」顧客說：「我是貨運公司的貨車司機，經常要維修汽車，以後我來你這裡修車，你在我的帳單上多寫幾個零件，我回公司報帳後，肯定有你一份好處。」

傑克聽他這樣說，便拒絕道：「對不起，先生。我是不會做這種事情的。」顧客不死心地說道：「我的生意不算小，以後會經常來光顧的，你肯定有賺頭！」傑克繼續拒絕說：「無論如何我都不會做這種事情的。」

熟知銷售觀念，為成為銷售冠軍做準備

81

顧客氣急敗壞地嚷了起來：「聰明人都不會拒絕的，我看你是太傻了。」傑克也生氣了，於是他對顧客嚷道：「請你馬上離開我的店，去別處做你的生意吧！」

誰知這位顧客不但沒有生氣，反而露出了笑容，他握住傑克的手對他說：「我就是那家貨運公司的老闆，我一直在尋找一個固定的、值得信賴的維修店，現在終於找到了。你還讓我去哪裡談這筆生意呢？」

就這樣，傑克與這位貨運公司的老闆達成協議，並開始了長久的合作。

無論在什麼情況下，誠信都能幫助一個人贏得別人的尊重和認可。由於銷售行業特殊的工作性質，業務員尤其要有誠信。只有誠信待人，才能贏得客戶的認可。

那麼在銷售過程中，業務員應該怎麼誠信待人呢？

不要對產品誇大其詞，實事求是贏得人心

業務員的業績要靠銷售額來評定，有些業務員為了盡快把產品賣出去，衝高銷售量，會在產品介紹上做文章。利用一些銷售手段突出產品優點是每個業務員都會用到的方法，但是有些業務員對自己的產品功能誇大其詞，過分炫耀，對產品的缺點卻一語帶過，甚至隻字不提，這些都是不可取的。

業務員要明白，自己與客戶的聯繫並不是一次交易之後就結束了，要想與客戶長期合作，就要向客戶實事求是地介紹產品，用誠信獲得客戶的信賴。

在實際的銷售過程中，業務員要注意以下幾個方面：

▶▶ **不要誇大。**向客戶介紹產品時，業務員不要把產品的品質、性能等進行誇張處理，或者隨意說些產品沒有的性能。客戶都不是傻瓜，使用產品時自然能分辨出產品的真實性能。所以業務員在介紹產品時，一定不要過分誇大產品的功能，用真誠贏得客戶的信賴。

▶▶ **說缺點。**優秀的業務員要向客戶說實話，必須承認產品既有優點也有不足的地方。在向客戶介紹產品的時候，可以巧妙地主動說出一些產品的小問題。把那些無關緊要的缺點向客戶說清楚，反而能留給客戶值得信賴的印象。

⭐ 沒兌現承諾，失去的不僅是客戶，還有口碑

客戶的需求各不相同，業務員的產品不可能全部滿足，有時客戶會向業務員提出額外的要求。**業務員在面對客戶的要求時，一定要謹慎，要在自己的能力範圍內做出承諾**。做出承諾就一定要兌現，說到就要做到。否則，一旦業務員不能履行承諾，就會使客戶的希望落空，失去他們的信任。

業務員在向客戶做出承諾時，應該遵循以下的原則：

▶▶ **做出承諾要適度：**業務員做出的承諾可以增強客戶的購買決心，但承諾一定要適度，要想清楚自己做出的承諾能不能履行，不能滿足的要求堅決不做承諾。如果客戶的要求超過了自己的能力範圍，業務員可以採用其他輔助手段淡化客戶這方面的需求，或者真誠地向客戶表明你的難處，尋求客戶的諒解。

▶▶ **兌現承諾要及時：**對於自己做出的承諾，業務員要時刻記在心裡並及時兌現，不要失信於客戶。當業務員熱情主動地向客戶兌現承諾時，客戶就會感受到這些超出了他們的期待，會很有滿足感。這樣，業務員就能與客戶

建立長久的合作關係。

▶▶ **無法兌現承諾時要道歉和補救：** 業務員一旦發現自己無法兌現對客戶的承諾時，要在第一時間向客戶表示歉意，誠懇地說明具體原因，並在得到客戶的同意後，主動採取替代方案、做出補救，盡可能地化解客戶的不滿情緒，以挽回客戶的心。

把客戶當做冤大頭將難以獲得長久的合作

有些業務員在遇到對產品不太了解的客戶時，總是用一些違反行規的手段，想從客戶身上狠撈一筆。他們從客戶身上得到了額外的利益後，以為自己的小動作神不知鬼不覺，為自己的「聰明」沾沾自喜，殊不知，客戶並不是真正的「冤大頭」，他們在使用產品之後，就會對產品的真實情況有一定的了解，在心裡對業務員的為人做出判斷。業務員雖然獲得了一時的利益，卻在客戶面前失去了誠信，難以與客戶長久合作。

做銷售講的就是細水長流，業務員應該用誠信對待客戶，與客戶建立長久的合作關係，只有這樣才能贏得客戶的認同，生意才會做得長久，客戶也會因為認同你的產品喜歡你的服務，而樂意為你介紹新的客戶。

銷售Tips 練.習.單

- 不要為了讓客戶盡快做出購買決定而對他們做出你根本無法達到的承諾，這種做法只會讓你失去客戶。

- 當客戶的要求不能獲得滿足的時候，你要從其他能夠兌現的方面滿足客戶。

- 如果你想讓客戶明白自己不能滿足他的要求，就可以採取一種「禮尚往來」的策略，也提出他不能滿足你的條件，這樣客戶就能理解你並與你達成共識。

- 實事求是是誠信的最好體現，公司介紹要真實，產品介紹也要實事求是，任何誇大其詞和無中生有的介紹都會令交易失敗。

- 在設計產品介紹時不能因為急著想要達到成交的目的，就寫出與事實不符的狀況……，例如：過分承諾、過分誇大、隱瞞事實等等。

- 做生意要講求誠信，細水長流，給客人最好的價錢和最好的服務，這樣客戶才會再度光臨，才會越來越多，現在資訊如此發達，如果賣高價，賣假貨，會很快被發現，對自己絕對是有害無益的。

熟知銷售觀念，為成為銷售冠軍做準備

Rule 12 塑造你的專業魅力

　　在產品日益同質化的現代社會，產品之間的差異越來越小，可替代性越來越高。客戶在購買產品時，要經過仔細地挑選和多方考察，才能做出最後的決定。而業務員個人魅力及專業形象也會是消費者考量買與不買的關鍵之一。在銷售中，不同的業務員說出同樣的話，對客戶產生的影響卻不一樣，有的業務員能對客戶產生很大的影響，他們的話能夠被客戶認同並且得到客戶的重視；而有的業務員的話只能被客戶當作耳邊風，他們說了很多卻無法得到客戶的賞識，甚至產生負面效應。這種差異的產生，原因在於業務員對客戶的影響力不同。

　　業務員的形象魅力來自兩大方面：一是你個人的形象號召力；二是對產品／服務的專業度。個人的形象號召力能夠讓客戶不由自主地跟隨業務員的腳步，聽取業務員的意見。它是業務員本身的一種氣勢，是業務員從內而外散發出的自然特質。對產品／服務的專業度，表現在業務員對自己的產品專業度要夠，要重視對產品形象的塑造，積極鍛鍊自己塑造品牌的能力。

⭐ 個人的形象號召力

　　形象號召力，是指業務員在與客戶的溝通過程中，改變和影響客戶心理和行為的能力。這種能力不是業務員對客戶機械式或強制性地支配，而是**透過業務員的知識、品格、才能、人文素養等個人素質對客戶形成的**

一種吸引力，也可以說是影響力。

那麼，業務員怎樣才能使自己產生這種由內而外散發的影響力呢？

1. 正確的銷售動機讓你樂在工作

無論做什麼工作，內在動機都很重要，不同的動機會使人在工作中做出不同的表現，獲得不同的效果。在銷售中，動機不同的業務員做出的成績是不同的，比如有些業務員只是把銷售當作過渡性的工作，沒有長久的規劃，這樣他們就不敢向客戶做出長久的承諾，也比較沒有自信；而有些業務員則把銷售當作一生的事業來經營，他們能夠為目標而努力，注重銷售的整個過程和結果，擁有堅定的信念和執著的精神，這樣的業務員在面對客戶時顯得自信十足，從容不迫，影響力自然而然就產生了。

有一位廢紙收購者，他在收購廢紙的時候總是面帶微笑，和賣給他廢紙的居民們相處融洽，給人留下了很好的印象，以至於有的居民與商家都會專門等他來時才賣廢紙。

曾經有人問他能整天保持微笑的原因，他說：「雖然很多人看不起我這個行業，但是我覺得這也是在為大家服務。很多人不是為了賺錢才會賣廢紙，而是為了把家裡整理得更整潔。對於我來說，最大的目的就是方便我的這些客戶清理家裡的廢紙，所以我不會和他們為了一點兒小錢而計較。這樣我就能保持愉快的心情，這附近的居民也都願意把報紙等日常廢紙留給我。」

這個廢紙收購者為自己建立了正確的工作動機，不僅使自己樂在工作，也為自己贏得了更多的客戶。業務員也要為自己樹立正確的銷售動機，熱愛自己的工作，打從心底真心為客戶服務，全心全意地幫助客戶得到利益，這樣就能消除內心的浮躁情緒，使自己在工作中更具魅力，從而

獲得客戶的信任和好感，提高自己對客戶的影響力。

2. 快樂的情緒能感染客戶，也能帶來好業績

　　每個客戶都希望在一個舒心、和諧的氛圍下購買產品，**沒有人願意與滿臉苦相、總是唉聲歎氣、滿腹抱怨的業務員打交道**。業務員要隨時保持良好的情緒，用快樂感染客戶，使客戶自然而然地接受自己的建議。

　　業務員可以從以下三方面來向客戶傳達良好的情緒，贏得客戶的好感。

▶▶ **設身處地為客戶著想**：業務員要站在客戶的角度，重視客戶的感受，設身處地為客戶著想，使客戶切身地感受到你的體貼，這樣才能贏得客戶的信賴。

▶▶ **尊重客戶**：業務員要時刻尊重客戶的觀點和看法，給他們提供貴賓式的服務，不要把自己的想法強加給客戶。

▶▶ **對客戶充滿感激**：客戶在業務員的工作中佔據重要的地位，業務員只有贏得客戶的認同，才能使自己的工作順利進行，所以業務員要時時刻刻從內心深處對客戶抱有一種感恩的心，因為有案子可以談是幸福的。

3. 持久的工作熱情讓你越挫越勇

　　工作不會總是一帆風順的，業務員同樣地會遇到各式各樣的難題，如果不能保持熱情，堅持不懈地努力，業務員很容易被現實擊垮，而逐漸懈怠下去，就再也做不出令人滿意的成績了。

　　保持足夠的激情能夠使業務員活力四射，幹勁十足，引人注目，熱情會使業務員產生強大的磁場，磁場越足，對客戶的影響越大。要想持久地保持工作激情，可以從以下幾點做起：

▶▶ **把自己當成事業的老闆**：業務員要明白自己的一切努力是在為自己的未來

打拼，業績不好不是產品不好，你要像老闆一樣想辦法突破，用頭腦找到新的獲利藍海、出奇制勝的行銷策略，從平凡的工作中尋找創新的著力點，和客戶談新的Life style，以創造出客戶的需求為目標。

>> **從點滴做起**：業務員不要幻想自己一下子就能談到大生意，而是要從工作中的每件小事做起，從無到有、從小到大，逐漸使自己在工作中嶄露頭角，提高個人對客戶的影響力。

>> **做好職涯規劃**：業務員要想保持持久的工作激情，首先就要做好職涯規劃，確定工作目標，把職業生涯劃分為不同的階段，在每個階段都向著既定的目標努力，這樣就能使自己不停地朝著明確的目標努力，不會因為看不到前途而感到迷茫，產生倦怠的感覺。切記：所謂成功便是達到了你既定的目標！

⭐ 用專業建立影響力

　　史密斯（Benson Smith）與魯提格利亞諾（Tony Tutigliano）出版的新書《發掘你的銷售長處》（Discover Your sales Strength），指出最頂尖的業務員都能對客戶發揮一定的「影響力」。

　　銷售行業需要專業的銷售人才，業務員要注意培養自己的專業能力，以保證自己能遊刃有餘地應對工作中出現的各種問題。在與客戶溝通時，如果業務員對很多資訊都不清楚或者不了解，甚至從來沒有聽說過，就會給客戶留下不專業的印象，引發客戶質疑，也就難以引導客戶改變決定。

　　國泰人壽王俊堯本身並非財經本科系出身，但是就在公司開始推出投資型保單之後，他決定轉攻投資這塊領域，他在一年半之內考取六張證照，從財經門外漢變成投資專家，再搭配有人脈的資深業務員一起去開拓業務。第二年起就因為轉型成功，業績呈倍數成長。除了一般客戶的投資

建議外，包括企業的財務規畫、稅務諮詢，他都要求自己要具備基本的專業。

TOYOTA國都豐田汽車的翁明鈴，她的專業度就讓同行的男性業務員都佩服。她會為了了解不同車種的避震器，就一一去借車來體驗，試坐駕駛座的感覺還不夠，再換到左前座、後座，再試試看轉彎、煞車等情況時坐起來的感覺。當顧客隨口問她：避震器如何？翁明鈴可以回答出坐在每一座位的感覺，這是光看汽車雜誌也學不到的專業。

業務員只有精通專業知識，具備專業能力，正確地解決客戶心中在意的各種問題，才能贏得客戶足夠的信任，使客戶願意聽從自己的建議，最後影響客戶的決定。

一位女士走到了百貨公司的化妝品櫃檯前，櫃姐小苗上前向她推薦一款洗面乳：「您可以看一下這款洗面乳，這是××品牌今年推出的新品，含有負離子水、水解膠原蛋白、人參萃提取精華、黃耆提取精華、維生素E等多種成分，不僅能深層清潔皮膚，還能有效化解皮膚缺水、乾燥等問題，用後效果特別好。」

這位女士正好想購買洗面乳，聽了小苗的介紹後就問她：「聽上去還不錯，不過負離子水和水解膠原蛋白是什麼成分呢？它們能發揮什麼具體的作用？」

小苗一聽就愣住了，吞吞吐吐了許久也沒說出個所以然，結果只能看著這位女士轉身離去。

與客戶接觸時，**業務員要學會做客戶的產品顧問，比客戶有更齊全、更領先的產業知識，而不只是產品的解說員。**不論客戶問什麼問題都要對答如流，讓自己成為客戶眼中的產品專家。從近幾年開始，台灣

IBM就會要求每個業務員都要通過四項有關資訊服務的認證，足見台灣IBM要從業務轉型成顧問的強烈用意。**業務員不要一味地將產品的資訊灌輸給客戶，而是要幫助客戶在成百上千種產品中選出他們所喜歡和需要的產品。**唯有這樣，業務員才能給客戶留下足以信賴的感覺，與客戶建立長久的合作關係。

那麼，業務員才能當一名稱職的產品顧問呢？

▶▶ **掌握專業知識：**專業知識是業務員需要掌握的最基本內容，包括產品的技術組成與含量、產品的物理性能。業務員要充分了解產品的規格、型號、材料、質地、美感、包裝和保養方法等內容，並準確詳細地介紹給客戶。各種型號的區別、功能和特點，對一些重要的產品背景和基本的行為規範也要熟悉，並在工作中熟練應用，為客戶提供最全面的產品資訊，讓客戶得到最高品質的服務。例如房仲業務員要對於房屋的建材、格局、裝潢風格、甚至是風水，以及近年流行的室內設計都要有所涉獵。這樣在為客戶介紹時，才會言之有物，讓買主更瞭解房屋的價值所在。

▶▶ **關注市場動態：**市場隨時都在變化，業務員要注意觀察市場訊息，根據市場變化及時調整銷售策略和方法。例如，那些超級理財專員們，他們與客戶對談時所談的大部分不是自家產品，反而是要和他們的客戶談目前的經濟現況、未來趨勢之類的觀點。從企業金融萎縮、消費性金融興起的趨勢，到金融海嘯的衝擊、ECFA的經濟效益……等，他們就像個小型訊息交流站，再加上自己用功，使得他們的角色更像客戶的夥伴，讓客戶每次跟理專們見面，都覺得很有收穫。無形之間，等於累積自己的影響力。等到客戶有需要，說話當然就更有份量了。

▶▶ **了解行業的最新資訊：**業務員要多關注所在行業的資訊，了解市場同類產品的情況、產品相關行業的發展狀況等資訊，使自己在銷售中及時跟隨行

業的變化，應對可能隨時會出現的問題。此外，業務員要了解自己產品不同於其他同業同類產品的新功能，並介紹給客戶，將自己的產品與其他同類產品區分開，藉以塑造獨特的產品形象。

▶▶ 強化客戶對產品的信心：業務員要站在客戶的角度思考問題，盡量滿足客戶的需求和利益。客戶猶豫不決時，這時就需要業務員拿出專業技巧強化其對產品的信心，讓客戶覺得你的推薦很專業，不是只考量自己是否有利潤，而是讓顧客體會到你是站在他（購買者）實用角度上用專業在替他考量，如果你的專業建議和搭配的實際效果真的又很好，如此客戶就會信任你的專業能力，同時也信任你這個人，向你購買的機率當然就提升不少。

▶▶ 售後服務：在產品同質化的社會，客戶越來越關注產品的售後服務，業務員要好好把握這一點，透過完善的售後服務為產品建立良好的形象。需要注意的是，業務員在與客戶溝通時，對於公司不會提供的服務不要亂誇海口、隨便承諾，以免在往後的服務過程中出現爭執，流失老客戶，將是業務行銷之大忌！

塑造產品形象

業務員要想提升專業魅力的另一關鍵，就是**要注重產品形象的塑造，加深產品在客戶心中的印象，讓客戶喜歡上自己的產品，提高客戶對產品的忠誠度和依賴度**。一般情況下，客戶會優先考慮的產品就是這個領域中形象最深入人心的產品，例如，客戶需要購買軟體就會想到微軟，需要買速食就會想到肯德基或麥當勞，想買經濟型房車會想到TOYOTA……那些一流的企業，這些企業並不只是靠自己的產品和服務來吸引客戶，他們還注重塑造自己品牌的形象，透過良好的產品形象與品牌印象贏得客戶的注意，吸引客戶來購買自己的產品。

　　業務員要想塑造產品形象，首先要對自己的產品瞭若指掌，要要求自己達到專業級的等級，如前文所說，只有對產品做出詳盡的解釋，業務員才能滿足客戶對產品知識的需求，做客戶的產品顧問。如果業務員對自己的產品不夠了解，不能及時解決客戶對產品的問題及迷惑，就會失去客戶的信任，難以塑造良好的產品形象。

　　業務員還可以從以下幾個方面來為自己的產品塑造形象：

1. 充分展示產品優勢

　　要塑造產品形象，業務員首先要弄清楚產品有哪些優勢。一般來講，產品的特徵和給客戶帶來的益處都可以作為產品的優勢，業務員只要將這些資訊帶給客戶，使客戶對產品產生深刻的印象，就能有效說服客戶，甚至使客戶成為產品的忠實粉絲。

　　近年來，中國內地石化湖北石油分公司在銷售中改變以往傳統的宣傳方式，不再單純介紹中石化油品的特徵，轉而宣傳油品的益處，這種宣傳方式的轉變取得了良好的成效。

　　中石化與他牌油品的最大差異在油品品質上，中石化經營的油品特徵是高密度、高品質油品，所以中石化湖北石油分公司在宣傳上從高密度、高品質這個特徵入手，強調選擇中石化油品會給客戶帶來什麼樣的益處。他們打出了「中石化高品質汽、柴油，更耐用，更能跑，更省錢。」「同樣100升油，中石化高品質油可多跑30公里，相當於每升優惠5角多！」等宣傳語，以中石化的油品價值和優勢來吸引客戶。湖北石油分公司準確抓住了中石化所經營油品的特徵，展示了油品的優勢，使產品在短時間內就得到了客戶的認同，這種善於展示產品優勢的銷售策略和宣傳攻勢贏得了市場的認可和客戶的認同。

熟知銷售觀念，為成為銷售冠軍做準備

93

一般情況下，無論業務員以何種方式向客戶介紹或展示產品的優勢，通常都會從以下幾個方面展開：

▶▶ 性價比（性能／價格或價值／價格）。

▶▶ 操作方便。

▶▶ 使用安全。

▶▶ 愛、關懷、環保。

▶▶ 成就感。

針對這些方面，業務員要採取相應的話術：

▶▶ 「這款產品質感很好，物美價廉。」

▶▶ 「簡單方便的使用方法會幫你節省大量的時間。」

▶▶ 「產品的操作模式可以保障你絕對的安全。」

▶▶ 「這個產品可以體現你對家人與地球的關心和愛護。」

▶▶ 「產品時尚的外觀設計可以體現你的超凡品味。」

業務員應該注意的是，在展示產品優勢的時候，必須針對客戶的實際需求發動攻勢，如果提出的產品優勢並沒有對應到客戶的需求，那麼即使這種產品的優勢再明顯，也難以引起客戶的共鳴。

2. 巧妙地演示產品

有一項調查結果顯示：「視覺和聽覺都共同作用於客戶會比僅僅付諸聽覺要有效八倍。」優秀的業務員都明白一個道理——**五分鐘內表演的內容比十分鐘內說明的內容向客戶傳遞的資訊還要多**。所以業務員在介紹產品的過程中，要盡量讓客戶透過視覺、嗅覺、味覺、觸覺等感覺親身體驗產品，直觀地、真實地向客戶傳達感性的體驗，通過產品演示來讓客戶信服產品的品質。

不同於單調生硬的技術說明書，生動、有趣的產品演示能帶給客戶

更強烈的感覺，更有利於業務員對於產品形象的塑造，能夠引發客戶的購買動機，直接刺激客戶的購買欲望。

那麼業務員在向客戶演示產品時應該注意些什麼呢？

▶▶ **示範要有針對性**：每個產品都有自己的特性，業務員在找到最能打動客戶的訴求點之後，要對產品進行有針對性地演示，用自己的示範動作將產品的特殊性表現出來。

▶▶ **演示要新奇**：銷售不是簡單的買賣，而是一門藝術、一種文化，是建立在人們消費思維上的一種策略，業務員要藉由新奇的演示手段，激發客戶的好奇心，加深客戶對產品特性的了解。

▶▶ **演示時注意與客戶的交流**：在演示的過程中，業務員不能只顧自己操作而不注意客戶的反應，要巧妙地利用一些反問與設問引導客戶跟上自己的思路，讓客戶也參與到產品的演示中來，從而加深客戶對產品的印象，引導客戶購買產品。

塑造產品形象是業務員的一項重要工作，是產品順利銷售的一個重要條件。所以，業務員一定要準確地掌握產品的資訊，了解產品優勢，並透過各種手段傳達給客戶，加深產品在客戶心中的印象，這樣才能為產品與品牌塑造良好的形象，使銷售工作能順利地進行下去。

3. 學會撰寫產品介紹文章

對於業務員來說，塑造產品形象時需要的不僅僅是溝通能力，還需要良好的寫作能力。比起業務員的登門拜訪，一篇文情並貌的產品介紹更容易打動客戶。好的產品介紹文能更加有系統地體現了產品的特徵、性能等，能將產品的整體面貌介紹得更有條理、更易於理解，還能有事後參考的作用，有助於客戶更好地了解產品，有利於塑造產品形象。也可以配合自己的部落格在網路上推薦自己的產品，以吸引更多網友關注你的產品。

接下來，提供業務員撰寫文章時的一些要點：

▶▶ **明確撰文目的：** 業務員在寫文章的時候要明白，客戶要買你的產品的什麼特點，而不是你想要賣出產品的什麼特點。業務員在對買方需求做具體說明的時候，要清楚、詳細，有目的、有針對性地介紹產品。

▶▶ **減少語言錯誤：** 業務員要把產品介紹文章看成是鞏固與客戶的關係並促成交易的機會，因此應格外重視文章中語法和文字的正確使用，不要出現標點錯誤、語法錯誤與錯別字等問題，否則會對客戶產生負面影響，損害產品形象。

▶▶ **多參考一些範本和文章：** 撰寫文章時，業務員可以先去模仿優秀的範本，再依據自己的需要做適當的修改，在不斷地模仿和練習中，掌握要領和訣竅。逐漸形成自己的寫作風格。

▶▶ **請同事或上司批閱：** 撰寫產品介紹文章時，可以先請資深的同事或上司批閱，聽取他們的意見並及時進行修改，避免出現錯誤或語句不通順。

▶▶ **反覆推敲：** 寫完產品介紹文章後，應該反覆推敲幾遍，使文章內容簡練準確，語言流暢優美，防止因為小的失誤而影響整篇文章的美感，損害產品形象的塑造。

像其他的銷售技巧一樣，撰寫產品介紹文章的能力並不是天生就有的，這也需要業務員的用心學習和反覆演練。業務員要透過長期地練習來提高自己的寫作能力，用內容豐富、語言流暢的介紹文章來塑造產品形象。

強大的影響力能夠使業務員在銷售互動中佔據主動的地位，抓住客戶的脈搏，掌控銷售的局勢，輕鬆贏得客戶，提高銷售業績。所以，業務員要多注重培養自己以上幾個方面的能力，提高個人魅力，使自己在銷售領域大放異彩，取得令自己都滿意的業績。

銷售Tips 練.習.單

- 與比你優秀的人交往，雖然會比較累，但是你可以從他們身上學到許多東西，這將有助於你的成長。

- 具備專業技術的業務員不但能充滿自信，還能進一步活用專業，幫助客戶解決更多、更複雜的問題。藉由這些經驗又可以讓自己業績衝高、職位高升。

- 廣泛閱讀可以讓業務員知道得更多，與客戶交談的話題也會變得更豐富。如此一來也能拉進業務員與客戶之間的距離。

- 如果你的生活只以公司和家庭為生活重心，久而久之必然會覺得疲累甚至失去自我。不管是追求自己喜歡的嗜好，還是參加不同行業的聚會，或者是加入社會義工，培養另一個生活重心，不僅能豐富你的人生經驗，還會讓你更有魅力。

- 定價太高會有損產品形象，客戶會問「憑什麼」，定價太低也會有損產品形象，因為客戶會問：「為什麼」。合適的價格也是塑造產品形象的重要方面。

- 在與客戶成交中，業務員可以對客戶說：「我會確保你獲得最大的利益，就好像你花的錢是我的一樣。」

- 實現成交之後，業務員要對自己的工作進行小結，總結一下這筆交易的經驗和教訓。

- 業務員要讓客戶感覺到自己是他的助理，最終的目的是幫助其解決問題，而不是抱著賺錢的心態，這樣才不會刻意看重結果。

- 業務員要懷著一份幫客戶解決問題的心態去面見客戶用你的快樂去影響客戶，當你把快樂傳染給客戶的時候，客戶也會把他的快樂與你分享，這樣你和客戶之間的關係才會長久。

熟知銷售觀念，為成為銷售冠軍做準備

Rule 13 客戶沒說出口的，你也要知道

　　世界上沒有兩片完全相同的樹葉，也沒有完全相同的人。對業務員來說，每個客戶都是不同的，業務員需要了解和關注的內容也不同。但是唯一相同的是，業務員如果不能對客戶的真實狀況瞭若指掌，根據不同客戶的特點找到相應的銷售策略，就很難期待業務能談成。因為**業務員如果等到別人開口時才開始做判斷，那麼你在這場談話中就已經失去主導權。**

　　為什麼那些超級業務員能在較短時間內對客戶做到瞭若指掌，像算命師一樣迅速抓住客戶的心理特點和需求？那是因為他們擁有超強的洞察力，善於觀察客戶，特別是能細心觀察客戶在交談時表現出的每一個細節，不放過任何一個可能了解客戶的細枝末節。

　　要想全面快速了解客戶，業務員就要注重細節，從客戶細微的舉止、談話間發現端倪，正確判讀客戶的性格、心理和需求，從而選擇正確的策略，更高效地引導客戶做出成交決定。

　　一家知名公司招聘部門經理，應徵者雲集，其中不乏高學歷、經驗豐富的人。經過初試、複試等兩輪淘汰，只剩下六個應聘者，但公司最後只能錄取一個人。所以最後一輪將由老闆親自面試。

　　可是在面試之前，主考官卻發現面試者有七個人。怎麼回事呢？坐在最後一排的一個男子站了起來，說道：「主考官，您好，我是第一輪就被淘汰的，但是我想參加這關面試。」

　　這名男子話一說出口，在場的人都笑起來，就連在門口給考生們倒茶的老頭也笑了。主考官為了不打擊這位男子的積極性，於是說道：「你連初試都沒有通過，怎麼又來參加最後的面試呢？你根本就沒有資格啊！」這位男子卻說：「我的資格就是掌握了別人所沒有的經驗，雖然我的學歷不高，但我曾有過十二家公司的任職經歷……雖然最後這些公司都先後倒閉了，但是我也累積了許多失敗的經歷。」

　　這時主考官打斷他的話：「雖然你有經驗，但是我們還是不能夠給你這個機會。」

　　這時男子繼續說：「我在這十二家公司學到很多其他人學不到的知識。很多人只追求成功，而我卻在自己的求職路程中更有經驗避免錯誤與失敗，了解錯誤與失敗的每一個細節。成功的經驗大抵相同，然而失敗卻各有原因，別人的失敗更值得我們借鑒。」

　　男子離開座位，做出轉身出門的樣子，又忽然回過頭：「這十二家公司，培養、鍛鍊了我對人、對事、對未來敏銳的洞察力，舉個例子吧，其實真正的主考官不是你，而是那位倒茶的老人。」在場所有人都驚呆了，立即將目光移向老人。老人在詫異之際，很快就恢復了鎮定，隨後笑著說：「很好，你被錄取了。我想知道你是怎麼知道這一切的？」

　　「很簡單，一般來說，倒茶的都是女秘書，而公司為什麼叫一個老人來倒茶呢？他肯定不是秘書啊，唯一的可能就是他是這家公司的老闆！」

　　細節往往是解決問題的突破口，只有關注細節、懂得思考細節的人，才能更快找到高效解決問題的辦法。與客戶溝通時恰恰是你最容易觀察到客戶細節的時候，調動自己敏銳的觀察力，關注客戶談話時的每一種

情感的表達，將觀察用在細微之處，並認真思考現象產生的原因，相信你能很快就對客戶做到瞭若指掌。

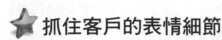 抓住客戶的表情細節

人類的表情十分豐富，每一塊肌肉的運動都有著特殊的含義。在選擇和購買產品的過程中，客戶內心的想法將不可避免地反映在表情上，就算客戶刻意掩飾，也很難掩飾掉表情中表現心理的細微變化。透過仔細觀察客戶的表情，業務員有機會能從中窺探客戶內心的秘密。

小范讀大學時是學心理的，但是他對銷售很有興趣，於是畢業之後來到一家空調公司當業務員。

經過培訓之後，工作第一天經理就交給他一個姓王的客戶，要他去拜訪。小范來到客戶家裡，經過一番寒暄之後，開始轉入正題。

「台北的氣溫在秋天還是挺高的，你的房子又大，很需要一台中央空調。」

「是啊，台北的秋天氣溫的確有點高，特別是近幾年，氣溫越來越高了。」

「我們公司生產的中央空調系統貨真價實，並且最近在舉辦優惠活動，可以為您節省不少錢……」

「是嗎？」這位客戶看著小范，眼睛一直沒有離開過小范的臉。

小范見狀，開始更起勁地侃侃而談。

「我們公司的中央空調相對於其他公司產品來說，在省電方面更勝一籌，一年可以為您省下……並且這種空調的性價比也極高，用個十年不成問題……」

經過一段時間的談話後，客戶滿意地點了點頭，爽快地簽了採購單。

有時候，**客戶的表情會出賣他們自己的想法。業務員一定要仔細觀察，從中分辨出代表客戶不同心理的表情細節，從而變換銷售策略和方向，就能更快實現成交。**以下介紹一些有代表性的客戶表情：

》》 客戶一臉茫然，表明客戶沒有聽懂業務員的話。

》》 客戶一臉不在乎，眼神飄忽不定，或眉頭微蹙，代表對產品不感興趣。

》》 客戶眼睛真誠地看著業務員，表示對業務員很信任，並願意繼續交談。

》》 客戶表情認真地傾聽，表示希望從業務員那裡了解到更多產品資訊。

讀懂客戶的動作細節

在溝通交流中，語言並不是唯一表達想法的方式。在人的心理活動驅使下，身體表達有時比語言本身還清楚，因為身體語言通常都是直接的，言辭卻可以在大腦中加以修飾。業務員在與客戶交流時，要注意客戶的肢體語言，認真讀懂客戶動作細節背後的含義。

客戶的典型動作及暗藏含義通常如下：

》》 客戶雙手插腰或者交叉擋在胸前表示防衛、抵禦，代表客戶對業務員不夠信任。

》》 客戶焦急地向上揮動手臂，那是在強烈地表示——別煩我了，我不想聽！這時業務員要意識自己已經讓客戶反感了，就不要再滔滔不絕地繼續介紹了。

》》 客戶不停地點頭微笑，則表示對業務員的介紹不討厭，這時業務員要加緊攻勢。

》》 客戶認真地翻看產品說明書，表明他的確是對產品感興趣，也願意了解更

多資訊，此時業務員應更深入地介紹產品，滿足客戶渴望了解更多的需求。

▶▶ 客戶不時拿起產品，並嘗試使用或操作，說明客戶已經對產品非常感興趣，如果可能，業務員應邀請客戶試用，並輔以相應的介紹和引導。

▶▶ 客戶用手指不停地敲擊桌面，表示他已經開始不耐煩，或是有想說的話但是沒機會說，這時業務員要停止介紹，詢問客戶意見並傾聽之。

▶▶ 回答變得簡短，以「嗯」「對」「可能」「也許」，通常代表他已經無心聽你說話，只是在敷衍。

▶▶ 客戶翹起二郎腿，玩弄手裡的筆或其他與銷售無關緊要的東西，說明客戶對業務員的介紹沒有興趣，這時業務員應重新尋找切入點，吸引客戶注意。

▶▶ 如果客戶在傾聽業務員說話時，身體開始前傾，這表示客戶對業務員信任感增強，願意進一步交流，這時業務員可以順勢將談話引入對銷售成功有利的話題。

▶▶ 如果客戶表情平靜，或是做深思狀，或不發一語，一般情況下，這代表客戶已經開始考慮是否要決定購買產品，所以這時業務員最好不要打擾他，安靜地等待他說出想法和意見。

▶▶ 如果客戶總是表現出神情緊張、不安，時常變換坐姿，這往往是客戶在表示拒絕。不過如果客戶的表現持續超過了三分鐘，那麼很可能是他因為暫時有一些顧慮難以理清，或是因為某些原因猶豫不決，但是可以肯定的是，他還沒有確定拒絕購買產品。

⭐ 聽懂客戶的語言細節

在對談中，業務員最容易從客戶那裡獲取到的就是語言資訊。但正因為語言的存在顯而易見，往往業務員會忽略對其中細節的分析。客戶的

語言並不僅是一種回應和延續交談的介質，語言的背後更蘊藏著深刻的含義，反映著客戶內心的想法和感受。

在與業務員的交談中，客戶為了獲得更多的利益常常「口不對心」，所以業務員就要識破客戶的小把戲。

業務員：「您覺得這個唐三彩怎麼樣？」

客戶：「還可以吧，不過擺在家裡不合適吧？（客戶的眼睛沒有離開過唐三彩），老婆妳說是不是？」

女客戶：「我沒意見，看你。」

業務員：「不會，放在您的書房中，可以為您增添不少生活的質感與樂趣呢！」

客戶：「是嗎？那這個一定是複製的吧？是A級品吧？能夠介紹一下嗎？還有要怎麼保養呢？」

……

在聽完解答後客戶簽單買下了唐三彩。

雖然客戶說「不合適」，但顯然還是有心買，否則也不會追問業務員相關問題，並且詢問旁人的意見。業務員抓住這一細節，就可以明白客戶的態度，從而促成交易。即便客戶說話前先在大腦裡進行了一番修飾，出口的語言也帶著內心的某種資訊，常常是話裡有話。這要看業務員會不會聽，能不能聽出客戶語言中的細節變化。

▶▶「據我了解，這件產品好像並沒有像你說的那樣熱銷。」「這種款式的衣服好像已經不是新款了。」客戶說這樣的話其實是想降低產品的價值，以便能以更低的價格買下。這時業務員不能慌亂，反而要強調產品優勢和客戶能得到的利益，維護產品的價值和形象，不能輕易讓步給客戶。

▶▶ 「我還是到別處看看吧！」「似乎我在那家看到的產品更適合我。」這是客戶想從業務員那裡得到更多優惠，也希望業務員能再釋放利多，好留住自己。

▶▶ 「我們同事也買了類似的一套產品，我們出遊的時候還一起用過。」這表明客戶想向業務員說：「我很了解產品，你最好不要在我面前耍什麼花樣。」

嫌貨才是買貨人，客戶如果真的對產品不感興趣，也沒有必要浪費時間和口舌與你周旋。如果客戶和你有話可說，並且你們已經進入一種類似談判的局面，那麼你就不必擔心客戶會離開。認真傾聽客戶的語言，分析其中的細節，讀懂客戶話裡的潛在意思，你就能更有效地掌握客戶心理，見招拆招。

總之，透過對客戶肢體語言、表情和語言的細節分析，能更有效地掌握客戶特點，更全面地了解客戶，連客戶沒說出口的心思，你都能完全掌握，將使銷售活動進展得更加順利。

銷售Tips 練.習.單

🍩 在約見之前，要研究一下你的客戶，例如：他的家庭、興趣、才幹和目前面臨的問題等等，以及他公司的業務、人事關係等等。

🍩 業務員在與客戶交談時，不能只根據他的話來判斷其意願，而是應該結合他的神態、動作等來揣測其真實想法。

🍩 學習並盡量透過一些細節向客戶傳遞自己的想法，比如點頭表示對客戶的贊同，微笑表示對客戶的鼓勵等等。

🍩 銷售前要對客戶的個人情況進行詳細的調查，像是叫錯名字和弄錯職務等不該犯的錯誤絕不能出現。

Rule 14 把做銷售看成一場戰役

　　就像打仗只有勝利和失敗一樣，做銷售只有兩種結果：與客戶成交和被客戶拒絕。**客戶只有認可產品，與你簽下訂單，銷售才算成功**；如果客戶不接受產品，拒絕達成交易，那麼不管你前期的準備工作做得多麼充分，都是白費力氣。

　　其實，銷售就是一場「沒有硝煙的戰爭」，**業務員與客戶的溝通和交流的過程則是雙方的心理博弈**。在銷售過程中，業務員要像作戰一樣，講究戰術和策略，集中火力進攻客戶的弱點。無論是在前期的準備、中間的交流還是最後簽約的一刻，業務員都不能掉以輕心，要時時刻刻集中精神，保持一個良好的狀態，爭取在銷售這場戰役中取得勝利，創造輝煌的業績。

　　作為銷售這場戰役中的指揮官，業務員要對自己嚴格要求，全方位地訓練自己，增強自己統籌全局和發起進攻的能力，為成功蓄積力量。具體說來，在這場戰役中，業務員要做到以下幾點：

敏銳地觀察市場

　　有時候，在一場戰役中，發起進攻的有利時機只有一次，指揮官如果錯過了這個時機，就很難再組織起軍隊有效地進攻。其實，做銷售也是如此。市場瞬息萬變，有些機會一瞬即逝，業務員如果不能敏銳地觀察局

勢,發揮瞬思力,在市場發生變化時及時做出反應,並立即動起來,很容易就錯失良機。

每個業務員都要練就一雙火眼金睛,抓住市場的每一次變化,並做出準確分析。那麼,業務員要如何做才能使自己具備敏銳的觀察力呢?

▶▶ **準確選擇目標,瞄準客戶**:業務員要知道自己產品的屬性,搞清楚自己要與哪類客戶做生意,知道哪些客戶是自己應該關注的主要對象,將目光鎖定在目標客戶身上,並分析他們的消費心理。

▶▶ **要做到知己知彼**:面對著龐大的客戶群體,業務員要做到知己知彼,首先要了解客戶的所有情況,並對市場狀況和自己的產品以及同行的競爭態勢瞭若指掌。

▶▶ **發掘客戶需求**:傳統的業務員,偏重產品說明,並不知道要發掘客戶需求,那種光靠口才就想要客戶掏出錢來,現在已不管用了。業務員要注意觀察客戶,並多多利用發問及傾聽兩大技巧來挖掘客戶需求,讓「產品的功能」與「客戶的需求」產生關係,找到產品最有力的賣點,尋找最能吸引客戶注意的銷售方法。

▶▶ **要有遠見**:業務員要在思想上有遠見,要能看到市場遠景,不要被一時的蠅頭小利所迷惑,要綜合考慮未來和現在,盡量實現永續(可持續性)利潤最大化。

⭐ 靈敏地做出反應

如今處於商品時代,各種五花八門的產品相繼而出,令人目不暇給。產品的同質化現象越來越嚴重,客戶的選擇也越來越多。所以,業務員更應該重視對時機的把握,一旦發現時機、確定目標,就及時地做出反應、展開行動。

　　靈敏的反應並不是天生就有的，這需要業務員不斷訓練自己以下各方面的能力：

▶▶ **超強的時間觀念：**業務員要知道，時間就是生命。在銷售中，不管是客戶還是市場，都會按照自己的方式運作，不會等待業務員的時程做出反應。所以，業務員必須具備強烈的時間觀念，緊跟客戶的腳步，力求以最快的速度發現商機，抓住客戶、促成交易。

▶▶ **快速整合資訊的能力：**在這個快速變化的社會，資訊就是財富。業務員只有快速拓展資訊管道、提高資訊品質、抓住資訊的特色，培養自己的瞬思力，才能做出優異的業績，在同行中脫穎而出。

▶▶ **善於借助外界力量：**要想在銷售這條道路上越走越長越穩，就要善於借助外界力量，動用現有資源為自己開路，掃清前進道路上的障礙，提高前進的速度。

▶▶ **蓄積力量：**只有做好一切準備才有可能發揮出最佳狀態。業務員要在平時注意蓄積力量，在適當的時機厚積薄發，以迅雷不及掩耳之勢到達目的地，在對手下手之前搞定客戶。

迅速地展開行動

　　市場競爭激烈，弱肉強食是不言自明的規則。身處強手如林的銷售領域，面對客戶日趨苛刻的需求，業務員要具備超強的即戰力，一旦認準目標就馬上展開行動，有效地發起進攻堅持到底。業務員只有狠得下心，不畏懼一切艱難險阻，才能創造輝煌的業績。國華廣告第六營業部總監邱雅惠接受雜誌訪問時說：「客戶臨時要求的企畫案，她就一定會讓創意團隊和業務團隊密切合作，在二～三天內，就把企畫案交給客戶。」用迅速的行動力取勝，當客戶以為要七天才交得出來的企畫案，邱雅惠的團隊就

是可以給客戶意想不到的驚喜，客戶習慣了邱雅惠的快節奏，當然無法接受其他競爭者的龜速。就像邱雅惠自己說的——**讓客戶像吸嗎啡一樣需要你，永遠戒不掉，永遠離不開你**。

在銷售中，結果是最重要的，業務員做出的各種努力都是為了得到最後的結果——與客戶達成交易。**要想達到這個目標，業務員就要具備即戰力，一旦看準目標就發起有效的進攻，不給對方留下喘息的機會**。業務員要學會利用這種隱晦的力量，使自己的銷售獲得顯著的效果。銷售的成功要經歷一個長久的過程，不可能一蹴而就。在銷售過程中，不管遇到失敗的打擊還是寂寞的考驗，業務員都要用堅韌不拔的態度對待，堅持不懈地克服困難。

業務員要想有所作為，就要將銷售看成一場戰役，全力以赴發起進攻，該出手時就出手，不放過每一個可能成功的機會。

銷售Tips 練.習.單

🔸 準備好武器，即業務員在銷售前就應該掌握客戶的資料。

🔸 準備好作戰方針，在瞭解客戶之後，業務員應該根據客戶的特點制定相應的計畫。

🔸 準備好應對突發狀況的解決方案，戰場上會有各種突發情況，業務員應該盡量想到各種突發狀況和解決辦法。

🔸 業務員往往都有自己的計畫表，但是最重要的是按照表上的時間確實執行，這樣即使你可能連續幾天都不與上司聯繫也能自律有序地順利完成任務。

Rule 15 別期待客戶會對你說：歡迎光臨

被稱為「全球第一金牌業務員」的雷德曼曾指出，「推銷，從被拒絕時開始」。在向客戶銷售產品時，業務員經常被對方拒絕、碰一鼻子灰。遭受拒絕，是每一個業務員都深感無奈卻又無法避免的問題。**一個業務員如果從來沒有過被拒絕的經歷，那他就不能算是一個真正的業務員。**

在業務員的銷售生涯中，會遇到無數次的拒絕，這時業務員的反應影響著客戶的決定。業務員要想取得成就，在面對客戶拒絕時，就應該接受而不是去抗拒，讓自己融入被拒絕的常態，接納客戶的拒絕。

習慣客戶的拒絕

一般情況下，人們對於不熟悉的東西最直接的反應就是拒絕，銷售過程中也是如此。在面對不了解的產品、不熟悉的業務員時，拒絕就是客戶的一種習慣性反應。業務員被客戶拒絕時，應該以平常心面對，習慣這種狀態。

對於業務員來說，遭到拒絕並不可怕，可怕的是你沒有堅持下去的決心和動力。**業務員要不斷暗示自己，被拒絕的過程其實就是一種成長，用從容的氣度和廣闊的胸懷迎接這個過程。**業務員只有在經歷客戶多次拒絕之後，才能漸漸適應，並逐漸學會從容應對。

房仲業務尤其必須面對許多拒絕，客戶可能會提出對公司的疑問，

也會質疑房仲經紀人的銷售能力。業務員也許拜訪七、八次卻徒勞無功，但優秀且具熱忱的業務員會持續拜訪，因為堅持到最後的業務員，才有可能得到屋主的售屋委託。

積極面對客戶的拒絕

許多業務員，尤其是剛剛進入銷售領域的新人，常常因客戶的拒絕而備受打擊，喪失鬥志、信心全無，以至於無法再工作下去。但超級業務員，卻能始終保持清醒，從客戶的拒絕中尋找商機。

許多業務員看初次見面的客戶不太說話，就認定這客戶不太好溝通，而萌生退意。但即使客戶沒有反應，也要持續以熱忱面對客戶。另外，有些房仲業務員很現實，看高不看低，面對房價預算五百萬元的客戶就意興闌珊，這種態度可能喪失屋主再度買屋或售屋的委託機會。業務員應該充滿熱忱，並且不因金額多寡對客戶有差別待遇。

Tom是一家服飾公司的業務員，Mr. Alexander負責一家IT公司員工制服訂購專案。他們正在透過電話討論Mr. Alexander向Tom訂購服裝的問題。

Tom：「Mr. Alexander，你好。上週日您來我們公司看了那款新設計的套裝，您覺得怎麼樣啊？」

Mr. Alexander：「款式還可以，但是還是不適合我們公司。」

Tom：「但是您上週不是說這款套裝正好與公司的商標顏色一致，能代表公司形象嗎？」

Mr. Alexander：「我與公司其他主管商量了一下，他們覺得這種款式的服裝會給員工造成壓迫感，束縛員工的思維。」

Tom：「是這樣啊，其他同事的建議還是很重要的，可能我們這款套裝確實不太適合您的需要。」

Mr. Alexander：「是的。」

Tom：「那這樣吧，我們公司還有很多其他款式的套裝，不如我再給您mail一些圖片資料。如果您還是不滿意，還可以請我們的服裝設計師專門幫您設計一款適合您需要的套裝。」

Mr. Alexander：「好的，謝謝你。」

Tom：「不用客氣，為客戶服務是我們的職責，還希望您對我公司多多關照。」

面對客戶的拒絕時，業務員首先要端正態度，不能因為客戶的拒絕就感到沮喪、失去信心，也不要用惡劣的態度對待客戶，要用不卑不亢的態度面對客戶，用始終如一的工作熱情感染客戶。

即使客戶拒絕了你的產品，沒有與你達成交易，也要展現你的風度與專業，給客戶留下一個好印象，為以後的合作做好墊腳石。

想想看，是否有多次生意是在你第一、二次都遭到拒絕，而終於在第三、四次拜訪時談成的？如果你能用誠意敲開客戶的心扉，反而更能與客戶拉近距離。其實，站在對方的立場著想，假設有人突然闖入你家，要向你推銷產品，拒絕對方似乎也是理所當然的事，因為每個人都有權利做自我保護。所以，**吃再多閉門羹也不必太在意，畢竟對方只是拒絕推銷這件事，而不是拒絕你這個人。**

曾經有位資深的超級業務員說過一句至理名言：「把『吃閉門羹』這件事轉變成客戶所背負的人情債。」所以，在這個行業工作那麼多年，他都能坦然地面對拒絕。有很多客戶都以「現在用不上，很抱歉！」這些

話來拒絕你。客戶所要傳遞給你的訊息是，我家中現在還用不著你的產品，不必浪費時間了，快到下一家去碰運氣吧！如果能以感激的心情來解讀這些冷漠的拒絕，你就不會再有挫折感了；反而因你的誠意，對對方的冷漠回報以二、三次的友誼性拜訪，而喚起客戶的欲求，進而得到一次成功的交易。同時，抱著感激的心，會讓客戶感受到你親切有禮的態度及誠心。

你可以針對客戶會拒絕的說詞，研擬一套對付客戶拒絕的話術。當客戶說：「我得和先生商量看看，如果我擅自作主的話，會被先生責罵的。」你可以回答：「哎呀！對啊！如果為了這件事讓你們夫妻傷和氣的話，那就不好意思了，那不如你們先商量看看，改天我再來拜訪。」如此一來，雙方彼此都能有緩和的空間。不過，並非所有的客戶都是真的必須和先生商量，而是敷衍、應付你的客套話而已，因此，你必須學著分辨這兩種口氣，而將客戶拒絕的話加以分類區別，將其真偽程度判斷出來，再決定要如何回答。

例如，剛出道的業務員，當客戶一說沒錢時，就只好回答：「那下次有機會再說了！」或「不管怎樣，還是希望你能好好考慮考慮！」這樣的應對，根本不太可能談成任何交易。而老練的業務員就不同了。對方如果說「沒錢」他就會立刻接口「您真愛開玩笑，您沒有錢，那誰還有錢呢？」或當客戶說「考慮看看」他就會答道：「那我明天再來打擾您，等待您的好消息。」如此逼進，客戶當然無法招架。

此外，絕不能對客戶說：「你都看這麼久了……」、「快做決定吧」之類的話語，不然會有反效果。或是不能說「我不知道，這不是我負責的」，這會顯得業務員很不專業。如果客人已經拒絕兩次，就不要再提

同樣的事情。

　　以下是客戶最常用的拒絕話術，業務員的積極破解法：

▶▶ **我沒興趣。**業務員可以這樣回應：「我完全能理解，要您對還不甚清楚的產品（或服務）感興趣實在是強人所難。可以讓我為您解說一下嗎？或是可以改約下週一我再來拜訪您，親自為您說明。」

▶▶ **我沒時間！**業務員可以這樣回應：「我也是常常覺得時間不夠用。但希望你給我三分鐘，你就會相信，這個產品絕對會帶給你料想不到的利益。」

▶▶ **抱歉，我沒有錢！**業務員可以這樣說：「我相信只有您自己才最了解自己的財務狀況。不過，就是要及早規劃如何投資小錢，將來才不會一直處在沒有閒錢的狀態。我想用最少的資金創造最大的利潤，這不是對未來的最好保障嗎？我方便先留下資料，下週再跟您約見面的時間。」

▶▶ **我們會再跟你聯絡！**業務員可以這樣說：也許您目前對我們的產品不會有什麼太大的需求，但是我還是很樂意讓您了解，要是能考慮用這項產品，對於您將會大有裨益！」

▶▶ **我要先好好想想（我再考慮考慮，下星期給你電話）。**業務員可以這樣說：「我可以知道您的顧慮是什麼嗎？」或回應：「歡迎您來電話，先生。還是我星期三下午撥電話給您？」

▶▶ **我要先跟我太太商量一下。**業務員可以這樣回應：「好的，那可不可以約夫人一起，我可以親自再為夫人說明？要不要就約在這個週末，或者您哪一天方便呢？」

　　類似的拒絕還有很多，但處理的方法其實還是一樣，就是要把拒絕轉化為肯定，讓客戶拒絕的意願動搖，然後再乘機跟進，誘使客戶接受自己的建議。

⭐ 思考客戶拒絕的原因，並從中尋找機會

客戶拒絕業務員的產品，除了習慣性的拒絕外，肯定還有各自不同的原因。業務員要想打消客戶的拒絕，讓客戶購買產品，就要靜下心來，仔細分析客戶拒絕購買的原因。**只有在清楚客戶拒絕購買的原因後，才能找到最合適的應對措施，做出最有效的決定。**

業務員要善於觀察，從客戶的表情、語言、態度、行為、衣著中獲取有效資訊。以此為參考，找到客戶拒絕的真正原因，立即轉變銷售方向、改變銷售策略。

美娜是一家化妝品廠商的業務員。一天，一位衣著樸素的太太來到店裡的展示櫃前。美娜的同事馬上上前招呼，為這位太太介紹一款普通價位的護膚品，這位太太聽完介紹後笑著搖搖頭，沒說什麼就去看其他產品。

這時，美娜上前對這位太太說：「護膚品是直接接觸皮膚的產品，一定要慎重選擇。價位不是最重要的，能真正呵護您的皮膚才是關鍵。您可以看看這款最新研製的頂級修護精華，使用的都是天然原料，不含化學成分。價格雖然貴了點兒，但是您用了之後會有物超所值的感覺。」隨後，美娜又具體說明了這款產品的功能。

聽完美娜的介紹並試用產品後，這位太太滿意地付款購買。在她離開之後，美娜的同事過來問美娜：「為什麼有平價產品她不選，反而選擇貴的呢？」

美娜笑笑說：「我剛才注意到那位太太雖然衣著樸素，但是她伸手時露出了手腕上的手錶。我在雜誌上看過，那是瑞士名錶百達翡麗的限量

版，價值可不低呢。她們這種人注重的是產品的效果，而不是價格。所以，我才推薦她價格最高、品質最好的產品。」

客戶在拒絕的過程中會流露出很多有價值的資訊，業務員要從這些資訊中了解客戶，更準確地把握客戶的需求，為他們提供合適的產品。可以說，**客戶的每次拒絕都在為業務員創造機會，業務員要善於把握這些機會，爭取銷售的成功。**

用行動化解客戶的拒絕

業務員在面對客戶拒絕時，可以使用一些技巧，用行動化解客戶的拒絕。具體來說，業務員主要可以使用以下方式來化解：

▶▶ 保持應有的禮貌：禮貌待人是對每一個業務員的基本要求。當業務員遭到客戶拒絕時，更應該保持應有的禮貌，面帶微笑地對客戶說：「不好意思，耽誤您的時間了，歡迎您下次光臨。」

▶▶ 堅持三分鐘：在被客戶拒絕後，業務員不要死纏爛打，但也不要輕易放棄，可以懇請客戶再給你三分鐘的時間。用真誠、渴望、堅定的眼神注視對方，向客戶說：「三分鐘，我只要三分鐘就好！」堅持才能贏得客戶。

▶▶ 說一些應酬話：面對客戶的拒絕時，業務員要適當使用一些應酬話。例如當客戶說「太貴了，不想買」的時候，業務員可以搶先一步，在客戶沒有說出其他的拒絕原因時說：「這個產品價格看上去是有點貴，但其實它一點兒也不貴。您可以試試看，它的材料和做工，都是最好的，售後服務也相當完善。另外……」。用這種方式否定客戶的推辭，客戶就很難再開口拒絕了。

▶▶ 用事實化解客戶的拒絕：有些客戶拒絕業務員的銷售，是因為對產品或服務品質抱持懷疑的態度。這時，業務員要迅速將與產品相關的資料、報導

或證書等拿到客戶面前，並說：「可能有些地方我沒給您解釋清楚，這是關於產品的一些資料，可以讓您對產品了解得更清楚、詳細。」客觀的資料能化解客戶的不安，讓他們對業務員更信任。

業務員要把每一次拒絕都當成鍛鍊自己的機會，從失敗中尋找原因、吸取教訓、累積經驗，把自己融入被拒絕的銷售常態。

銷售Tips 練.習.單

🔹 如果你未經允許或邀請而打電話給客戶，或者對客戶進行貿然拜訪之時，你必須對客戶的不歡迎態度和不客氣反應給予充分理解，並且要為自己的冒昧打擾表示真誠的歉意。

🔹 不要害怕客戶的拒絕，此外，非但不能阻止客戶說出拒絕的原因，還要加以引導，然後從拒絕的理由中尋找說服他們的機會，反而更能加快成交的腳步。

🔹 當客戶拒絕時，業務員要學會轉移客戶的注意力，比如拿出一份資料，對客戶說：「其實不是這樣的，您看這份資料……」等等。

🔹 面對客戶的拒絕和防範，業務員要營造輕鬆的氛圍和令人信服的證據來化解。

🔹 事先知道被拒絕的次數，就不會覺得挫折感那麼重，反而更有信心和熱情。

Rule 16　不能成交，你的業績就是抱鴨蛋

　　有些業務員在簽不下訂單、完不成任務的時候，總會用「沒有功勞，也有苦勞」來安慰自己。這樣的觀念是錯誤的，對於業務員來說，最重要的不是過程，而是結果。如果一個業務員不能完成任務，即使他付出了再多的努力，業績也只能是零，得不到報酬。

　　以「腦白金」行銷聞名中國的史玉柱先生在央視大型商戰真人秀《贏在中國》中擔任評委時，曾經向臺上的三位選手提了一個問題：「如果你是老闆，你有一個專案，分別由兩個團隊實施，年底的時候，第一個團隊完成了任務，拿到了事先約定的高額獎金，另一個團隊沒有完成任務，但他們很辛苦，大家都盡了力了，只是沒有完成任務，你會獎勵這個團隊嗎？」

　　第一個選手回答說：「因為他們太辛苦了，我得鼓勵他們這種勤奮的精神，獎勵他們獎金的20%。」

　　第二個選手回答道：「那我得看事先有沒有完不成任務怎麼獎勵這個約定，沒有約定就不給。」

　　第三個選手的回答是：「我得看具體是什麼原因導致他們沒完成任務，再做獎不獎勵的決定。」

　　聽完選手的回答後，史玉柱說：「我不會給，但我會在發年終獎金的當天請他們吃一頓。功勞對於公司才有貢獻，苦勞對公司的貢獻是零，

我只獎勵功勞，不獎勵苦勞。」

不管什麼樣的企業，他們最看重的永遠都是結果，就像一位美國企業家所說的：「不要告訴我分娩有多麼痛苦，把孩子抱來給我看看。」——**市場是無情的，如果沒有可觀的業績，再多的努力都是白費。**

判斷一個業務員是否成功，就要看他的業績如何。一個沒有業績的業務員很難在銷售界生存，因此，每個業務員都需要認真關注自己的業績。但並不是每個業務員都能用正確的態度看待自己的業績。有些業務員在自己業績不好的時候，就不停地抱怨，殊不知這樣不僅對業績的提升毫無幫助，還會影響鬥志，阻礙銷售事業的發展。

業務員每天都要找客戶、拉關係，在不同的地方來回奔波，用勤勞為自己換取機會。但是銷售工作只靠勤勞是不夠的，還需要業務員多聽、多看、多說、多學習、多思考，在遇到問題時，能夠運用智慧，找到問題產生的原因，並及時調整對策，找到解決問題的方法。否則，業務員就只能白白浪費時間和精力，根本創造不出好業績。

對於業務員來說，業績不好絕對是有原因的，抱怨是毫無用處的。業務員要做的是找到自己業績低落的原因，並對症下藥。以下是業務員一定要提醒自己要積極做到的幾個大方向：

⭐ 全面了解產品資訊

有些業務員拿到新產品時，不事先了解產品，而是急著拓展客戶、拉訂單，這樣做看似行動迅速，其實效率反而更低。如果業務員不能向客戶傳達詳細準確的資訊，就難以打動對方。業務員要全面了解產品，不僅要對產品本身瞭若指掌，還要對產品相關的所有方面進行全面了解，具體

做法可以從以下三大方面著手：

▶▶ **了解產品相關知識**：業務員要全面且深入地了解自己銷售的產品和相關行業知識，並及時關注同類產品的相關資訊，在向客戶介紹產品時，要思考客戶可能會提到的問題，讓自己成為這個領域的專家，以便更快贏得客戶信任。

▶▶ **了解相關的管理與行銷知識**：雖然業務員要尊重客戶，不能強迫客戶購買自己的產品，但業務員可以多了解相關的行銷與管理知識，透過對客戶的管理，有效地利用客戶資訊，對不同的客戶需要，實施不同的客戶應對技巧，投入相應的精力和時間，促進業績成長。

▶▶ **學習其他行業知識**：雖然業務員的目的是把產品銷售給客戶，但是不能把學習範圍局限在產品本身而已，還要接受學習行業以外的其他知識。多接受、學習文藝、政治或是體育等方面的知識，多看、多聽、多思考、多總結，結合專家觀點形成自己的思路和想法，以便在與客戶溝通時能侃侃而談，投其所好，杜絕冷場。

 ## 在拜訪客戶前做好準備

管理大師亨利・法約爾曾指出：「管理就是預測和計畫、組織、指揮、協調以及控制。」凡事都需要管理，做銷售也如此。**業務員事先想好銷售中可能遇到的障礙和應對方法，才能在面對客戶時應對自如，自信而有條不紊地與客戶溝通、解決問題**，避免臨場發揮失誤，導致的銷售失敗。那麼在拜訪客戶前都應該考慮哪些問題呢？

▶▶ **明確自己的拜訪目的**：業務員要想好經由這次拜訪想要達到一個什麼樣的目的，是要增加雙方感情的交流還是與客戶達成訂貨的交易，根據不同的目的，準備不同的銷售資料和銷售語言。

▶▶ **了解客戶目前的供應商資訊**：了解供應商提供給客戶的價格、送貨和結算方式，以及他們之間是否有互利協議。

▶▶ **事先先了解客戶**：了解客戶的資金實力及信用如何，先前訂貨的結算方式是什麼，決定權限如何等等。

▶▶ **考慮對方可能會提到的問題**：業務員要站在客戶的角度，盡可能地思考客戶可能會提出的問題，如產品價格的底線是多少，產品的效果如何等，並想出相應的答案，以免被客戶提問時一時之間無法應對。同時也要對客戶所在的行業有所了解，最好能說出幾個客戶熟悉的業內人士，找到他們與自己產品的相關性，以此尋找與客戶交易的突破點。

▶▶ **有計畫地提問**：客戶按成交機會分ABC、話術也分ABC，因材施教。透過一系列提問挖掘了解客戶需求，並通過提問引導客戶購買。若想提高成交率，多提問及鼓勵客戶發問，慢慢誘導出客戶自己也不知道的需求。

▶▶ **準備好可以說服客戶的產品證明**：產品得到權威認證了嗎？被專業人士認可了嗎？業內口碑如何？已有大客戶或知名客戶嗎？這些都要事先備妥。

▶▶ **是否做好一切準備了？對產品的庫存、品項、送貨手續、付款方式與折扣、簽約事宜等是否瞭若指掌？**

▶▶ **選擇拜訪客戶的時間**：業務員要根據客戶的時間來安排自己的拜訪計畫，不要在客戶不方便的時候進行拜訪，對於不同行業的客戶，也要根據實際情況選擇不同的拜訪時間。如果你想請客戶吃飯，那最好在上午十一點或下午下班前半小時趕到。

看到機會就要動起來

微軟前總裁比爾·蓋茲曾說過這樣一句話：「誰先搶佔先機，誰就佔據市場」　在產品越來越同質化的今天，哪個業務員先抓住客戶，就能搶先一步拉走客戶，行動慢的業務員只能眼睜睜地看著客戶買走其他競爭

者的產品。

　　作為一名業務員，需要具備的基本素質就是行動迅速，搶在競爭對手的前面，在別人還沒有反應的時候就展開行動。在其他業務員之前拉走客戶。但是僅僅「快」是不夠的，銷售成功需要講速度更要講時機策略，也就是說，業務員既要行動快，更要頭腦快。

　　一次，原一平去拜訪某大公司的總裁，但是這個總裁公務繁忙，平時他的員工都很難見到他一面，更不要說接待一個業務員了。但是原一平並沒有放棄，在一番思考後他還是對總裁秘書說：「你好，我是原一平，我想拜訪總裁，麻煩你替我轉告一下，只要幾分鐘就可以了。」

　　但是秘書卻回答得斬釘截鐵：「很抱歉我們總裁不在，你以後再來吧！」說著就轉身離開了。

　　任憑原一平怎麼追問，都不見成效，無奈之下他只好先離開了。但是在公司門口他發現停著一輛豪華的高級轎車，他便問警衛：「先生，那部轎車好漂亮啊！請問是你們總裁的座車嗎？」

　　「是啊！」警衛答道。

　　原一平就此得出判斷：很可能總裁沒有外出！於是他便守在公司門口附近，不知道什麼時候，他竟然睡著了。隨著一陣「噹」鐵門聲，原一平才回過神來，他清楚地看到總裁的豪華轎車駛出大門。

　　為了見到總裁，第二天原一平又來到這家公司，請求總裁秘書給他一個會見總裁的機會，但是再次遭到拒絕。原一平決定在公司門口等待總裁出現。就這樣一個小時、兩個小時，四個小時過去了，他仍然沒有看到總裁，這讓他有些沮喪，但是堅定的意志力還是指引他繼續堅持下去。

　　時間一點點過去了，總裁的車終於回來了，原一平立即上前抓住車

窗，露出招牌似的笑容，並遞上自己的名片，講明來意，十分禮貌而又簡潔地介紹了自己。就這樣原一平和總裁進行了第一次簡短的交談，並約好了下次見面的時間。

最後，原一平成功地拿下了這筆訂單——一筆很大的業績。

業務員要有即戰力才能搶先拉到客戶，有頭腦靈活的瞬思力才能搶先贏得客戶，僅僅行動快或是頭腦快，在銷售上都是行不通的。所以業務員不僅要善於行動和觀察，更要善於思考，在**具備敏捷的行動力的同時還要具備伶俐的頭腦，能夠隨時想出新點子，找到新目標，善於應對銷售中出現的各種狀況**，那麼不僅業務員的工作能進行得更加順利，還能給客戶留下精明能幹、值得信賴的印象。

這樣就能一路領先，抓住好的客戶資源，贏得更多利潤。

讀懂銷售中的假像

客戶常會給業務員製造一些假像：有些客戶表面答應得很好，很爽快，說好約定時間再做商量，但結果再也沒了消息。為了避免這種情況的發生，所以業務員要善於觀察和分析客戶，學會靜下心來冷靜思考，發掘客戶語言背後的真正含意。在這個基礎上，業務員應該清楚銷售溝通中的兩大基本原則：：

▶▶ **了解客戶的需求**：客戶需求各有不同，因人而異，業務員要根據客戶的需求選擇適當的溝通方式和內容。

▶▶ **把拜訪重點放在客戶利益上**：客戶最關心的就是產品能帶給他什麼利益，你在介紹產品時要時要換個角度，站在客戶的立場，理解客戶的想法，幫助客戶實現最大利益。要積極展示並強調產品能給客戶帶來什麼利益，最

大限度地實現雙贏，贏取客戶信任，保證溝通順暢。

 做好拜訪後的檢討與反思工作

拜訪客戶後，業務員也不能立即放鬆，即使是簽訂了合約，也不要以為已經萬事大吉了。無論是成功還是失敗，都要花時間自我檢討，整個過程中的經驗和教訓都值得我們反省與分析，只有總結工作做得好，才能為今後的銷售工作累積經驗，幫助業務員提高業績。

具體說來，拜訪後的總結應該包括以下幾個方面：

▶▶ 如果與客戶溝通失敗，業務員要仔細尋找原因，並多研究其他方法，找到最佳方案，爭取機會，為下次成功做準備。

▶▶ 從客戶角度出發，想想拜訪中自己的行為和態度如何，想一下自己有什麼地方做得不妥，還有什麼需要完善的地方，並及時糾正，避免下次再犯。

▶▶ 拜訪客戶後要將拜訪結果和自己的計畫進行對比，看看自己計畫的問題有哪些得到了解決，哪些目的還沒有達到，並在今後的拜訪中注意這些問題，使拜訪的效果能得到改善。

▶▶ 如果遭到客戶的拒絕或排斥，要多研究方法，找到最佳方案，爭取機會再次嘗試。

　　業務這一行，業績說明一切。從開始做業務那刻起，業務員就要明白：**只有業績才能體現功勞，努力打造高業績，為公司創造看得見的價值，也才能體現自己的價值。**本身是業務高手，還身兼銷售技巧講師的郭特利指出，業務員應具備的三項條件，一是態度；二是知識；三是方法。他指出優秀的業務員至少在態度上都會達到一定以上的標準，如積極、熱忱、抗壓等。知識視個人的努力，到了高手階段，彼此之間往往也差距不

遠，最後是「方法」決勝負。

　　每個業務員都要培養自己敏捷的即戰力和靈活的瞬思力，對銷售中出現的情況及時作出反應，巧妙地尋找合適的銷售方法，這樣才能使自己的銷售業績不斷「破紀錄」。

銷售Tips 練.習.單

- 業務員難免都會遇到「竹籃打水一場空」的情況，此時應該將自己失敗的原因記錄下來，並尋找相應的解決辦法，才能不在之後的工作中再犯類似的錯誤。

- 列出一張行動清單，每天在工作之前，先確定自己當天的主要工作目標，然後達成各項目標，漫無目的地工作會影響效率。

- 早起的鳥兒有蟲吃。每天比別人早45分鐘到辦公室，在這段時間裡所創造的成績將使你感到驚訝。

- 杜絕那些不良嗜好，如吃喝嫖賭之類，這樣就能為自己增加30%的成交機會。

- 每一次拜訪時，業務員都應設法為下一次見面進行鋪墊，設計再次見面的理由。

- 拓展和其他客戶接觸的方式，比如邀請客戶到公司參觀、向客戶要通訊地址寄送公司的刊物、獲取客戶的E-mail以傳送新產品的照片。

成交往往從第四次拜訪開始

在銷售中，有些業務員過於心急，他們滿腔熱情地向客戶介紹產品，不懂得循序漸進的道理，恨不得馬上將那些陌生的客戶變成自己的搖錢樹，讓客戶購買產品。這些業務員在與客戶第一次見面就馬上拿出自己的產品，向客戶介紹，其實這樣很容易引起客戶的防衛機制，遭到客戶的拒絕。

要想取得好的業績，業務員要懂得把握銷售節奏，按部就班地與客戶接觸，不要太過急躁。尤其是在與客戶初次見面的時候，業務員更不能馬上提出成交請求，而是要首先與客戶做好預約，成為朋友，逐漸加深客戶對自己的信任，為最後的成交打好基礎。一般情況下，銷售過程要按照以下的步驟：

初次與客戶見面，明確銷售目標

業務員只有明確目標才能展開銷售工作。**初次與客戶見面時，業務員要首先分析客戶需求，看看產品能否滿足客戶要求，是否能被客戶接受**。在確定產品能給客戶帶來利益，能夠滿足客戶的需求之後，業務員才能向客戶銷售自己的產品，才有可能被客戶認可。

在與客戶見面時，業務員要注意以下幾點：

▶▶ **不要佔用客戶過多時間**：初次拜訪客戶時，業務員一定要控制拜訪時間，如果表明佔用對方幾分鐘，就一定要遵守時間，盡量不要延長，否則會

熟知銷售觀念，為成為銷售冠軍做準備

給客戶留下不守信用的印象，同時這種喋喋不休地打擾也容易引起客戶反感。

▶▶ **讓客戶多說話，了解有用資訊：**初次拜訪客戶時，業務員要盡量引導客戶多說話，多向客戶提問，這樣不但能多了解客戶資訊，還能化單向溝通為雙向交流，讓客戶由被動接受變為主動參與。

▶▶ **不要頻繁提及銷售：**初次與客戶溝通時，業務員一定不要過多提及公司及產品的相關內容，除非客戶主動問起，否則不要以賣產品為話題。業務員可以與客戶多談一些生活上的事，或客戶的一些興趣愛好，拉近雙方的關係。

▶▶ **掌握好說話的速度：**與客戶溝通時，業務員要掌握好說話速度，不要太快，也不要過於緩慢。語速太快不利於清楚地向客戶傳達資訊，容易給客戶造成壓迫感；語速過慢則容易給客戶一種沒有自信、辦事拖拉的感覺。

⭐ 第二次拜訪客戶，建立互信、互利的關係

當業務員明確銷售目標後，就要在對客戶進行二次拜訪。客戶只有信任業務員，並確定產品能給他帶來利益之後，才願意與業務員合作，購買產品。業務員對客戶進行二次拜訪的主要任務就是向客戶展示自己的實力，贏得客戶的信任，與客戶建立互信、互利的關係。

要想更好地向客戶展示自己的實力，業務員就要做到以下幾點：

▶▶ **展現魅力，贏得客戶的信任：**客戶只有被你的魅力感染，願意相信你、喜歡你，才可能與你合作。業務員要多向客戶展示魅力，讓客戶發現自己的優勢，願意與自己建立合作關係。

▶▶ **尋找共同的愛好：**相同的愛好能夠為業務員與客戶提供更多的話題，化解尷尬的氣氛，拉近雙方的距離。業務員要尋找自己與客戶的共同愛好，加強與客戶的交流溝通，使客戶願意與你合作。

 用微笑面對客戶：良好的態度能夠使人產生好感，能夠經常保持微笑的業務員能夠給客戶帶來好心情，使客戶願意與之接觸。除此之外，經常保持微笑的業務員還能夠給人一種充滿自信的感覺，容易獲得客戶的信任。

⭐ 第三次拜訪客戶，向客戶詳細介紹產品

在經過了前兩次對客戶的拜訪後，業務員可以確認產品符合客戶的需求，能夠給客戶帶來利益，並透過努力贏得了客戶的信任，與客戶建立良好的關係。這時，業務員就可以確認客戶的需求，詳細地向客戶介紹產品。

在向客戶介紹產品時，業務員要注意以下幾點：

▶▶ **提前演練，有備無患**：拜訪客戶之前，業務員要提前做好準備，想清楚應該先介紹什麼，怎樣安排介紹的順序，應該介紹什麼內容，要事先做好演練，綜合考慮各種可能遇到的情況，並想出應對措施，這樣才能做到心裡有數，胸有成竹地向客戶介紹產品。

▶▶ **清楚自己的目的**：業務員向客戶介紹產品時一定要搞清楚自己的目的，自己想讓客戶了解哪些資訊？給客戶什麼樣的感覺？這些都要事先想清楚。

▶▶ **抓住客戶的性格特點，多與客戶互動**：每個人的性格不一樣，溝通的方式也有所不同，業務員一定要抓住客戶的性格特點，因人而異地選擇和客戶的溝通方式。在溝通中，業務員不要滔滔不絕地說個不停，要多與客戶互動，多向客戶提問，傾聽客戶的意見，重視客戶的感受。

▶▶ **將產品的優點和客戶的需求結合起來**：客戶關心的是自己能得到什麼好處，而不是產品自身有哪些優點。業務員要將產品的優點和客戶的需求結合起來分析，把產品特點轉化成客戶能夠得到的利益，這樣才能牢牢吸引客戶目光，激發他們的購買衝動。

 第四次拜訪客戶，提出與客戶成交

　　業務員透過前幾次對客戶的拜訪，已經與客戶建立起了相對穩定的關係，並且已將產品的相關資訊介紹給了客戶，獲得了客戶的初步認可。這時，業務員就可以對客戶進行第四次拜訪，詢問客戶的意見，向客戶提出成交期望。

　　很多業務員開始做業務的時候，往往衝勁很大，找到客戶，送了樣品，報了價就不知道該怎麼辦了，往往前功盡棄。其實你應該不斷地問他，您什麼時候下單呀，不斷地問，直到有結果為止。其實，採購就是在等我們問他呢。會哭的孩子有奶吃。就像孩子不哭，我們怎麼知道他餓了呢？所以我們要要求客戶購買。然而，八○％的業務員都沒有做到主動向客戶提出成交要求。

　　向客戶提出成交之期望時，業務員可以採用以下幾種方法：

▶▶ **請求成交法：**請求成交法是指業務員在與客戶的溝通過程中運用一定的技巧，促使客戶產生成交的意願或發出了成交的信號，直接要求與客戶達成某種交易的方法。這種成交方法最簡單、最常見。使用這種方法時，業務員的語氣要恰到好處，既能讓客戶接受，又能夠給客戶一定的壓迫感。同時，要注意自己的言辭和態度，不要給客戶咄咄逼人的感覺，以免引起客戶反感。

▶▶ **假定成交法：**假定成交法是指業務員在假定客戶已經接受銷售建議，同意購買的基礎上，藉由提出一些具體的成交問題，直接要求客戶購買產品的一種方法。你可以向客戶描述購買產品後的情境，展示使用產品後的好處，引導客戶產生購買衝動。這種方法可以幫助業務員節省時間，提高銷售效率，適當減輕客戶成交壓力。

▶▶ **選擇成交法：**選擇成交法是指業務員直接向客戶提出若干方案，並要求客

戶在其中選擇一種購買方法。這種方法的特點是把客戶的選擇局限在成交的範圍內，使客戶回避「要還是不要」的問題，不給客戶拒絕的機會，向客戶提供選擇時，也應盡量避免向客戶提供太多的方案，最好控制在三項之內，否則不利於客戶做出選擇。

▶▶ **優惠成交法：**優惠成交法又稱讓步成交法，是指業務員藉由提供優惠的條件促使客戶做出立即購買的決定的方法。例如，你可以向客戶保證在一段時間內提供免費的維修，透過提高產品的附加價值來吸引客戶的注意，促使客戶做出購買產品的決定。

除此以外，還有機會成交法、異議成交法、從眾成交法等多種成交方法，在實際的銷售過程中，可根據實際情況，針對客戶的個性特徵和需求，抓住有利的時機，選擇合適的成交方法，及時有效地促成交易。

成交不著急，失敗不放棄

很多業務員普遍有患得患失的毛病，他們希望能盡快與客戶簽下訂單，在與客戶的接觸中，一旦客戶稍有遲疑，他們就一催再催，讓客戶趕快做出決定，唯恐丟了生意。一旦在銷售中遇到挫折和困難或銷售失敗，他們就心灰意冷，消極怠工，甚至乾脆改行，這是十分不可取的。

李美麗畢業後到一家精品店應聘業務員，由於剛投入職場，沒什麼經驗，李美麗認為只要盡快與客戶達成交易，達成業績目標並不難。她在銷售時，總是想著客戶能立即購買產品，所以做產品介紹時滔滔不絕，希望客戶能在最短時間內了解到產品的優點，當客戶遲疑時，李美麗又難免不斷催促著客戶，恨不得馬上替客戶結帳，李美麗的表現令客戶很反感，銷售氣氛常常搞得十分緊張。有的客戶直接拂袖而去，有的則以各種藉口推脫離開，每每這時，缺乏經驗的李美麗又變得手足無措，心想：完了，

一筆生意又泡湯了。

　　就這樣，幾個月過去了，李美麗竟然沒做成一筆生意，試用期很快就結束了，由於不懂得把握與客戶相處的尺度和時機，李美麗被精品店辭退了。

　　客戶在選購產品時往往是非常慎重，希望能找到最心儀的產品，對產品的價格、款式、顏色、性能、材料等各方面都要認真考量。如果業務員在這時過於著急，只顧自說自話，甚至催促客戶，會令客戶感覺不被尊重和重視，溝通交流的興致也大大降低。如果這時業務員又不懂得打圓場，不積極爭取客戶信任，那麼註定要導致銷售失敗。

　　連續兩年當選美國百萬圓桌超級會員的馮金城分享他的成功經驗是**——他從不急於成交，他在乎的是要努力找到客戶自己也不知道的需求。**和客戶交手時他總是先問題：「你有做財產贈與規劃嗎？」「沒有？為什麼？」即使對方不耐、被拒絕、擺臉色，他從不放在心上。每隔一、兩週，他就會再試著跟對方聯絡一次，提醒客戶這個問題，甚至幫客戶做好一系列的精算規劃，將做與不做的結果比較呈現給客戶。曾經有一個客戶，就讓馮金城醞釀了將近十四個月，保費收入高達千萬。這還不是最長的紀錄，馮金城說他曾經經營一個客戶長達八年。

　　想實現成交，業務員既要沉得住氣，還要不輕言放棄。**在客戶選擇產品的過程中，業務員應給客戶留下足夠的空間，即便一番努力後沒有結果，業務員也不要輕易放棄，而要抓住一切可能的時機，運用各種技巧留住客戶。**

　　在客戶選擇產品的過程中，業務員應做到：

1.不催促客戶做決定

　　客戶選擇產品時不怕產品種類多，就怕沒有足夠的時間選擇，他們一般很少馬上做出成交決定，經常要經過一番比對和分析，最終選到最心儀的產品。如果業務員介紹產品後就急著催客戶購買，很容易引起客戶反感。

　　其實在選擇產品時，如果客戶沒有特別疑問，並不希望別人打擾，更不願在被催促下做出成交決定，這樣等於是被剝奪了主動權，而他們最厭惡的就是業務員的打擾和催促，認為業務員只是想盡快成交，自己只不過是業務員手中的一顆棋子罷了。記著：選擇重於一切，有選擇才有成交！

　　在向客戶介紹產品後，業務員千萬不要催促客戶趕快做決定，而要靜觀其變，給客戶足夠的選擇空間，這樣才能保持銷售氣氛的良好，贏得客戶更多的尊重和信任。

2.有條理地引導客戶

　　如果業務員只是放任讓客戶自己決定，而業務員沒有在一旁使力，自然難以達到高效成交的效果。一旦客戶選擇過程中遇到其他誘因，很可能改變主意，所以業務員在這期間要做好引導，防止或消除其他不利的因素對客戶的影響。

▶▶ **透過提問引導客戶：**向客戶提出有關需求方面的問題，採取連環提問的方式，逐漸引導客戶對特定產品的關注，激發客戶購買興趣。

▶▶ **藉由證明引導客戶：**利用有說服力的產品認證資料引導客戶對產品的態度，使客戶心甘情願接受和喜歡產品。

▶▶ **透過第三方引導客戶：**利用已購買產品的客戶追蹤使用結果引導客戶，向客戶表明購買產品之後能得到的利益，促使客戶做成購買決定。

3.適當保持沉默

在客戶選擇產品時，需要根據自身所面臨的情況綜合考慮，可能在一些具體問題上難以定奪，這時最怕別人打斷思路。如果業務員仍然滔滔不絕地說個沒完沒了，不停地向客戶介紹產品優勢，很容易打斷客戶興致，甚至令客戶產生另換別家的想法。

業務員不要覺得說得多就能留住客戶，在客戶思考時，最好適當保持沉默，這不僅能表現對客戶的尊重，又能給客戶一種無形的壓力，反而能令客戶更快做出決定。

4.與客戶持續保持聯繫

那麼如果客戶在充足時間和空間裡仍沒有做出成交決定，甚至停止購買流程，業務員應該怎樣處理呢？

如果與客戶商談後並沒有達成交易，並且客戶執意表示要離開，業務員最好不要強行挽留。這時可以奉上名片，與客戶保持聯繫，並持續了解客戶，設法消除客戶的心理芥蒂，與他建立好關係，之後再尋找時機約見客戶。如果未能成交，要積極主動地與客戶約好下一次見面日期，如果在你和客戶面對面的時候，都不能約好下一次見面的時間，以後要想與這位客戶見面可就難上加難了。如果與客戶預約成功，一定要在拜訪前提前準備，以確保拜訪進行順利。

對業務員來說，一旦與客戶有過接觸，就算認識了，新接觸一個客戶，即等於多了一個資源，就要把這些客戶當成寶貴資源加以珍惜，**即便成交失敗，業務也要保持對客戶的關注，持續追蹤了解客戶的需求變化，只有在對客戶有足夠的了解後，才能發現再次接近並贏得客戶的時機**。做業務一定要堅持追蹤，追蹤、再追蹤，如果要完成一件業務工作需要與客

戶接觸五至十次的話，那你不惜一切也要熬到那第十次傾聽購買信號——如果你很專心在聽的話，當客戶已決定要購買時，通常會給你暗示，這時傾聽就比說話更重要。

總之，業務員在與客戶接觸時，不要操之過急，要根據自己的計畫，把握好銷售的節奏，在客戶遲疑時，不急著催促客戶成交，被客戶拒絕時，也不輕易放棄，只要在前期創出氛圍，做好準備，打好基礎，與客戶成交就是自然而然的事情了。

銷售Tips 練.習.單

🌀 在銷售一開始要準確瞭解客戶需要什麼、想要什麼以及期待什麼，這樣才能有針對性地朝客戶想聽的內容來進行介紹。

🌀 研究發現用十倍的事實來證實一個道理要比用十倍的道理去論述一件事實更有效，因此你要學會用講故事的方法說服客戶。

🌀 客戶從對產品感興趣到決定購買是需要一個過程的，你要充分給予客戶思考和選擇的時間，並在這段時間裡努力促成客戶的消費行為。

🌀 隨時檢示自己的心態，成交之後的自傲和失敗之後的自卑都會給你帶來不良影響，因此要想不被這些情緒羈絆，就一定要隨時檢查自己的心態，做到早、中、晚三次。

🌀 要不斷為自己尋找下一級目標：找個銷售前輩做為你的追逐目標，並在每次成了交易記得要獎勵自己一下。

🌀 不論是成交還是失敗，都應該行動起來，勤於拜訪，尋找新的銷售機會。

🌀 要不斷進行自我教育，參加各種研討會，閱讀專業書籍和雜誌，使自己成為同業中的佼佼者。

熟知銷售觀念，為成為銷售冠軍做準備

Rule 18 做銷售就要耐得住寂寞

做銷售是一個漫長的過程，從最開始確定客戶、拜訪客戶，到最後拿到訂單，完成交易，少則幾小時、數週或數月，多則要花上一年甚至更多的時間。在這漫長的等待成交的過程中，業務員會經歷各式各樣的困難、打擊和誘惑，這就需要業務員耐得住寂寞，冷靜自持，否則就會前功盡棄。

楊靖畢業後進了一家保險公司，該保險公司是一家外商企業，當時才剛剛進入台灣市場，正處於起步階段，各方面發展還不夠完善。雖然公司也在慢慢步入正軌，但是由於公司的知名度不高，楊靖在工作時常常會被客戶質疑，得不到客戶的信任。

最開始的幾個月裡，楊靖一份保單都沒簽下來，於是他對自己在公司發展的前途失去了信心。不久之後，楊靖離開了這家保險公司。在他離開的兩年後，該公司就得到了極大的發展，並廣泛被市場接受。楊靖得知後，後悔不已，他總是忍不住想，如果當時有留下來就好了，說不定現在已經是部門經理了。

楊靖的經歷與現在很多業務員，尤其是剛剛加入銷售領域的新人情況相似。剛開始工作的時候，每個業務員都信心十足地想要做出一番大事業，努力學習銷售知識和技巧，並仔細研究自家產品及相關領域的知識。但是，工作一段時間之後，他們卻發現自己的努力沒有得到相應的回報，

業績始終做不起來。於是，他們心裡就會對自己的工作產生懷疑，最終放棄這個職業，另謀他路。

　　一般情況下，業務員的業績源於兩個方面：一個是態度，一個是能力。如果一個業務員的心態不正確，即使能力再強也難以取得好業績。**如果一個業務員在業績平平時只會怨天尤人，而不懂得改變方法和態度，那他的業績永遠也不會提高。**

　　每個業務員都渴望成功，但並不是所有人都能取得良好的業績。不管你渴望成功的心情有多麼急切，都要在漫長的日子裡不停地拜訪客戶並被客戶拒絕。業務員當中就屬房仲經紀人流動率高，這是因為這是個辛苦的工作，需要長時間累積人脈並贏得客戶信任，若沒有長期抗戰心態，再加上工作時間長，或周遭親友反對，就很有可能因此放棄。在獲得成功之前，有些業務員能夠幾年如一日地堅持下來，而有些業務員則開始逐漸懈怠，甚至辭職或者轉換工作。事實證明，那些能夠長期堅持的業務員大部分最終都能取得傲人的成就，而那些轉換工作的業務員往往還在不停地轉換工作。

　　在這漫長的等待與努力的過程中，業務員一定要穩住心神，耐得住寂寞，不要被周圍的事物影響，認定一條路就要一直堅持走下去。

　　那麼，業務員要怎樣做才能在漫長的過程中耐得住寂寞呢？

保持積極的心態和持久的熱情

　　不管從事什麼樣的工作，都應該具備積極的心態和持久的熱情，讓自己全身心地投入到工作中去。熱愛自己的工作就是熱愛自己的生命，不管是成功還是失敗，都要積極地面對。

每個業務員在剛進入銷售這個行業的時候，都是懷著十足的信心與幹勁，想要成就一番大事。但是經過一段時間的磨練，認識到這個行業的艱難後，只有一部分人還會堅持原來的信念，而其他人就會喪失信心，找不到當初的熱情，甚至萌生退意。當今市場競爭十分激烈，業務員要想取得好業績並不是一件容易的事。有些業務員能夠正視這種狀況，保持積極良好的心態，加強學習，努力地提升自己的銷售技能，費盡心力地尋找客戶，在不懈地堅持和努力下，這些業務員最終都能得到一個相對滿意的結果。而有些業務員則抱著消極的態度，只會抱怨，不懂得從自己身上找原因，有時候，他們甚至會與客戶產生「共鳴」，對產品價格或公司政策產生不滿，這樣的業務員就很難拉高自己的業績。

同樣的工作，同樣的環境，有的業務員能盡快適應，快樂輕鬆地工作，有些業務員卻感到痛苦，不想再繼續下去。這都是因為他們的心態不同。在銷售工作中，遭受客戶的拒絕、受到不禮貌的待遇是很正常的事情。業務員不能保證每個客戶都喜歡自己的產品，也不能苛求每個客戶都理解自己的工作，唯一能做的就是調整自己的心態，保持自己的工作的熱情。如果業務員不能保持良好的態度，即使有再高明的銷售技巧也絲毫沒有用處。銷售業績應該是態度和能力相乘的結果。業務員在鍛鍊自己銷售技能的同時，還要端正自己的態度，帶著積極熱情的態度投入工作。

⭐ 不要只抱著「試試看」的態度

很多人是因為一時找不到合適的工作，不得已才踏入業務這一行，他們對自己的工作並不了解，也沒有明確的目標，只是抱著「試試看」的態度，工作中也沒有要追求好業績的強烈欲望，每天得過且過，最終不是

業績平平就是永遠離開銷售行業，很難取得好成績。不管是高層的業務經理還是底層的業務代表，只要是從事銷售工作，都是為大眾服務，他們所從事的工作都具有深刻的意義。業務員要為自己的工作感到驕傲，學會在平凡的職位上做出不平凡的業績，實現自己的人生價值。

對於業務員來說，**既然從事了這個職業，就應該全身心的投入其中，用自己的努力換取應有的回報。**即使暫時還沒有很好的業績，也不要氣餒，不要半途而廢，要相信憑藉自己不懈地堅持，肯定能迎來成功。具體說來，業務員要摒棄這種「試試看」的態度，應該做到以下幾點：

▶▶ **正確認識銷售工作：**業務員應該對銷售工作有正確的認識，不要以為銷售工作就是低三下四地請求客戶購買，要知道業務員並不矮人一等，銷售是替客戶帶來有益的產品／服務。每一個業務員都要鍛鍊自己，使自己具備良好的心理素質和出色的專業能力。在工作中遇到困難和挫折時，業務員也不要妄自菲薄，而要積極地面對問題，尋找解決的方法。

▶▶ **一定要有自信與熱情：**自信是一個人對自我能力的肯定，只有相信自己，業務員才能以高昂的熱情和飽滿的精神狀態去面對客戶，給客戶留下良好的印象，贏得客戶的好感和信任。很多業務員剛開始會非常熱情，可是等到你做到一定的成績就會變成老油條了，失去了往日的熱情，有時候感覺反而拉業務沒那麼好做了，你會因過分熱情而失去某一筆交易，但會因熱情不夠而失去一百次交易。熱情遠比花言巧語更有感染力。

▶▶ **保持積極進取的心態：**業務員要明白：昨天的成績已經成為歷史，明天的成就還要靠今天來拼搏。每一個業務員都要加強學習，熟練掌握產品及其所屬領域的相關知識，提高銷售技巧，為客戶提供更好的服務，以積極進取的姿態迎接銷售中的難題。

熟知銷售觀念，為成為銷售冠軍做準備

⭐ 謹防「職業倦怠症」

一個人的職業生涯中，總會出現厭倦的時候。尤其是在銷售工作中，當業務員在經過了一番努力卻沒有得到預期回報的時候，往往會感到無奈和疲憊，產生「職業倦怠症」。

「職業倦怠症」是因為一個人長期從事某種職業，在日復一日的機械式工作中漸漸產生疲憊、困乏、厭倦的心理，在工作中難以提起興致、失去幹勁，每天只是依靠著一種慣性來工作，沒有一點生氣。這種不良情緒會影響人們的正常工作，對業務員的影響尤其明顯。

由於業務員經常要在最底層做一些跑業務、上門推銷等重複、單調、看似沒有前途的工作，而這種工作得到回報的週期比較長，不能馬上看到效果，所以業務員很容易對工作產生厭倦，萌生轉行的念頭。

在這種情況下，業務員要學會換個角度看問題，從自己的工作中尋找樂趣，調節自己的情緒。工作的時候，要及時與同事、朋友或者上司溝通，尋求他們的幫助和諒解。工作之餘，可以參加一些社交活動和體育運動，為自己的生活注入新鮮的血液，增強自己的活力。

⭐ 疏通銷售管道，仔細顧好每一流程

就像我們要時常清理下水道一樣，當銷售業績難以提高，銷售工作在一定程度上受到阻礙時，業務員也需要清除阻礙物，疏通銷售管道，消除干擾。銷售的管道有很多，包括經銷商、分銷商、批發商、零售商、消費者等環節。業務員要找到自己的定位，認清自己所在的環節，同時還要多關注其他環節的情況，確實做好實地考察，多分析和比較研究，確定是哪個環節出現的問題，並尋找解決問題的方法，保持銷售管道的暢通。

當銷售過程中發現異狀時，一定要馬上找出原因，及時處理，盡自己所能將工作有效率的完成。不要給自己找藉口，不要得過且過，要用認真的態度做好工作中的每一個環節，使自己的計畫得以實現，銷售業績才有可能持續提高。

在現實的銷售工作中，業務員要對自己的業績有正確的認識，端正自己的心態，不要因為一時沒有業績而發牢騷。要知道，業績不是抱怨上去的，每個業務員都要加強學習，多多磨練自己，提高銷售技巧，並使用正確的銷售方法，制定合適的目標，這樣才能真正提高業績。研究正向心理學的美國賓州大學教授馬丁·塞利格曼曾為一家保險公司研究，發現樂觀的業務人員比悲觀者第一年能多賣23％保單，第二年增加到130％，越是艱難的工作，越需要保持樂觀思考，所以，樂觀是最有效的工作策略。

不被周圍的環境左右

每個人都有與別人攀比的心理，都不希望自己比別人差。業務員被評判的標準是靠業績的高低，每個業務員的個人情況不同，成交的訂單額、獲得的業績也有所不同。當業務員自己業績不出眾，卻經常看到身邊的同事得到好的業績時，就容易心有不甘，產生浮躁的情緒。

業務員要知道，別人能夠取得成功是因為他們做了充分的準備，隨時在等待時機的成熟並能及時出手。對於那些成功的人來說，充足的銷售知識、豐富的銷售經驗是必不可少的。所以，業務員一定要耐住性子，不被環境左右，穩紮穩打，等待成功之花的綻放。

熟知銷售觀念，為成為銷售冠軍做準備

⭐ 遵守行業準則

有些業務員為了取得訂單、衝業績，會鋌而走險，做一些違背行業準則的事情，殊不知這種做法不僅不能提高自己的業績，還會破壞自己的聲譽，影響今後的銷售工作。

任何行業都有自己的行業準則，銷售行業也是如此。生活中處處都有銷售，對它的要求尤其嚴格。如果業務員為了爭取訂單不按理出牌、不按章法辦事，靠投機取巧、不擇手段來獲得業績，雖說能獲得一時的利益，但最終還是要在職業道德和行業準則面前低頭，不僅得不償失，還會付出巨大的代價。例如，房仲業務員面對的客戶大多重隱私，保障客戶的隱私是最重要的事，有時經紀人還要簽下保密切結，若不慎將客戶買、賣屋的資訊洩露，不但可能失去重要客戶，甚至還要賠償金錢。

⭐ 樹立遠大的目標，不安於現狀

演說家金克拉曾經說過：「如果繼續與火雞為伍，你就無法與雄鷹一道展翅」業務員要想取得更好的業績，就不能安於現狀，而要樹立遠大的目標，保持積極性和企圖心，為實現更高的業績而努力。ING安泰人壽高級處經理鄧鈞鴻在新進業務員剛加入他的團隊時，一定會先問：「你的夢想是什麼？」如果某個業務員想要跑車，他一定會緊接著追問哪一個廠牌，然後馬上帶著業務員去看車，讓業務員親身體驗駕馭百萬名車的榮耀感。這樣做的目的是他想要給業務員「有生命力的目標」，他用人的唯一標準是要有強烈的企圖心，他說：「你要把資源放在想成功的人身上，不想成功的人，不論你再怎麼拉也是看不到效果。」只有敢夢想、有企圖心的業務員才會心甘情願踏實地埋頭打拼。

　　業務員取得的業績是沒有上限的，只要確立了目標，並為了實現目標而努力奮鬥，就能取得意想不到的成績，每一個業務員都要找到一個為之努力的標準，否則，努力就像沒有燈塔的遠航，很難達到目的地。

　　美國科學家曾經做過這樣的一組實驗：他們把三十個人分為甲、乙、丙三組，讓他們分別走路去五十公里外的村子。甲組的成員不知道村莊的名字和路線，只有一個嚮導為他們帶隊；乙組的人知道村莊的名字，也知道路線，但是中途沒有路標；丙組的人既知道村莊的名稱和終點位置，也知道自己的行走速度，並且還能看到路上設立的路標。

　　經過測試，最終得出了以下的結果：甲組的人剛剛走了五分之一的路程就有人開始叫苦連天，走到一半路程的時候，就有人已經不耐煩了，走到四分之三的路程之後，大家都堅持不住了，情緒變得很低落，到達終點時每個人都很痛苦，而且他們花的時間最長。乙組的人由於不知道自己走了多少路程，在走到一半時，紛紛變得不知所措，到終點後大家都很疲憊，花費的時間也很長。丙組的人則一路上有說有笑，很快就到達了終點，大家情緒高昂，並且費時最短。

　　由此可見，看不到的目標容易讓人心生恐懼和憤怒。一個明確的方向能讓業務員的努力有章可循，減輕業務員的心理負擔，能更有效地實現銷售目標。所以，你可以給自己制定一個遠期目標，想像十年、二十年之後自己該處在什麼樣的位置，之後再將大目標分解成若干具體的小目標，直到細分至每一年、每一個月、每一週，明確自己每天要做什麼，這樣野心才能發揮作用，推動自己一步步前進。

　　在制定計畫，確立目標業績時，一定要結合自己的能力，適當地將目標放大。若是有意地將自己的銷售目標誇大，既可以增加自己的壓力，

使自己在銷售工作中更加努力，不敢掉以輕心，又能確保銷售任務的完成。當銷售目標誇大以後，即使業務員離自己的目標還有一段距離，但所付出的努力也已經能夠使業績達到一定的水準，無形中提高了自己的實力。但也不要就因此制定根本不可能實現的目標，以免給自己造成過大的壓力，影響合理銷售業績的順利達成。

此外，在銷售開始時首先要制定計畫，確定自己在各個階段想要得到的結果。這樣，你就不會因為一時沒有業績而急躁不安，抱怨連連，只要按照計畫行事，做好每個階段的工作，完成預定的任務，就能獲得滿意的業績。

絕不輕言放棄

偉大的科學家愛因斯坦曾經說過：「有百折不撓的信念所支持的人的意志，比那些似乎是無敵的物質力量有更強大的威力，只有堅持，你的付出才有可能成為現實。」**成功與失敗者的最大區別，通常不在於智力，而在於他們是否具備「不達目的不甘休」的精神。**

有一個二十三歲的英國女孩，沒有什麼過人之處，她相貌平平，有一對平常的父母，上的也是普通的大學。除了有著豐富的想像力之外，她與別人相比沒有什麼不同。她的腦海中常會出現童話中的情景，並動筆把這些想法寫下來，並且樂此不疲。

二十五歲那年，她帶著一些淡淡的憂傷和改變生活環境的想法，來到了她嚮往的浪漫國度——葡萄牙。在那裡，她很快就找到了一份英語教師的工作，業餘時間繼續寫她的童話故事。

一位青年記者這時走進了她的生活，青年記者幽默、風趣而且才華

洋溢。她愛上了這個記者，很快就與他步入了婚姻的殿堂。但女孩的奇思異想讓這個記者苦不堪言，他開始和其他女子來往。不久，他們的婚姻就走到了盡頭，他留給了她一個女兒。

女孩在經受了生命中最沉重的打擊後，不幸又降臨到了她的頭上，離婚後不久，她又被學校解聘了。女孩無法在葡萄牙繼續生活下去，只好回到了自己的故鄉，靠領取社會救濟金和親友的資助過生活。

但是在困窘的生活條件下，她仍然沒有停止寫作，她的女兒成了她的童話故事最忠實的讀者。有一次，她在英格蘭搭乘地鐵，當她坐在冰冷的椅子上等下一班的地鐵到來時，一個人物造型突然湧上心頭。回到家，她鋪開稿紙，多年的生活閱歷讓她的靈感和創作熱情一發不可收拾。

終於，她的長篇童話《哈利波特》問世了，這部起初並不被出版商看好的書一上市就暢銷全國，發行量達到了數百萬冊之巨。這個女孩就是J‧K羅琳，她被評為「英國在職婦女收入榜」之首；被美國著名的《福布斯》雜誌列入「100名全球最有權力的名人」，名列全球第25名。

J‧K羅琳的故事告訴我們，每一個取得輝煌成就的人都不會輕言放棄，他們能夠堅持自己的夢想，為了實現目標不停地努力。

在銷售這個行業中，失敗經常發生，你能否成功的關鍵在於失敗後能否繼續堅持。要想取得成功，就要具備堅持不懈的精神和決不放棄的意志，抱著必勝的決心堅持到底，這樣才能持續提升業績，實現最終的大目標。

銷售Tips 練.習.單

- 遠離那些只會在小圈子裡懶懶散散恣意批評的同事,他們只會推脫自己的錯誤,與這種人在一起,你只會受到不良的影響。

- 結交比你優秀的人,你才能變得比以前更加出色,在他們身上,你不僅可以學習到說話和說服的技巧,還能增強自信,培養自己的價值觀。

- 與使你產生自卑心理的人和環境保持一定的距離,在消極的環境中是不可能培養出積極的心態的。

- 相信自己有執行計畫的能力,也可以鼓舞一個人堅持不放棄。

- 嘗試將自己的野心和目標寫成一份個人使命承諾書,記下你對人生目的的聲明和每一個目標。張貼在你看得到的地方,而且要用又黑又粗的筆寫。

- 在撰寫個人使命承諾書的時候,要盡量使用積極的詞語,比如:意願、奉獻、堅持、誠實、道德、熱情、熱心、學習、傾聽、助人、鼓勵別人、不斷地……

- 不要害怕奉承自己,也不要覺得不好意思。肯定對現在和將來的自己的所有看法。

- 瞭解自己失敗後的心情變化,問問自己目前的感受,是把失敗看成自己的過錯還是他人的過錯,並明確自己下一步的打算。

- 回答三個問題:哪些證據可以證明我個人應該對這次失敗負責任?這次失敗的結果是什麼?現在對於失敗耿耿於懷沒有任何意義,怎麼做能使失敗的損失降到最低?

- 使用積極的自我鼓勵方式,比如:「我把這項工作看成是真正的調整。」「雖然現在業績不好,但慶幸的是一切都已經步入正軌了。」

—☆PART Ⅱ☆—

業績2.0

善用銷售技巧，勇闖業務大勝利

價值從業績來，業績從練習來。
高效的銷售技巧是你實現業績的法寶，
本章16條黃金法則從根本上改造你的銷售能力，
只要掌握好原則，做些細微而重要的修正，
成為產品專家和客戶專家，擁有像銷售冠軍一樣的說服力和影響力，
就不怕沒業績、沒客戶，你的業績將能一飛沖天。

Rule 01 在見客戶前就做好萬全計畫

銷售工作是一項複雜的工作，需要業務員直接與客戶打交道，這樣就會發生很多不確定因素。業務員要想掌控局面，引導客戶跟著自己的思路走，讓銷售工作順利，就必須事先做好計畫，做到居安思危，這樣才能有備無患，防止無法控制的局面出現或陷入手忙腳亂的境地。

事先做好銷售計畫，並照計畫行事，不僅可以明確與客戶見面的目的和任務，也能在與客戶交流時有章可循，使溝通效率更加提升，也可以更有條理地安排工作進度，避免浪費不必要的時間和精力。

★ 了解你的客戶

一個好的拜訪計畫是業務員成功約見客戶並取得有效溝通的基礎，業務員在與客戶見面前一定要認真制定計畫。在制定計畫時，業務員可以從以下幾方面著手：

1. 收集客戶資料，分析客戶情形

「見什麼人說什麼話，到什麼山唱什麼歌」。業務員在做計畫之前首先要收集客戶資料，對客戶的情況有個大概的了解，分析客戶是什麼樣的人，這樣才能對症下藥，根據客戶的特點做出相應的拜訪計畫。

具體說來，業務員應該了解客戶以下幾個方面的資料：

▶▶ **客戶的背景資料：**主要包括客戶的通訊地址、聯繫電話、網址和郵件及

Blog位址，以及客戶所屬的組織機構部門、業務狀況和客戶所在行業的主
要營收、成長率與應用等。

▶▶ **客戶的個人資料**：主要包括客戶的籍貫、家庭情況、學歷情況、曾獲得過
的榮譽、參加的商業組織和公會、各方面的興趣愛好等。

▶▶ **客戶的採購與購買資料**：主要包括客戶近期的採購計畫，採購的時間和預
算，採購的決策者，目前客戶所需與待解決的問題等。

▶▶ **客戶與競爭對手的接觸情況**：主要包括競爭對手的產品特點及價格，客戶
對其產品的滿意程度，競爭對手的背景、特點與客戶的關係等。

　　業務員要把收集到的資料系統化整理，並加以分析，確定客戶所屬
的組織機構、級別和負責工作，以及在採購中扮演的角色及其權限，並找
出能夠對客戶的決策產生影響的人，然後再從中尋找入手的線索。並在和
客戶實際接觸過後在筆記本中記錄著跟這個人接觸的經過。也可以將客戶
分級管理或按短、中、長期分群規劃。

　　如果業務員沒有對客戶的實際情況進行分析，弄不清各方面的關
係，像無頭蒼蠅一樣到處亂撞，那就很難在與客戶見面時抓住重點，更別
說是激發客戶的興趣與購買欲了。

2. 復習以前的拜訪記錄

　　如果業務員並不是第一次與客戶見面，那就應該在見客戶之前看一
下上次拜訪客戶的記錄，回想雙方在上次見面時交談的話題，確定遺留下
來的問題並提前準備解決方案。透過復習以前的拜訪記錄，業務員可以整
理一下自己曾經向客戶傳遞過哪些資訊，並找出還有哪些方面有遺漏，確
定應該再做哪些補充。

　　除此之外，業務員還可以根據以前的拜訪記錄觀察雙方的交流和溝

通是否達到了預期效果，如果達到了預期效果，就要看看還需要有什麼樣的改進與加強之處；如果沒有達到預期效果，則要考慮制定新的行銷方案，轉換與客戶的溝通方式。

確定介紹的產品及使用什麼樣的方法

產品種類各式各樣，如果業務員全部推薦給客戶，不僅不能抓住客戶關注的重點，還會使客戶產生厭煩的感覺，客戶往往會不想再繼續聽下去。業務員與客戶見面前，首先要根據客戶情況分析客戶需求，選擇最符合客戶需求的產品推薦。

這就需要業務員了解客戶的需求情況，還要全面掌握產品本身及相關行業和競爭對手的現狀，並提前準備好想要傳達給客戶的產品利益和安全等相關資訊。只有這樣，業務員才能在見到客戶後條理清晰、面面俱到地介紹產品、推薦成功。

業務員與客戶見面的主要目的就是向他們介紹自己的產品，促成雙方交易的成功。要想讓客戶接受產品並最終購買產品，業務員就應該先讓客戶好好地了解產品。這就需要業務員提前做好計畫，準備好向客戶介紹產品的方法，以達到引起客戶注意、贏得客戶的共鳴，最終達成交易的目的。

一般情況下，客戶介紹產品時可以使用以下幾種方法：

≫ **直接介紹法：** 直接介紹法是指業務員直接向客戶介紹產品的性能、特點、價格等情況，這種方法可以讓客戶比較全面地獲得產品資訊，了解產品情況，但是單純的語言表達可能顯得比較枯燥乏味，難以引起客戶的深層興趣。在使用時，要注意話術的運用，多使用生動活潑的詞句，以勾起客戶

聆聽的興趣。

▶▶ **產品展示法**：產品展示法是指將產品的實物拿到客戶的面前，讓客戶直觀且全方位地了解產品，在條件允許的情況下，你可以讓客戶親自體驗如何使用產品，加深客戶對產品的印象。在使用這種方法時，你要在一旁與客戶溝通和交流，及時解決客戶的疑問，並引導客戶說出自己的感受，從中獲得客戶的真實想法，及時調整銷售計畫。

▶▶ **利益吸引法**：利益吸引法是指向客戶講明使用這種產品時，客戶可以獲得的利益，以此來吸引客戶對產品的注意和重視。使用這種方法的前提是要先弄清楚客戶的需求，針對客戶所關注的利益點對症下藥，但是要注意不能過分誇大可能的利益，以免未來客戶發現實際所獲利不如當初的宣稱，會對你留下虛偽不誠實的印象。

▶▶ **問題求教法**：問題求教法是指業務員首先向客戶提出問題尋求客戶的答案。主動向客戶求教能夠滿足客戶的優越感，拉近雙方距離，使你更容易被客戶接受。在向客戶求教時要慎重提問，選擇的問題不要過於簡單，否則會給客戶留下刻意討好的印象，也不要太過複雜，以免客戶回答不出問題而陷入尷尬境地。

▶▶ **震驚開場法**：震驚開場法是指業務員設計一個令人吃驚或震撼人心的事物來引起客戶的興趣，進而轉入正式的產品介紹中。利用這種方法時，業務員要收集大量的事實資料，並對資料進行分析，提煉出一些具有危害性、嚴重性的問題，並且這些問題可以被自己的產品化解或減小危害。這種方法的關鍵是找到客戶最關心的問題並加以分析，讓客戶更加深刻地感受到不使用產品，會給自己帶來多大的損失。

▶▶ **讚美接近法**：讚美接近法是指透過讚美拉近與客戶的距離，進而向客戶介紹產品的方法。這種方法能夠滿足客戶的虛榮心，使客戶放下警惕，容易被接近。在使用讚美法時應細心觀察和了解客戶，盡量切合實際，對值得

讚美的地方進行讚美，態度要誠懇、語氣要真摯，不要虛情假意，以讓客戶聽了能心情舒暢為原則。

除了以上幾種方法外，還有很多其他的產品介紹方法，業務員在平時的銷售過程中就要積極學習和累積經驗，尋找適合自己的方法。在實際的銷售過程中，你還可以同時運用多種方法，靈活地將理論與實務相結合，讓自己的產品介紹更加出色。

別總讓客戶覺得你是從天而降

有時候業務員認為客戶對公司的產品或服務並不了解，或者目前還沒有這方面的需求，如果事先說明銷售的目的，很容易遭到拒絕，這樣就連與客戶見面的機會都沒有了，還不如直接上門拜訪，也許還有一線希望。雖然銷售業績與你拜訪的客戶數成正比，但是，有些業務員甚至故意去做「不速之客」，在沒有事先預約的情況下就闖到客戶的公司或者家裡，這樣反而是大錯特錯。

一般情況下，在沒有心理準備的時候，如果發生了突如其來的事件，人們是很難接受的。尤其是客戶平日都有自己的工作計畫和安排，工作之餘的私人時間也都有一定的打算，不希望被人打擾。如果業務員事先沒有預約就貿然登門拜訪，很容易打亂客戶原來的計畫，影響他們的工作和生活。這就會引起客戶的不滿和反感，使業務員的銷售計畫受阻。而且，由於業務員事先沒有預約，很可能在拜訪時遇上客戶外出或者有其他重要的事情，從而無法與其交談，這樣既達不到拜訪的效果，又浪費了時間。此外，若情況允許，和每天第一位客戶約的時間可以早一點，如果你約定的時間越早，這樣一來，你一天能見的客戶就會越多。

　　王琦和張美都是一家機電設備廠的業務員，她們分別去了甲、乙兩家公司銷售自己的產品。

　　王琦沒有預約就直接去了甲公司，一進門就說：「您好，我是××公司的業務員，請問這裡誰負責採購？」這甲公司的人員正在全力加班趕其下游客戶OEM訂單，所有的人都忙得焦頭爛額，精神高度緊張。他們對於王琦的到來十分反感，便對她說：「妳是怎麼進來的？我們現在很忙，請妳出去吧！」

　　張美和王琦的做法不同，她在去乙公司之前，先打了幾個電話「您好，請問是乙公司嗎？請問採購部的電話是多少？」「您好，是乙公司採購部嗎？我是××公司的業務員，我們公司生產的機電設備比現在通行的設備效率能提高20％以上，也通過了國家標準的環保認證，且價格比其他產品還優惠，您看我什麼時候去拜訪您呢？」

　　客戶聽了張美的話之後說：「妳下午3點過來吧。」

　　選擇的拜訪時機是否合適，對銷售能否成功有很大的影響。所以，業務員在拜訪客戶之前進行預約是十分重要的，無論是去客戶的公司還是家裡，都要事先與客戶做好約定，選好合適的時間。在與客戶預約時，還要注意以下幾個重點：

1. 理清預約的步驟和內容

　　與客戶的事先預約是一個非常重要的步驟，需要被認真對待。在與客戶預約時，雙方要對見面的一些細節做出具體約定，以免會面時造成不必要的麻煩。具體來說，你要與客戶確定以下三點：

▶▶ **明確拜訪的對象：**業務員拜訪客戶的目的是要把產品賣出去，在與客戶預約前，你要確定自己將要拜訪的人是能做出購買決定的決策者，不要把時

間浪費在無關緊要的人身上。

▶▶ **確定拜訪的時間：**一般情況下，業務員要根據客戶的特點來選擇最佳的拜訪時間，不要選在客戶最忙碌的時候，以免增加客戶的負擔，引起客戶的反感。因此，拜訪客戶的時間最好由客戶決定。一旦確定了拜訪的時間，就要準時赴約，不要遲到。萬一因故不能赴約，應事先向客戶表示歉意，同時再約定另一個時間。

▶▶ **選擇合適的拜訪地點：**業務員銷售的產品類型不同，拜訪的客戶也有所不同，因此拜訪客戶的地點也會有所不同。如果是向公司或機構銷售產品，則最好到客戶的工作場所見面；如果你銷售的產品偏向於在家庭使用，則要到客戶的家裡進行拜訪。除此之外，由於某些原因，客戶不便在工作場所或家中接待業務員的來訪時，也可以約在公共場所如餐廳、咖啡店等地方會面。

2. 掌握成功預約的方法

預約的成與敗，直接決定著業務員與客戶的交流能否有個良好的開始。業務員要想抓住這個機會，成功地與客戶達成約定，就要選擇正確的方法。實際的操作過程中，業務員可以使用以下的方法：

▶▶ **利益預約法：**業務員透過簡要說明產品給客戶帶來的利益，來引起客戶的注意和興趣，同意業務員的拜訪。這種利益預約法迎合了大多數客戶的求利心態，突出銷售重點和產品優勢，能夠很快達到預約客戶的目的。

▶▶ **問題預約法：**業務員可以直接向客戶提問，引起客戶的興趣，從而使客戶集中精神，更好地關注業務員發出的訊息，為激發客戶的購買欲望奠定基礎。

▶▶ **讚美預約法：**每個人都喜歡別人的讚美，讚美預約法就是業務員利用人們希望自己被讚美的欲望來達到預約客戶的目的。在讚美對方時要恰如其

分，切忌虛情假意、無端誇大。

▶▶ **求教預約法：**一般情況下，人們不會拒絕虛心求教的人，業務員可以事前規畫、設計一下，把自己要向客戶求教的問題與自己的銷售工作巧妙地結合起來，以達到拜訪客戶的目的。

▶▶ **好奇預約法：**每個人都有好奇心，業務員可以設計一些說法或其他一些方式引起客戶的好奇心，以引起客戶的興趣，為自己贏得拜訪客戶的機會。

除了這些方法之外，業務員還可以針對不同的客戶，綜合使用不同的方法，在經驗中鍛鍊自己的能力，力求實現每一次預約的成功。

3. 重視預約的效果

拜訪前的預約，對於業務員有重要的作用，如果業務員事先沒有與客戶做好約定，就會在拜訪客戶時受到阻礙，影響銷售工作的順利進行。業務員只有做好事前的預約工作，才能達到事半功倍的效果。

▶▶ **有助於提高工作效率：**業務員若沒有預約就去拜訪，可能會被客戶應付了事，或者根本見不到客戶，有時候正巧碰上客戶不在時，還可能撲個空。提前預約就能避免這樣的徒勞往返，大大提升的工作效率。

▶▶ **有助於業務員如約見到客戶：**現今社會，許多機構、公司、大樓都有嚴格的保全管制，如果沒有提前預約，業務員很可能被攔在門外。與客戶預約之後，客戶就會提前通知保全或門禁，使業務員順利見到客戶。

▶▶ **有助於雙方展開深入洽談：**在拜訪前提前預約，不管是業務員還是客戶，都能有充足的準備時間，有利於雙方制定會談計畫，並對一些情況做好適當的應對準備，為雙方的會談奠定成功的基礎。提前預約可以讓客戶感受到你對他的尊重，能夠使客戶消除對你的警戒心理，有利於形成融洽的談話氣氛。

 ## 借助銷售工具，讓你的介紹更生動

《論語》中有一句話：「工欲善其事，必先利其器」無論做什麼工作都要事先準備好工具，銷售也是如此。就像臺灣商界流傳的那句至理名言一樣：「銷售工具猶如俠士之劍。」業務員在進行銷售時，如果能夠**有效地利用銷售工具，不但能吸引客戶，激起他們的好奇心和興趣，還能為業務員自己提供極大的便利。**

湯姆是一個業務員，他曾經為一個名叫美聯勝的商會銷售會員證。

一次，他有幸透過朋友的介紹得以和一位商店老闆見面，但這位老闆並沒有興趣加入美聯勝商會。因為他的商店在較偏遠的郊區，而美聯勝商會的總部卻是在市中心。他覺得即使自己名義上加入為美聯勝商會的會員，但由於地理位置太偏，他不太可能經常到總部去交流或享用會員的權益。既然如此，他認為自己完全沒有必要花錢購買商會的會員證。

湯姆在了解了商店老闆的顧慮之後，試圖以自己的真誠和尊重說服對方。可是對方根本不吃這一套。沒辦法，湯姆只好和老闆約定下次見面的時間。

過了幾天，湯姆拿著一個特大號的信封來到了這家商店。商店老闆對他手中的大信封充滿好奇，但湯姆卻對這信封隻字不提。終於，商店老闆忍不住問道：「那個信封裡到底裝了什麼東西？方便看一看嗎？」

原來，湯姆在這個大信封裡裝了一個印有美聯勝商會標誌的金屬牌，他告訴商店老闆說：「只要將這個牌子掛在商店外明顯處，那麼所有來這裡購物的人們都會知道您的商店屬於一流的美聯勝商會，而您也是美聯勝商會的一名尊貴會員。」

正如湯姆所希望的那樣，商店老闆立刻很高興地同意加入美聯勝商會，並且馬上支付了商會會員的入會費。

業務員正確使用銷售工具，不僅能夠引起客戶的好奇心，激發他們的購買欲望，還能體現業務員的身分和專業，以及對客戶的尊重。所以，業務員在與客戶交流溝通時一定要備妥以下幾樣工具：

1. 精緻實用的特色名片

不論是在與客戶溝通還是在其他社交場合，名片已經是人與人相互交往時的必備工具。對於業務員來說，名片成本低、保存時間長，而且看起來簡明直觀，是提高知名度、建立銷售管道最實惠的工具。遞上名片就等於是在做自我介紹，因此業務員要精心規畫自己的名片，力求給客戶留下一個好印象。

那麼，業務員在製作名片時要注意哪些事項呢？

▶▶ **名片要有自己的特色，能吸引客戶的眼球：**但是設計不能太花俏，應該美觀大方，不要華而不實。

▶▶ **名片上的資訊一定要清楚明確：**有些業務員怕別人不夠重視自己，把所有集團公司的名稱還有自己的職稱都寫在名片上，但是這樣只會讓看到名片的人眼花瞭亂，不能準確得知業務員的確切資訊，不利於銷售業務的展開。業務員的名片一定要一目了然，公司名稱和商標要突出，業務員自己的名字、職務、主要銷售的產品或從事的行業也要清楚可見。

▶▶ **聯繫方式一定要真實：**業務員發名片就是希望客戶能夠經由名片找到自己，所以，名片上的地址、電話、網址和mail一定要隨著自己的實際情況及時更新，以便客戶能夠聯繫到你。

▶▶ **根據不同的場合派發不同的名片：**業務員要準備數種款式的名片，根據不同的場合派發相應的名片。例如，在招商會、展銷會等大型的公共場合活

善用銷售技巧，勇闖業務大勝利

155

動時,由於參展的人數眾多,業務員並不指望客戶記住自己,而是希望客戶能記住產品,這時比較適合派發產品DM加簡易名片,這種名片不需要特別高檔,但一定要對產品介紹清楚。然而在拜訪客戶時,一定要帶精緻、有質感,適合收藏的名片,使客戶對自己產生較深刻的印象。

2. 整齊而內容豐富的公事包

公事包是業務員必不可少的工具,不僅能夠用來放置重要的檔案和資料,還是業務員身分和地位的象徵,是引起客戶重視的重要道具。

每一個優秀的業務員都會每天整理自己的公事包,使自己的公事包符合以下的條件:

▶▶ 公事包必須保持乾淨整齊。

▶▶ 公事包裡的資料必須內容豐富,能夠滿足銷售時的需要。

▶▶ 公事包裡的資料要有條理,在需要某些資料時能夠及時找到。

▶▶ 公事包裡的資料內容要及時更新。業務員要根據客戶的特點和可能的需求,對公事包裡的檔案和資料進行更新和整理,及時剔除過時的資料、加入新的內容。

3. 包裝精美的說明資料

很多時候,業務員拜訪客戶的時候,客戶正忙著和同事討論公事或者處理其他公務,他們會告訴你「把資料放在桌子上就可以了,等我有時間再看」可是,客戶的桌子上經常放著其他同業的資料,如果自己的資料不能吸引客戶的眼球,很容易就被埋沒在一大堆的資料中。

所以,業務員在準備資料時要注意資料的封面設計和紙張的品質,資料的包裝要精美醒目,即使被壓在最底層也能讓客戶一眼就能注意到。

4. 其他靈活有效的銷售「道具」

除了以上的幾種銷售工具外,業務員還可以根據實際情況選擇其他

銷售工具，以便讓自己的產品介紹更加生動，更加吸引客戶的注意。

　　傑克是一位銷售安全玻璃的業務員，他的業績一直保持第一。每次他去拜訪客戶的時候，總要在他的皮箱裡放上幾小塊安全玻璃和一把錘子。見到客戶後，傑克就會問客戶：「你相信安全玻璃的安全性嗎？」如果客戶說不信，傑克就會掏出一小塊安全玻璃放到他面前，然後用錘子狠狠地砸下去。當客戶發現玻璃安然無恙時，就會對安全玻璃產生興趣，客戶下訂單的機率就大大增加了。

　　後來，在一次聚會上，傑克向其他同事介紹了自己的方法。同事們紛紛仿效他的做法，銷售業績因而突飛猛進。

　　優秀的業務員頭腦靈活善於選擇銷售工具，利用產品的特性或各種功能來吸引客戶，激發他們購買的欲望。在選擇銷售工具時，業務員一方面要考慮到銷售工具能否吸引客戶的關注，另一方面也要考慮客戶的接受程度，不要為了追求新奇而引起客戶的不安或不屑。另外，使用銷售工具是為了更完善地介紹產品，所以在選擇時一定要圍繞銷售的主題，不要做一些看似高明，卻與銷售風馬牛不相及的事。

　　在見到客戶之前，可以事先想像一下與客戶見面的整個流程，在腦海中模擬雙方見面的場景，將這些場景記錄下來，反覆查看並及時修改不合理的地方。在想像的過程中，你要多考慮一些可能遇到的不確定因素或突發狀況，思考解決問題的方法，防止在實際接觸中因難於應付而失去對局面的掌控。在多次重複地修改完善後，要將整個過程牢記在心，這樣就能在與客戶見面時有所準備而不至於手忙腳亂。

　　業務員若希望每一次的洽談都能達到預期效果，就要事先做好準備，制定一個全面合理的計畫，這樣才能更高效地掌握銷售流程，贏得客

戶的好感和信任，提高工作效率，業績自然up！up！

銷售Tips 練.習.單

🏆 拜訪客戶前要先列出此次的銷售目標。確定出理想目標、現實可能實現的目標和最低必須實現的目標。

🏆 預想到在銷售中可能出現的問題和突發狀況，並且準備出多種方案來應對。

🏆 決定出可以讓步的條件和底線，以便對客戶的要求是否合理有一個準確的判斷依據。

🏆 盡量選擇信號好、攜帶方便的通訊工作，以免在與客戶聯繫時出現斷線、連接不上等問題。

🏆 如果條件允許，應該具備便捷的交通工具，以確保能準時與客戶的見面。

🏆 在與客戶見面之前，應該提前準備好路線和估計充足的時間，以免因為塞車或者走錯路線而耽誤時間。

🏆 在拜訪的前一天要打電話進行確認。盡量使用電話預約和確認時間、地點，不要發電子郵件，以求得到準確而迅速的答覆，同時可以顯示你的誠意。

🏆 時間最好由客戶決定，而且一定要準時赴約，如果因故不能準時赴約，則應該向客戶表示歉意並再約另一個時間。

🏆 有了第一次的拜訪基礎之後，第二次拜訪可以選在下午三點左右，因為此時一天的工作大概告一段落，客戶的心情比較放鬆，有個人可以聊天也是不錯的選擇，你的適時出現會降低被拒絕的機率。

🏆 由於職業不同，客戶方便約見的時間也不相同，客戶最空閒的時間，就是業務員最理想的約見時間。

🏆 規定自己每個星期天，就先把下一個星期的計畫寫好。

Rule 02 把產品價值show出來

　　業務員的目的是將產品賣給客戶，使自己和客戶都獲得利益，實現銷售價值（經濟學家稱之為消費者剩餘與生產者剩餘）。但是很多時候，市場上同類產品太多，導致惡意競爭的現象十分嚴重，很多產品銷售不出去，只能積壓在業務員手裡，難以實現銷售價值。

　　業務員常聽到客戶會很直接地拒絕說：「我沒錢」，這其實是顧客不想購買某件商品的藉口，這句話真正的意思是：「我才不想花錢買這樣東西呢！」**即使是有錢人，對於他們不需要、感受不到魅力的東西，也一樣會推說「沒錢」。**

　　業務員必須了解到消費者對於「覺得很有價值的東西、自己想要擁有的商品，即使要節省生活費、刷信用卡分期付款，還是想要買；但是其他的東西則希望盡可能撿便宜。」這就是為什麼高級品牌非常受歡迎，10元商店或折扣藥妝店也是人氣特旺。也就是說，**能否讓消費者確實感受到商品的「特殊價值」，就決定了交易的成敗。**

　　因此，成交關鍵不在於客戶有沒有錢，而是讓客戶覺得「說什麼都想要」、「即使很貴也想買」。業務員就是要努力把產品價值呈現出來，最有效的方式是解析產品優勢，讓客戶看到產品獨一無二的價值，引起客戶的購買興趣。假如客戶不斷地提到價錢的問題，就表示你沒有把產品真正的價值告訴顧客，因此他一直很在意價錢。記住，一定要不斷教育客戶

善用銷售技巧，勇闖業務大勝利

159

為什麼你的產品物超所值。

解析產品優勢

業務員應該知道，**客戶購買產品其主要原因是看中產品本身的使用價值，而不是花俏的促銷手法和業務員的好口才。**客戶也許會一時被這些因素蒙蔽，但當他們冷靜下來，仔細思考後，就會做出理智的判斷。所以，業務員將產品賣給客戶的最好方法，是要準確解析產品優勢，將產品的優點全面展示給客戶，用產品本身來吸引客戶，使客戶心甘情願地購買產品，實現銷售價值的最大化。那麼，業務員具體應該怎麼做呢？

1. 做好產品定位

業務員首先要對產品有一個清楚的認識，從產品的特徵、包裝、服務、屬性等多方面研究，並綜合考慮競爭對手的情況，做好產品定位。產品定位的重點是確定產品在客戶心中的地位，這個地位應該是與眾不同、不可取代的。

在進行產品定位時，業務員應該考慮的問題包括：

》產品能夠滿足哪些人的需要？

》客戶們的需要都是些什麼？

》產品是否能滿足他們的需要？

》如何選擇提供的產品與客戶需要的獨特點結合？

》客戶的需要如何才能有效實現？

根據產品和客戶特點對產品進行定位，業務員才能使產品在客戶心中留下深刻的印象，引起客戶對產品的關注。

2. 分析產品優點

　　在同質化產品越來越多的市場上，客戶的需求卻越來越多樣，業務員要想使產品得到客戶認可，就必須對產品有一個充分的認識，將產品的優點展示給客戶。一般情況下，業務員可以從產品本身的品質、外觀、功能、科技化程度等各方面分析產品優點。

　　為了讓客戶對你的商品產生深刻印象，甚至往後有需要時，能立即聯想到此商品，你應找出商品最特殊或最重要的特點，並且為它擬定強而有力的關鍵話，並善用「FABE銷售訴求法則」來設計你的產品介紹文。透過FABE法則設定商品的銷售訴求點：

　　F（Feature）是指商品特徵，也就是商品的功能、耐久性、品質、簡易操作性、價格等優勢點，你可以將這些特點列表比較，然後運用你的商品知識，為它們設計成一些簡要的陳述。

　　A（Advantage）是指商品利益，也就是你列出的商品特徵發揮了哪些功能？能提供給客戶什麼好處？

　　B（Benefits）是指客戶的利益，你必須站在客戶的立場，思考你的商品能帶給他們哪些實質的利益？假使商品利益無法與客戶利益相互結合，對於客戶來說，你的商品再優異也沒有意義。

　　E（Evidence）是指商品保證的證據，你要「有證據」證明你的商品符合客戶的利益，或是能讓客戶實際接觸而確認商品有益，因此你必須提供商品證明書、樣本、科學性的資料分析、說明書等物品，藉以保證商品確實能滿足客戶的需求。

　　簡單說來，FABE法則是將商品特點拆解、分析後所整理出的銷售訴求要點，而在實際應用上，你必須先瞭解客戶真正的需求，並且快速排序

你的銷售重點，例如客戶關心的是價格問題，你的銷售要點就應側重在價格部分，其次才是各項要點的陳述。

當你利用FABE法則解說商品時，務必簡潔扼要地說出商品的特點及功能，避免使用太專業、太艱深的術語，引述商品優點時，則要記得以多數客戶都能接受的一般性利益（一般消費者感興趣的特點）為主，再來是針對客戶利益做出說明，並且提供相關的證據加以證明，最後再進行總結。

當你在分析產品優點時，**要站在客戶的角度，從客戶最關心的點著眼，詳細充分地解答客戶的問題。這樣才能縮短與客戶之間的心理距離，使產品的優點被客戶接受。**

3. 突出產品與同類產品的不同之處

業務員要找到自己產品與其他同類產品的不同之處，提出一些競爭對手沒有提到過的優勢，這樣就能凸顯產品的不同，引起客戶的關注，吸引客戶主動來購買自己的產品，實現銷售價值。

喜力滋是二十世紀五、六〇年代美國啤酒的一個品牌，它的啤酒銷量在當時的美國位於首位。但是喜力滋也曾有過一段賣不出啤酒的經歷，所有的啤酒都堆積在倉庫裡。喜力滋當時的老闆為了打開銷路，便請了當時最知名的銷售大師去廠裡參觀，期望找到解決的辦法。

銷售大師在啤酒廠裡參觀了一遍後，感覺了無新意，似乎沒有什麼辦法可以把這個廠救活過來。當他正想走出廠門的時候，看到了一間煙囪正在冒煙的房子，經過詢問後得知啤酒廠裡的所有酒瓶都是在這房子裡用蒸汽消毒。於是他高興地告訴啤酒廠的老闆，啤酒廠有救了。

銷售大師將喜力滋的廣告宣傳語改成：「喜力滋啤酒，每一支酒瓶

都經過高溫蒸汽消毒！」這在當時可說是首創的！經過一段時間之後，喜力滋啤酒的銷路被打開，這個品牌也成為了美國啤酒的第一品牌。

　　業務員要善於發現自己產品與競爭對手的不同之處，尋找產品的獨特賣點，並把它展示出來並大書特書，讓客戶了解並接受。這樣就能強化自己產品的競爭力，加快產品的銷售。

4. 將產品的不足化為優勢

　　每個產品都不是十全十美的，都有一定的不足，但是換個角度看，就能成為特殊的優勢。**業務員要善於運用銷售技巧，將產品的不足化為產品優勢，使產品得到客戶的認可，促進銷售價值的實現。**

　　朱軍是一名房仲業務員，他銷售過一批房子，前面幾間都很順利，但是剩下最後一間怎麼也銷售不出去。這間房子面積很大，但是格局並不好，尤其是衛浴間是三角形的。朱軍帶很多客戶來看過這間房子，但是客戶們都不滿意，即使房子的價格比別間低，客戶也不願意購買。

　　後來朱軍想了一個辦法，他找了一家裝修工人把房子簡單裝修了一下，訂了一個合適的木板把衛浴間的三角擋了一角，使這個衛浴間看起來像個梯形。他把房子標價定得稍微低於市場行情，用以吸引客戶。

　　因為房子的價格便宜，有一個客戶來看房。朱軍帶著他參觀了一下後，客戶感覺還不錯，決定買下。簽完合約後，朱軍帶著客戶來到衛浴間，把衛浴間的擋板拿下來，告訴客戶多送給他半坪的地方放雜物。這客戶看了覺得更滿意了。

　　朱軍在銷售房子的過程中，清楚地知道房子賣不出去的原因，他用板子擋住衛浴間的三角，把房子的缺點掩飾起來，使客戶對房子有一個好的印象。當客戶簽下合約後，朱軍告訴對方還能多出半坪的空間放置雜

物，能使客戶感覺自己得到了額外的好處。這樣一來，客戶不僅不會在意衛浴間原來三角形的設計，還會滿心歡喜地覺得自己佔到了便宜。

　　業務員要掌握一定的銷售技巧，善於解析產品優劣勢，找到銷售成交的關鍵點。這樣就能促使客戶購買，滿足雙方的利益需求，實現銷售價值的最大化。

 準備好銷售資料，別在洽談時手忙腳亂

　　在向客戶銷售產品時，業務員會向客戶介紹許多產品資訊，但是很多時候，客戶需要的並不是只停留在表面的泛泛之談，而是有說服力的證明。真實的資料具有很強的說服力，能夠有效地證明產品的品質和公司實力。所以，**在與客戶交流前，業務員要事先準備好銷售資料，防止在洽談過程中，因不能回答客戶提出的問題而變得手忙腳亂。**

　　在一般人們的意識中，統計資料是經過精心測算和綜合廠商和使用者的經驗累積得來的，一定是相當可信的。業務員要充分利用客戶的這種心理，主動向客戶提供銷售統計資料，以精確的資料與客戶溝通，增加客戶對產品的信心與業務員的信賴。

　　在使用銷售統計資料時，業務員也要謹慎，以免使用不當，造成不利的後果。具體說來，業務員要注意以下幾個方面：

1. 確保資料的真實性和準確性

　　資料最大的說服力就在於它的準確性和真實性，只有準確和真實的數據才能增強客戶對產品的信賴。如果客戶發現業務員提供的資料是虛假或者錯誤的，他們就會以為業務員是在對他們進行欺騙和愚弄。這種觀念一旦在客戶的腦海裡確立起來，就會產生極為惡劣的影響，不但不能促進

雙方商談的順利進行，還會影響企業和產品的聲譽。

　　所以你在向客戶提供銷售統計資料之前，一定要再三確認，保證資料的真實性和準確性。只有這樣才能贏得客戶的信任，為雙方的銷售溝通打下良好的基礎。

2. 不要大量羅列資料

　　人們在說話的時候，恰如其分的修飾語句可以使自己的表達更加形象生動，也可以展示文采和才華。但使用過多的修飾語就會給人一種華而不實的感覺。同樣地，在銷售過程中，使用精確的數字固然可以加深客戶對產品的印象、增強論據的可信度，但是，如果業務員只是一味地羅列資料，就會使客戶感到眼花瞭亂，無法理清頭緒。而且，有些客戶對數字並不敏感，大量的資料只會使他們感到枯燥，甚至認為業務員是在故意賣弄。反而影響業務員在客戶心中的形象，不利於銷售工作的順利進行。

　　所以，當你在使用資料時要挑選合適的時機，例如，在客戶對產品的品質提出質疑時，就可以用精確的資料來證明產品的優良品質。如果客戶的疑慮不是太重時，使用一些簡單的統計數字說明即可，對於數字的使用要適可而止，不要隨便亂用。

3. 提高資料的可信度

　　銷售商談時，僅僅把資料展現給客戶還遠遠不夠，還要讓他們相信這些資料。很多人都認為，像商品檢驗局、預防醫學會等這樣的專業機構是某一領域的權威，他們的證明或承諾也具有一定的權威性，經得起考驗。因此，客戶往往認為能夠得到這些機構認證的產品，肯定品質優良，可以安心使用。當你在與客戶洽商時，就要多多利用這一點，可以說「我們的產品經過國際××組織的嚴格認證，在經過半年的觀察後，××組織

認為我們的產品完全符合國際標準……」。

除此之外，還可以借助那些影響力比較大的人物或時間來對產品加以說明，如：「500大企業之列的××公司從××年開始使用我們公司的產品，到目前為止，已經和我們建立了三年多的良好合作關係。」或「當紅電影明星××從2009年開始到現在一直是我們產品的愛用者，對我們的產品讚不絕口。」

借助這些有權威性或者影響力的機構或個人列舉出的資料，不僅可以吸引客戶的注意力，給客戶留下深刻的印象，還可以增加客戶對產品的信任度和重視度。當然，在借助這些組織或個人的時候，還要注意他們本身的信用度。如果他們經常出現負面新聞，那麼借助他們所做的宣傳也會受到影響，給客戶弄虛作假的印象。所以，一定要選擇信譽度高、社會評價好的組織機構或個人，要讓客戶相信資料是真實有效的。

4. 讓數據更具震撼力

與語言不同，統計資料意義單一、一目了然，容易讓客戶抓住確切資訊。但它與語言相比的一個缺陷就是過於枯燥，如果業務員在與客戶的洽談中，不能正確借助資料，就會使客戶失去繼續商談的興趣。所以，業務員應該充分發掘數據的作用，讓數據對客戶產生更大的震撼力。此外，如果產品經由別人推薦，尤其是權威人士，其價值也會整個提升。最好的例子就是電視購物。購物台的主持人天花亂墜地描述某商品的優點，擔任特別來賓的權威人士或藝人接著發表評論，不停地說：「這個東西好棒唷！」然後現場會湧起一陣「哇」的讚嘆聲。經過一連串不斷提高商品價值的過程之後，最後再來一句：「最讓人在意的價格部分是……」報出一個比觀眾想像的價格低得多的數字，現場響起一片「好便宜」的歡呼聲，

此時主持人再加碼：「立刻訂購，特別加送○○與△△！」在每一輪電視購物的初期和中期，無論何種商品，只要採用這種手法，都會大賣。

銷售Tips 練.習.單

🌀 當客戶對產品的品質提出質疑的時候，就應該用精確的數字來證明產品的優秀品質。選擇採用的數字要能突出產品賣點和相對於其他產品的優勢。

🌀 如果條件允許的話，要及時更新資料，不要試圖用一個缺少實質意義的資料矇騙客戶。

🌀 使用的資料越精確越容易得到客戶的信任，如果只是一個約數，即使是經過調查的，客戶也會認為你是隨口亂說的。

🌀 在介紹產品時要告訴其能為客戶帶來多少潛在的利益，例如：一年能為客戶節約多少開支、數年下來能節省多少錢、不需要特別的維護等等。成本的節約是一個最具誘惑力的條件。

🌀 介紹產品時要揚長避短，對客戶來說不重要的優點可以一帶而過，甚至不提及或者化缺點為優點，比如產品外觀簡單，你可以這樣說：「我們的產品外觀簡潔大方，而且又不會過時，深得像您這樣有品味的客戶歡迎。」

🌀 在介紹產品的時候應該抓住客戶的受益點，比如在向客戶介紹護膚品的時候不要只告訴客戶護膚品的成分，而是要告訴他使用後的效果，如美白、緊緻等等。

🌀 客戶比較關注的產品特徵有：品質、味道、包裝、顏色、大小、市場占有率、外觀、配方、製作程式、價格、功能等等，你可以針對這些特點來設計你的話術。

善用銷售技巧，勇闖業務大勝利

Rule 03 用聆聽贏得客戶

被譽為「世界上最偉大的一百位業務員之一」的麥克・貝柯曾經說過這樣的話：「所有的產品都有相應的詳盡介紹資料，作為一個業務員，我們別以為我們的口才能比客戶對自己的需求會認識的更多更準確，別以為我們的口才會比客戶的眼睛所能看到的產品資料更詳盡。我們必須要清楚一個真理，那就是**客戶需要的永遠都是產品，而不是你高超的口才！**在很多時候，傾聽更能使我們的工作一步到位，而誇誇其談不著邊際的口才，實際上是一道無形的銷售障礙，因為它在很多時候只能引起客戶的反感以及對產品甚至是對業務員本身的懷疑。

一般的業務員都認為銷售就是向客戶介紹產品，因此在整個銷售過程中就是要滔滔不絕地說個不停，其實這種想法是不正確的。業務員的口才固然要好，但銷售並不是演講，不需要業務員一刻不停地說個沒完。

全球知名成功學家戴爾・卡耐基曾經說過：「做一名好的聽眾遠比自己說得口沫橫飛還有用。如果你對客戶的話感興趣，並且有急切想聽下去的願望，那麼訂單通常會不請自到」。以「誠心誠意，從聽做起」為服務理念的英國保誠人壽，就是秉持「傾聽」為核心理念，以落實客戶需求為中心來要求他們的業務員。因為**每個人都渴望得到別人的重視，都希望在說話時得到別人的關注**。客戶也是普通人，也希望被如此對待，業務員在面對客戶時，要做一名稱職的聆聽者，給客戶足夠的重視和尊重，滿足

客戶的內心需求，使他們對業務員產生好感。

　　王芳是一名嬰幼兒營養食品的業務員，她透過朋友介紹來到準客戶家中，接待她的是剛剛當了奶奶的李阿姨。一進客廳，王芳就看見了一幅巨大的嬰兒照片，於是她便說：「寶寶長得好漂亮啊！平時的營養一定不錯吧？」聽她這麼說，李阿姨非常高興，一邊拉著她坐下，一邊跟她聊起了自己的孫子。

　　李阿姨非常喜歡自己的小孫子，滔滔不絕地說個沒完。王芳耐心地聽著李阿姨的話，沒有表現出一絲不耐煩，還不時地提出問題迎合李阿姨。他們聊得非常開心，等到王芳離開的時候，李阿姨向她購買了很多嬰兒營養食品。

　　對於業務員來說，耐心地聆聽客戶的話，不僅可以全方位地了解客戶資訊，還可以抓住客戶的心，讓客戶願意傾心交流。在銷售過程中，業務員一定要學會做一個好的聆聽者，用聆聽贏得客戶。具體說來，要掌握傾聽藝術，要做到以下幾方面：

聆聽時要全神貫注

　　聆聽是一門藝術，能夠幫助業務員解決與客戶溝通中出現的許多問題，幫助雙方進行更好的交流。全神貫注地聽客戶說話，不僅能夠使業務員獲得有效資訊，也能體現對客戶的尊重。在傾聽客戶的話語時，業務員要把注意力全部集中在客戶身上，注意觀察客戶的臉部表情，關注客戶的眼睛，眼神不要遊離。在客戶說話時，業務員要面向客戶，身體前傾，不要左顧右盼，更不要做一些不相干的事情。

　　這是某個有機食品公司Z先生的經驗之談，雖然有機食品已經風行好

善用銷售技巧，勇闖業務大勝利

一段時間了，但是一般家庭對此產品還是認識不清，不敢貿然購買，這使得有機食品公司的業績始終不見好轉。

一天，Z先生還是一如既往，把蘆薈精的功能、效用向客戶解說，但是客戶李太太同樣表示沒有多大興趣。Z先生在心裡嘀咕著：「今天又要無功而返了。」準備向對方告辭，突然他看到陽臺上擺著一盆美麗無比的盆栽，上面種著紫色的植物。Z先生於是請教李太太說：「好漂亮的盆栽啊！平常似乎很少見到。」

「的確是很罕見，這種植物叫嘉德里亞，屬於蘭花的一種，它的美在於那種優雅的風情。」

「的確如此，會不會很貴呢？」

「不便宜，這盆要3000元呢！」

「什麼？3000元……」

Z先生心裡想：「蘆薈精也不過2500元，大概有希望成交。」於是慢慢把話題轉入重點：「這個每天都要澆水嗎？」

「是的，每天都要精心養育。」

「那麼，花也算是家中的一份子了？」

李太太覺得Z先生是個有心的人，於是開始傾囊傳授所有關於種植蘭花的經驗談，而Z先生也聚精會神地傾聽。

約半小時過後，Z先生很自然地把剛才心裡所想的事情提了出來：「太太，您這麼喜歡蘭花，您一定對植物很有研究，像您這樣高雅的人。您肯定也知道，植物給人類帶來的種種好處，帶給您溫馨、喜悅和健康。我們的有機食品正是從植物裡萃取出來，是純粹的天然綠色食品。李太太，今天就當作買一盆蘭花把有機蘆薈精買下來吧！」

結果李太太竟爽快答應下來，她一邊打開錢包，一邊還說：「即使是我丈夫，也不願意聽我嘀嘀咕咕這麼多，而你卻願意聽我說，甚至還能理解我的話，真好！」

傾聽是一種理解、一種尊重，當業務員靜下來傾聽客戶時，也是銷售中高明的方法之一。業務員傾聽得越多越久，客戶就離你越近。在銷售過程受到阻礙、客戶提出反對意見導致銷售局面緊張時，業務員要學會以靜制動，在安靜中醞釀良機，在忍耐中尋找希望。

業務員要對客戶的話表現出極大的興趣，隨著客戶的表達做出相應的表情變化，向客戶表現出自己的真誠。把握好聆聽時的態度，給客戶足夠的關注和重視，使客戶的內心得到滿足，引導客戶表達出更多的想法。只有這樣才能讓客戶感覺被重視，才能贏得客戶信任，在傾聽的過程中只要多留意以下小細節，就能使客戶掏心掏肺地表達自己內心的想法與感情。

1. 不要假裝聆聽，並及時回應

有些業務員喜歡自作聰明，他們經常只做出傾聽的動作，而沒有真正把客戶的話聽進心裡。有些時候，他們還自以為是地以為已經全部了解了客戶的想法，一邊假裝聽取客戶意見，一邊想找機會插入自己想說的話。然而，客戶不是傻子，不會連真正的傾聽和虛偽的敷衍都分辨不出來。

不管是什麼樣的溝通，如果只有一個人在說，而另一個人毫無回應，談話就無法進行，銷售中的溝通尤其如此。如果客戶一個人唱獨角戲，得不到業務員應有的回應，會覺得談話很沒意思，溝通興趣會減弱。所以你要對客戶說的話及時回應，使客戶感到被尊重和認可，可以在客戶

停頓的空檔或講到要點的時候，做出點頭、微笑的動作，適當給予回應，激發客戶繼續說下去的興趣。

在客戶說話時，務必要真誠而認真地傾聽，不要假裝聆聽客戶的話，用敷衍的態度來對待客戶。業務員要明白：**只有發自內心尊重客戶，用真誠的態度傾聽，才能真正了解客戶的想法，使雙方的交流更加成功。**

2. 不要魯莽地打斷客戶

每個人都希望能完整地表達想法，不希望被別人打斷，客戶也是如此。當客戶正說在興頭上，卻被無緣無故地打斷時，肯定感覺非常惱火，說話的熱情和積極性也會大大減低。業務員一定要保持客戶講話的完整性，不要在客戶說話時隨意接話或插話，也不要魯莽地打斷客戶。

在客戶說話的空檔，業務員要立即做反應給予必要的簡單回應，如：「對」、「是的」、「好的」等，以表示對客戶所說內容的關注。

3. 及時核實自己的理解，確定客戶的意思

當客戶表達完觀點後，業務員要用自己的話簡單明瞭地複述客戶的意思，既可以讓客戶知道業務員認真地聽完了自己的陳述，又能使業務員及時確認自己的想法，以免出現理解上的偏差。這樣做既可以避免誤解客戶的意思，有利於業務員及時找到解決問題的最佳方法，又可以使客戶得到鼓勵，因為找到熱心聽眾而增加談話的興趣。業務員在向客戶查核資訊時，要選擇適當的時機，並利用一定的技巧，不要給客戶被審問的感覺。

通常情況下，你可以在客戶說完後稍微等待兩三秒鐘再重複對方的話，確認自己是否理解了對方的意思。例如：「您的意思是……嗎？」「我可以把您的意思理解為……嗎？」這樣確認了客戶的想法，才能有的放矢，制定相應的銷售對策，使用恰當的銷售方法。

4. 慎重反駁客戶的觀點

　　由於客戶都有自己的想法，在傾聽客戶的過程中，業務員就會發現客戶有些觀點與自己的想法不盡相同，甚至有很大的偏差。但是業務員要知道，沒有哪個客戶願意接受別人的糾正和反駁，所以在這個時候，一定不要直接反駁客戶的觀點，以免引起客戶的不滿。

　　對於客戶的一些無關緊要的觀點，可以一笑置之，不要放在心上。但是當客戶的觀點影響到銷售工作的進行時，就需要使用一些技巧巧妙地提醒客戶，委婉地糾正客戶的錯誤想法。

 ## 如何活用傾聽

　　接下來筆者要介紹一個活用傾聽與詢問技巧的例子：

　　業務人員：「貴公司提供的員工宿舍真是不錯呀！不僅房租便宜，而且交通便利，真的是好的沒話說了。」

　　客戶：「嗯！。是呀！」

　　業務人員：「我有一個朋友也是住在員工宿舍，可是他說：『員工宿舍太小了，而且回到家還是會碰到公司的同事，很難真正放鬆心情，真想早點搬出去住。』他真是人在福中不知福啊！」

　　客戶：「嗯！我可以了解那個人的心情……」

　　業務人員：「噢！是這樣嗎？沒有員工宿舍住的上班族，不是都很羨慕有員工宿舍可以住的人……。您能不能告訴我您對員工宿舍最不滿意的地方是什麼？」

　　解說：不斷重複詢問，有技巧地讓客戶自己說出對員工宿舍不滿意的地方，如此就可以從中整理出有關客戶對住宅的需求。反觀那些差勁的

業務員就只會咄咄逼人地以「員工宿舍真是差勁，還是早些搬出來吧！」用這些話來強迫客戶，這反而容易適得其反。因為當自己住的地方被別人批評得一文不值時，相信是沒有人會不生氣的。

業務人員：「如果是這樣的話，還是單獨一戶的住家最為理想囉！」

解說：發現客戶的需要，適時地提出的問題。

業務人員：「我現在手邊就有一棟很不錯的房子，位在郊外的××附近，那一帶的環境相當不錯！」

解說：這就是所謂的「圈套詢問法」如果顧客感興趣，那交易的達成就有眉目了。

客戶：「……」

業務人員：「那一帶綠意盎然、空氣新鮮。一到假日一家大小，就可以到附近走走、散心，我想您的夫人和小孩一定會非常喜歡的。」

解說：這稱為「暗示詢問法」客戶會因此而將自己的需求一一透露出來。

讓客戶多說，捕捉更多有利資訊對於業務員來說「雄辯是銀；傾聽是金！」真正要做的不是侃侃而談的講解和滔滔不絕的辯論，而是認真傾聽客戶說的話，從中捕捉有利資訊，分析客戶的真實需求。

有一個叫Berry的小夥子，大學畢業後和幾個同學一起進了一家公司當業務。Berry的那些同學都有著非凡的表達能力，無論什麼時候、對什麼事情都能侃侃而談。而Berry卻性格內向，一和別人講話就會面紅耳赤，說起話來也是結結巴巴的，人家問一句他才能答一句。

他們的業務主管很看好Berry的那些同學，認為他們的口才已經決定

他們將來能夠成就大事。至於Berry，主管覺得他的表達能力不足，好意地叫他趕緊另外找工作。雖然Berry堅持說自己一定行，但主管為了不讓他扯自己的後腿，把他推給了負責另外一組較差區域的銷售團隊。

過了大半年之後，這名業務主管離開了公司，空出了一個職位，總經理帶著新任命的業務主管來到大家面前。讓所有人都沒想到的是，這個新主管竟然是Berry。Berry的同學都覺得不可思議。一個不愛說話的人怎麼能成為業務主管呢？

事實上，在這大半年的時間裡，Berry每個月的業績都比別人高出了一大截，憑藉著自己優異的業績，Berry被任命為新的業務主管。原來，Berry在意識到自己的缺陷後，並沒有刻意去加強自己的口才，只是在對產品特徵了解的前提下如實地說出他所知道的。面對客戶時，他從來不會用主動攻擊的銷售方式，而是先詢問客戶：「您現在使用的產品有什麼地方讓您覺得滿意？哪裡不符合您的要求？您希望買到什麼樣的產品？」就是讓客戶多表達自己的意見，然後從客戶的回答和意見中捕捉對自己有利的資訊，分析客戶的需求，並向他們推薦相應的產品。他的「不善言辭」，反而成了他的一大優勢，幫助他獲得成功。

銷售並不是要求業務員時時刻刻都口若懸河，很多時候反而言多必失。**客戶永遠只對自己需要的東西感興趣**，業務員如果不知道客戶對什麼感興趣，那麼過多的口才發揮只能導致雙方的溝通以失敗告終。業務員要記住，最成功的銷售不是用嘴巴去進攻，而是用耳朵去傾聽。**多傾聽客戶的訴求和意見，不僅是業務員尊重客戶的表現，還能使業務員從客戶那裡得到更多的訊息，為銷售業績尋找出路。**

溝通與交流都是雙向的，業務員要想做一個好的聆聽者，首先對方

要願意說才行。業務員與客戶的溝通必須建立在願意表達和傾訴的基礎上，如果客戶不開口講話，那麼業務員也無從傾聽。所以，業務員要學會鼓勵和引導客戶講話，讓客戶說出他們心中的想法，這樣才能使自己成為一個好的聆聽者。

在與客戶的互動中，一定要多讓客戶說話，巧妙地向客戶提問。很多時候客戶不願意主動透露自己的想法和相關資訊，這就需要業務員藉由提問來引導客戶敞開心扉，說出自己的想法。一般情況下，你可以用「為什麼……」「怎麼樣……」「如何……」等疑問來發問，用這種開放式提問的方式可以使客戶暢快地表達內心的想法並透露出真實的需求，有利於業務員找到解決問題的途徑。

仔細傾聽並配合其他溝通手段。用來溝通的方式除了語言還有很多，如表情、眼神、手勢等，業務員可以多多運用這些技巧，使客戶受到鼓勵，產生多說一點的欲望，從客戶的言談話語中捕捉更多的有利資訊。具體來說，業務員主要應捕捉以下幾個方面的資訊：

1. 客戶為什麼要購買產品

客戶並不會盲目購買產品，他們在各種產品間做出選擇，決定購買，一定有其理由。在與業務員的交流過程中，客戶的字裡話間一定會有一些訊息，透露出他們購買產品的原因。業務員要注意觀察，仔細聆聽，抓住這些資訊，分析出客戶為什麼要購買產品。**與其死命推銷客戶根本不需要的產品，業務員要像個心理學家般，把力氣花在傾聽與發問，慢慢誘導客戶找到本來自己也不知道的需求。**

所以，在銷售過程中，你要多引導客戶多說話，給他們機會表達心中的想法，從中捕捉客戶購買產品的原因。

一般來說，會讓客戶購買產品的原因包括以下幾個方面：

▶▶ **使自己的工作或生活更加便利：** 有些產品對客戶工作或生活有很大的幫助，能給客戶帶來便利，使他們能更好地進行工作或生活。

▶▶ **產品形象符合客戶需求：** 當產品給客戶的整體形象與客戶某方面的需求相近或相符的時候，客戶就會產生購買產品的欲望。

▶▶ **滿足自己的興趣愛好：** 當產品與客戶的興趣愛好相符時，客戶就會對產品進行關注，並購買產品。

▶▶ **顯示自己的身分與地位：** 對於某些客戶來說，他們購買產品並不是為了使用產品，而是要顯示自己的身分和地位，所以並不是很重視產品的實用性，而是重視產品的品牌、品質與檔次。

分析出客戶購買產品的原因後，業務員就要根據不同的情況使用不同的銷售方法，對症下藥，滿足客戶的需求，讓客戶做出購買產品的決定。

2. 客戶對產品的要求

客戶對產品都會有一些特殊的要求，以使自己使用起來更加方便，業務員只有滿足了客戶的這些要求，才能順利地把產品賣給客戶。但是很多時候，客戶不會直接把自己的需求表達出來，而是用很隱晦的方式表達自己的想法甚至不滿。這個時候，要引導客戶多說，多給客戶表達想法的機會，從中分析客戶的需求，並在自己的能力範圍內盡量給予滿足。

3. 客戶的弦外之音

有時候，客戶所說的並不是他們的真實想法，由於某些原因他們不方便或者不想直接表達自己的真實想法，這就需要業務員聽懂客戶的弦外之音，從客戶的字裡話間去尋找他們的真實想法。

王木林是一家建材廠的業務員，他與客戶李先生的銷售商談已經進

行到了最後階段。

李先生說：「你們的產品確實很不錯，價格方面不是問題，關鍵是時間很趕，最好能在我們訂貨後的一週之內全部到貨！」

王木林是一個經驗豐富的業務員，他知道李先生並不像他自己說的那樣不在乎產品的價格，關於時間上的要求只是他的一個說法。於是，王木林對李先生說：「李先生，我想您也知道，由於我們的建材生產場地在大陸，一週之內全部到貨對我們來說確實有些困難。不如這樣，我再在原來的總價上適當地給您減少一點，補償你們時間的損失。您覺得如何呢？」

李先生果然痛快地答應了王木林的提議，敲定降價細節後便與王木林簽下了合約。

王木林正是在客戶的話語中捕捉到了有用的訊息，知道了客戶的真實想法，從而找到了應對的方法，順利完成了交易。

4. 客戶對哪些問題還不清楚

客戶的疑問會阻礙客戶的購買，所以一定要及時弄清楚客戶對哪些問題還不清楚，解決客戶的疑問。在實際的銷售過程中，你要多與客戶互動，讓客戶多發表意見，從客戶的語言中搞清楚他們還對哪些問題存在疑問，並對這些疑問及時給予解答，以保證銷售過程順利進行。

除了以上幾方面外，業務員還可以從客戶那裡獲得更多的資訊。對於這些資訊，要及時歸納和檢討，從中分析客戶的心理，了解他們言語背後的真實含義，幫助他們解決在購買產品過程中遇到的問題，使自己的銷售工作能更加順利進行。

● 讓客戶把話說完，並記下重點。生硬地打斷客戶會給其帶來不被尊重的感覺。

● 當客戶所說的事情可能對你的銷售帶來不利影響時，不要立刻駁斥，而是應該請客戶做更詳細的解釋。

● 在傾聽客戶談話的時候也要保持思考。比如：客戶說的是什麼，什麼意思？他說的只是一件事實還是一個意見？他為什麼這麼說？他說的話值得信任嗎？他這樣說的目的是什麼？……

● 觀察並記錄自己在聽取長篇演講時注意力集中的長短，找出自己會出神、分心的原因並克服它。

● 永遠不要用自己的思維代替客戶的想法，因為你的想法不等於客戶的想法。

● 客戶說得越多，露出的破綻也就越多。提問是讓客戶說話的最好辦法，面對提問，即使客戶不想多說，但礙於面子也會說。

● 在客戶說話的時候，你要保持微笑，適時點頭或者附和，鼓勵客戶說下去，切忌生硬地打斷客戶。

● 要想讓客戶說話，提問是一個很好的選擇，開放式的問題會讓客戶說得更多。

● 洽談業務時你的眼光要一直跟著客戶，保持適當的距離。

● 與客戶溝通時，一定要確定客戶有喜歡，再做適當地回應。

Rule 04 先交朋友再談生意

　　台灣與中國都是一個重人情的社會，做生意沒有人脈，不講究人際關係，很難獲得成功。「先做朋友，再談生意」是中國數千年來無數人在商場中歸納出的成功秘訣，是生意場上的金科玉律。生意場如同一張巨大的蜘蛛網，人們只有借助與朋友良好的交情，才能在生意場上左右逢源，拿下每一筆生意，一旦失去了朋友這一寶貴的資源，必定在生意場上如履薄冰，寸步難行。民視主播羅瑞誠在銀行擔任櫃員的經歷，讓他深刻體認絕不能小覷貌不驚人的對象。曾經有位客戶每次總穿著夾腳拖鞋進出銀行，往來一陣子後，才知道對方竟是台北市菁華區的大地主。所以，**每一次與客戶接觸時，都要懷抱「交朋友」的心態**，就算談不成生意，建立起的人際網絡未嘗不是下次合作的契機。

　　李明成在一個房屋仲介公司工作，一對來委託賣房子的老夫婦給他留下了深刻的印象。這對老夫婦都有七十多歲了，待人非常客氣，每次李明成去看房子拍照或是帶人看屋的時候，他們都非常熱情，給李明成倒茶、拿點心，熱心地與李明成聊天，完全把李明成當作一般的朋友來招待。

　　李明成很積極地幫助這對老夫婦找買家，每天都有好幾組買家來來去去，但是因為各種原因，都沒有談成生意。李明成很沮喪，但這對老夫婦卻沒有不耐煩的表現。而且每次買家看完房子後他們都專程打電話來感

謝李明成的辛苦，而不詢問結果。

後來，李明成終於幫他們找到了合適的買家，並以高於委託預期的價格把房子賣了出去。扣除仲介費後，李明成把多出來的差價如實地交給了這對老夫婦。

很多人都曾與房屋仲介打過交道，並且對仲介的印象不是很好。但是這對老夫婦卻能拋開成見與仲介友好相處，並從中得到好處。這取決於老夫婦高超的公關能力。他們先把仲介當成朋友，與仲介建立交情，使仲介為他們盡心盡力，終於取得了令雙方都滿意的結果。

同樣的道理，在銷售的過程中，業務員如果能把客戶當作朋友對待，用自己的關心、體貼和愛護使對方產生親切感，就能與客戶建立良好的交情。**只有與客戶有了深厚的交情，業務員才能更多更快地把自己的產品銷售出去。**

業務員要面對不同的客戶，這些客戶的年齡、背景、思維方式等各不相同，要想與每個客戶都建立良好的關係並不容易。這就需要業務員學會結交朋友的藝術，加大感情投入，擴展自己的客戶圈，擴大產品的銷售空間。如果業務員與客戶在人際關係上產生障礙，就相當於堵住了自己的銷售管道，業績就很難有所提升。

那麼，業務員應該如何達成和客戶做朋友呢？

全方位了解客戶，並記錄下來

業務員要收集客戶的各種基本資訊，經由這些資訊透露出來的內容，判斷客戶的性格，了解他們的需要。只有這樣，業務員才能找到適當的切入話題，與客戶和諧相處，建立互信關係。當然，這些了解和信任並

不是一夜之間就能形成的，需要靠業務員的主動努力與一步一步的累積。

在日常的工作中，業務員要建立一個詳細的客戶檔案，把客戶的相關資訊，如聯繫方式、公司和住家地址、客戶的生日或其他重要紀念日、個人的興趣愛好等進行匯總整理，以便需要的時候使用。客戶檔案是建立與客戶有效溝通的機制，培養與客戶感情的重要手段。例如，在客戶生日或其他紀念日時，業務員的一聲祝福或一件小禮物都能加深雙方之間的友誼。

機伶的業務人員除了會善用公司的客戶管理簿之外，自己也會整理出一份屬於自己的「客戶資料」。身為業務員的你要養成習慣把顧客的細節資料，以及所有來電、指示立刻寫下來，才不會有遺漏。在這份資料中，會詳細記載有關客戶的所有資料。比如嗜好、家族成員的生日、結婚紀念日、升遷的年月日、習慣的交易方式和滿意程度、客戶抱怨時發生的狀況和處理的方法等等。另外還要詳細記載和每個客戶的交易情形，例如你是賣車的業務員，你就要記載每個客戶送了什麼東西、買哪家的保險、用什麼方式付款、貸款或現金比例等。若是這個客人替你介紹新客人時，就要特別注意先前送給老客人什麼東西，若是新客人有送，老客人卻沒有，那就糟糕了。此外，若要避免一時叫不出人名的尷尬：你可以先親切地叫「董仔」，稱隨行的夫人「頭家娘」，然後趁著空檔偷翻閱記事本。

像這樣鉅細靡遺地做好紀錄，每逢客戶或其家人生日或結婚紀念日的時候，就寄上賀卡表示祝賀之意。這樣的方式會令客戶感受到你的體貼，而且有強化你和客戶之間關係的效果。

業務員要對客戶有所了解，對症下藥，消除雙方的隔閡，贏得客戶的信任。這樣才能與客戶建立良好的友誼，促進雙方建立長期合作的關

係。

 **多稱讚客戶**

　　每個人都喜歡得到稱讚和認可，當一個人聽到別人真誠的讚美時，就會精神振奮，產生快樂的情緒。所以你可以多多讚美客戶，這樣就能與客戶建立良好的關係，贏得客戶的友誼。

　　卡耐基曾經說過：「人性的弱點之一就是喜歡別人的讚美。」每個人都覺得自己有值得被別人讚美的地方，在聽到別人的讚美時心理上會得到滿足，這時更容易聽取別人的意見。**據專家研究，一個人如果長時間被他人讚美，其心情會變得愉悅，但智商會有所下降**，客戶也是普通的人，在聽到別人的讚美時也會陶醉其中，業務員要善於抓住客戶的這種心理，多讚美客戶，這樣才能成功地接近客戶，贏得客戶的好感，增加成功的機會。

　　為了更有效地讚美客戶，讓客戶陶醉其中，具體的做法如下：

1. 具體明確地讚美客戶

　　業務員在讚美客戶時不要侃侃而談，泛泛而論，而要具體明確地說出客戶值得讚美的地方。在讚美客戶時，要特別針對一些細節描述，而不是使用客套話、空話。

　　張華和李梅都知道在銷售過程中要讚美客戶，只不過他們讚美客戶的方式不同，最後得到的效果也不同。

　　張華到客戶的辦公室拜訪，一進門，他就對客戶說：「張總，您的辦公室可真漂亮。」張總不置可否地笑了笑，興致不高地與張華進行交談。

而李梅到客戶的辦公室拜訪時，對客戶說：「王經理，您的辦公室裝修得這麼簡潔卻很有格調，可以想像您一定是一個很有品味的人。」王經理聽後很愉快地與向李梅分享裝修辦公室時決定採用極簡風格的趣事，並在之後耐心聽取了李梅關於產品的介紹。

在面對男性客戶時，業務員可以讚美客戶的衣著、氣質、事業或者工作時的態度等，當面對女性客戶時，業務員可以讚美她的髮型、膚質、身材、衣著品味、孩子或者家庭等方面。業務員只有從事實與細節入手來讚美客戶，才會更容易被接受。

2. 讚美時要說到客戶心坎裡

業務員應要針對客戶本身進行讚美，並符合客戶的實際情況。例如業務員看到客戶穿著一件漂亮的衣服，如果僅僅說「這件衣服真漂亮！」或者「這件衣服的做工真的很細緻！」這樣只能使客戶心情愉悅，而沒有真正起到讚美客戶的效果。如果業務員對客戶說：「這件衣服能完美地襯托出您的氣質」「您挑衣服的眼光真好！」就能逗得客戶心花怒放了。

業務員如果不能找到正確的讚美點，說出的客戶優點恰恰是客戶最不滿意的地方，就會引起客戶的反感，甚至勾起客戶的怒火，使銷售難以順利地進行下去。

業務員應透過觀察掌握客戶的特點，仔細分析客戶的心理，對客戶最突出的地方進行讚美，不要用隨隨便便的態度應付客戶。你要盡量針對客戶最滿意自己的地方進行讚美，把自己的觀點說到客戶心坎裡，獲得客戶的認同，增加客戶的自信，這樣的讚美才會更有效果，更容易被客戶接受，並使客戶陶醉其中。

3. 選對時間適時讚美客戶

讚美客戶也要選擇正確的時間，不要對客戶進行盲目讚美。當業務員與客戶剛剛見面時，可以禮貌性地讚美客戶一下，化解彼此不熟尷尬的氣氛，使自己與客戶的溝通更加順暢。

在銷售過程中，業務員可以在客戶試用產品時及時做出讚美，讓客戶結合實際情況，看到產品應用到自己身上的實際效果，這時的讚美最能夠激發客戶的購買欲望。

4. 讚美客戶要適度

客戶固然渴望得到讚美，但當他們聽到的讚美之詞並不符合自己的實際情況，而只是奉承之語，就會對業務員產生反感，覺得業務員不夠真誠。所以在讚美客戶時，要注意把握分寸，根據真實情況做出對客戶的讚美，不要過分誇大客戶的優點，說一些違心之辭，更不要用華麗的語言對客戶狂轟亂炸，而是要用真誠的話語打動客戶。

渴望被別人讚美是每個人的內心願望，在得到別人的讚美時，每個人都會陶醉其中。業務員要抓住客戶的這個特點，多對客戶做出讚美，並在客戶陶醉於讚美時加緊攻勢，促使客戶做出購買決定。

以良好修養贏得客戶尊重

良好的個人修養是一個人的必備素質，任何人都不喜歡與素質低下的人打交道。業務員贏得客戶好感的方法之一就是提高自己的個人修養，只有展現出良好的個人修養，才能贏得客戶的青睞和關注。

在銷售工作中，個人修養主要體現在以下幾個方面：

▶▶ **自信：** 自信能給業務員無限的力量，讓他們變得更加優秀。你要對自己和

產品充滿信心，以自信心贏得客戶的信賴和好感。

>> **熱情：**客戶在選購產品時，希望得到周到的服務和愉快的心情，業務員要想吸引客戶就要讓客戶看到自己的熱情和活力。

>> **真誠：**向客戶介紹產品時要誠懇，不要刻意隱瞞產品的不足之處，要勇敢地向客戶說出實情，這樣更容易獲得客戶的信任。

>> **謙虛：**要時刻保持謙虛謹慎的態度，任何情況下都不要自以為是，即使是面對小客戶時，也要尊重他們，千萬不要怠慢任何客戶。

>> **勤勞：**勤勞是業務員維繫與客戶友誼的不二法寶。業務員要勤給客戶寫信、發mail、打電話，多拜訪客戶，多思考客戶的需求，多為客戶服務。

⭐ 重視客戶的利益

在現實中，業務員與客戶關注的都是自己的利益，都在尋求自己利益的最大化。因此，業務員很容易因重視自己的利益而忽視客戶的利益，引起客戶的不滿。業務員只有誠心誠意地為客戶著想，滿足他們的需求，才能得到客戶的信賴，實現雙贏。

湯尼是一家機械廠的業務員，他費了九牛二虎之力才與蘭格公司談成了一筆價值一百多萬元的生意。但是就在與客戶簽約的前一天，湯尼發現了另一家機械廠的設備價錢更低，而且也更適合蘭格公司的要求。

湯尼左思右想，最終還是把這個情況告訴了客戶，並幫助客戶聯繫到了那家機械廠。客戶雖然沒有購買湯尼的產品，但卻非常感動。

但也因為這樣，湯尼失去了原本能夠得到的數萬元的佣金，而且當這個情況被公司知道後，還受到了公司的責難。即使這樣，湯尼也不後悔自己做出這樣的決定。

一年之後，湯尼意外接到了蘭格公司的電話。蘭格公司特地來向他

訂購一批設備，並給他介紹了很多客戶。湯尼當年的那個決定不但挽回了先前的損失，還為他贏得不少長久的客戶。

為客戶的利益著想是銷售的最高境界。**當客戶意識到業務員是在想方設法、設身處地地為他提供幫助的時候，就會被業務員所感動，也會很樂意與之交往**。所以，你要盡可能地站在客戶的立場，為他們的利益著想，並主動提供幫助。這樣才能實現業務員與客戶的「雙贏」，使雙方建立長期而牢固的合作關係。

重視客戶的利益，就要求業務員要盡量做到：

▶▶ **把產品的真實情況告訴客戶**：業務員要把產品的情況真實地反應給客戶，讓客戶對產品有充分的認識，以免客戶因對產品情況不了解而做出錯誤的決定。

▶▶ **幫助客戶節省資金**：業務員可以向客戶推薦一些與產品相關的組合，讓客戶搭配使用，既能更大地滿足客戶的需求，也能幫助客戶節省資金。

▶▶ **幫助客戶買到更合適的產品**：在與客戶的溝通過程中，業務員如果發現有其他的產品比自己的產品更符合客戶的要求，可以將這樣的產品介紹給客戶，使客戶的利益得到最大的滿足。

重視客戶的利益，並不等於損害自己的利益。業務員要透過尊重客戶，幫助客戶獲取利益來贏得與客戶的長久合作，使雙方建立良好關係。

加強與客戶的密切來往

據估計，有80％的業務之所以完成，是由於交情關係。現在競爭都很激烈，在同樣品質，同樣價格，同樣服務等的情況下，你要想贏過對手，只有憑交情了，如果你比對手更用心地對待客戶，和客戶結成朋友關係。這樣誰還能搶走你的單？所以**你把時間花在什麼地方，你就得到什**

麼。

業務員要想加深與客戶的交情，就要經常與客戶交流溝通，保持雙方的密切交往，讓客戶對你產生喜歡和依賴之情。不要在與客戶談生意時才開始考慮與客戶建立良好關係，特別是對一些重要的客戶，應該更早就與之密切交往，建立深厚的友誼。

此外，若想要與客戶交朋友，就要讓客戶對你產生相見恨晚的感覺。要想做到這一點，業務員就要與客戶發展共同的興趣愛好。

王主任是一家醫院的主任醫師，同時負責醫院的藥品採購，很多藥廠代表都想盡辦法要地去拜訪他。但是大家都覺得這個王主任鐵面無私，很難接近。

宋虹是一家藥廠的業務代表，她為了能見到王主任絞盡了腦汁。終於，她發現王主任有一個習慣，就是每天早上都要到住家社區的廣場上與一些中老年人跳舞。宋虹看到了自己的機會，非常高興。大學時代的她就學過國標舞，又苦練了幾天，然後就信心十足地去了王主任所在社區的廣場。

王主任來到廣場後，宋虹主動上前為王主任伴舞，她與王主任的配合得到了大家的認可。王主任對這個年輕的小女生產生了興趣，主動與她交談起來，他們談了很多關於跳舞與醫界的話題。在這期間，宋虹反而對銷售藥品的事隻字不提。

從那之後，宋虹天天去廣場為王主任伴舞，久而久之，他們成了非常好的朋友。後來，王主任知道了宋虹是一名藥廠代表，在確認宋虹銷售的藥品品質沒有問題之後，王主任與宋虹簽下訂單，從她那裡採購了大量的學名藥品，並一直保持著合作關係。

　　共同的興趣愛好能減少業務員與客戶的隔閡，縮短雙方的距離，為業務員與客戶建立良好的關係打下基礎。

　　如果業務員還沒有與客戶建立共同的愛好，而且找不到有什麼共同感興趣的話題，那麼就要花更多的時間來傾聽，表示對客戶的愛好有極大的興趣並希望有更多了解，從而激發客戶的興致，促進雙方的情感交流。

銷售Tips 練.習.單

- 一定要記住客戶的姓名，並且在第二次見面時準確無誤地叫出來。
- 記住客戶的話，不管內容是否與你的業務有關，並且把那些話作為你與他之間的共同話題。
- 做客戶的免費秘書，在談話中記下他的重要行程，並提醒他。
- 給客戶送去生日祝福，如果有機會能夠記錄到他所有的家人的生日將是一件令人興奮的事。
- 讚美的時候要稱呼客戶的名字，讓客戶知道你的讚美是專門針對他的，有必要的話，你可以用重音強調客戶的稱呼。
- 你可以借助不在場的第三人來讚美你的客戶，這樣的讚美更容易令人信服。比如：我的老朋友王總經常提到你，說你講義氣，人也豪爽。
- 注重細節的讚美會然給客戶覺得你很在意他，細節通常表現在外表、衣著、生活習慣等等方面。

Rule 05 讓客戶對你印象深刻，很難忘記你

業務員與客戶的合作關係，並不是一時的，業務員對待客戶時不要只想到眼下的交易，而是要與客戶建立長久合作關係。為了達到這個目的，**業務員不僅要為客戶提供良好的產品和服務，滿足客戶利益，還要試著建立鮮明的個人品牌，想辦法給客戶留下深刻印象。**

⭐ 從接觸客戶時，你的服務就開始了

很多業務員都認為，在客戶購買自己的產品時，銷售服務才算真正開始。其實並非如此，客戶會和你談成一筆交易，不僅因為你銷售工作做得好，還有很多其他的因素，比如看到你和其他客戶的互動情形、銷售態度、專業印象等。業務員在接觸客戶時應該做好萬全的準備，從接觸客戶起就開始提供最符合客戶需求的服務。

從業務員與客戶最初的接觸、交涉，到最後的成交並建立長久的信賴關係，業務員要充分發揮個人魅力，吸引客戶關注，贏得對方認可和信任。業務員只有提升個人魅力，樹立鮮明的個人標誌，才能更迅速地抓住客戶，讓客戶們永不散場。為了更有效地吸引和贏得客戶，業務員應該做到以下幾點：

1. 用親和力貼近客戶

業務員與客戶見面時，要努力為自己與客戶製造這種緣分，而製造這種緣分的方法之一就是——親和力。親和力是業務員應該具備的基本素質，良好的親和力能拉近業務員與客戶的心理距離，贏得客戶的喜歡和信任。具有親和力的業務員通常秉持著與人為善的心態，把客戶看作善良、有趣、講道理的，即使看到客戶的缺點也不挑剔，或對客戶有任何的不屑或厭煩。這樣的業務員很容易與客戶建立良好的關係，贏得客戶的喜愛與信任。

王美華和馬曉芳都是業務人員，她們在拜訪客戶時遇到了客戶的拒絕。但是她們採取了不同的應對方法：

王美華與客戶的對話如下：

客戶：「我們現在不需要。」

王美華：「請問是什麼理由呢？」

客戶：「理由？總之我丈夫不在，不行」

王美華：「那您的意思是，您丈夫在的話，就行了嗎？」

王美華這種咄咄逼人的態度頓時把客戶惹惱了，她很生氣地說：「跟你說話怎麼那麼累？」

另一方面，馬曉芳與客戶的對話如下：

客戶：「我們現在不需要」

馬曉芳：「看得出您很忙！有您這樣賢慧的太太在持家，您的家人一定十分幸福！」

客戶：「噢，謝謝！今天我丈夫不在家。」

馬曉芳：「我聽隔壁的王太太說您先生是一位事業成功、在業界

十分有影響力的優秀人士。『每一個成功的男人背後都有一個偉大的女人。』這句話說得真對。」

客戶：「呵呵，哪裡。其實我對你的產品還是感興趣的，等我丈夫回來後，再找時間一塊兒去妳那裡看看」

馬曉芳：「好，非常謝謝！這是我的名片」

第三屆《商業周刊》「超級業務員大獎」房地產業金獎得主——永慶房屋南崁加盟店副總經理賴宗利在臨近中年才轉房仲業的他，靠著熟記人名的能耐，刷新房仲業在桃園區銷售紀錄。該地兩萬人口，他就認識了一萬人，其中，至少十分之一曾透過他買賣房子。他堅信**人脈就是業務員的資本額**。他使出的絕招是：讓大家認識他。要做到這點，首先，他必須先認識大家。他對人名、電話有超強記憶力，此能力一方面與生俱來，另一方面也是他不斷地刻意自我訓練。那是因為他發現，凡是他能喊出客戶名字的，往往都能得到對方正面的回應，這更激勵他更拚命地記住每個人。**客戶反饋微笑，看似無價，卻能滾出價值**。賴宗利走在路上見到的每一位當地居民，他都能喊出對方名字，並熱情打招呼。也因為他的服務和為人深得人心，客戶才會放心將房子交給他賣，並推薦朋友給他。他說：「讓一個人滿意，可能影響到二十六到三十二人」這是永慶房屋內部研究報告，他銘記在心，並反推：「如果我得罪一個客人，也會讓二十六到三十二人不跟我買房子。」賴宗利堅信，建立信賴與人脈比賺錢更重要。由於房屋買賣成交的時間長、互動也慢，持續力跟服務的態度就變得非常重要，賴宗利自然散發的親和力，使得他才能在房屋仲介這個高度信任的行業勝出。

客戶都是有感情的，當客戶被業務員用不同的態度對待時，也會用

相應的態度回應。如果你能夠用充滿關懷的語言來代替制式化的銷售用語，加強與客戶感情上的交流，就能給客戶留下一個好的印象。擁有良好親和力的業務員能快速拉近與客戶之間的距離，進而讓客戶喜歡你、接受你，最後買下你推薦的產品。

那麼，要怎樣做才能讓自己具有親和力呢？

▶▶ **保持微笑能為自己創造更多接近客戶的機會**：微笑是這個世界上最容易被理解的語言，是每個人表達友好的方法之一，「伸手不打笑臉人」笑容的魅力是無窮的，所以業務員應該時刻保持溫暖的笑容，對於業務員來說，微笑是向客戶示好的第一步，能夠為雙方的交流打開良好局面。當業務員與客戶之間有誤會、隔閡時，一個微笑也許就能化解雙方的尷尬。

▶▶ **把客戶當朋友對待**：優秀的業務員會主動對客戶付出關心、關懷，成為客戶的朋友，贏得客戶的好感和信賴。只有成為被客戶喜歡、接受和信賴的人，才能讓客戶感覺到自己的親和力。

▶▶ **自信的人最具親和力**：親和力的建立與一個人的自信心和自我形象有絕對的關係。一個人只有有了自信，才能對生活充滿熱情。那些沒有自信的業務員不敢與客戶過於親密，難以給客戶留下良好的印象。

2. 關注細節掌握客戶心理

法國大文豪羅曼・羅蘭曾經說過：「臉部表情是多少世紀培養成的語言，他比嘴裡講的要複雜千百倍」。客戶的每一個表情和神態都會表達出相應的含義。你要善於觀察客戶，抓住客戶每一個表情和神態的變化，從中推測客戶心理，分析客戶的性格，這樣才能進入客戶的內心世界，掌握雙方交流的主動權，輕鬆地引導客戶進行交流。

在與客戶溝通時，還要多注意觀察客戶的身體語言，透過身體語言了解客戶的想法，並做出恰當的回應。如當客戶在聽業務員的介紹時，身

體前傾，盯著業務員提供的樣品或檔案，呼吸平和，並露出滿意的神色，說明客戶已經滿意業務員的介紹，這時業務員就可以進行銷售的下一個步驟，盡快促成客戶下單。如果客戶在業務員介紹產品時眼睛看著其他地方，不停地做一些小動作或與其他人搭話，就說明客戶對產品不感興趣，這時業務員就要及時轉換銷售方法與描述重點，以重新吸引客戶的注意力。

3. 對客戶可能提出的問題做好準備

客戶的需求不同，提出的問題也就不同。在銷售中，業務員需要應對多種狀況和不同特點的客戶。業務員僅憑交談時的審時度勢，難免有馬失前蹄的時候。為了應對自如，**業務員最好在與客戶溝通前就做足準備**，不僅要了解客戶的背景、性格、愛好等，還要根據銷售的產品思考客戶可能提出的問題，提前理清思路，**這樣不僅能讓客戶感受到你的專業與對他的重視，而且也能避免你因不知所措導致場面尷尬。**

要想盡快贏得客戶的信任，至少要做好以下三方面的準備：

▶▶ **準備好銷售工具**：名片、筆、筆記本、公事包、平板或筆記型電腦等銷售與展示工具能提高你的溝通效率。

▶▶ **準備充足詳細的資料**：充足、準確而詳實的銷售資料能幫助你更有效地說服客戶。

▶▶ **調整好自己的情緒**：好的情緒能讓你更快贏得客戶的信任和喜愛。

4. 用誠信的態度接近客戶

客戶開始接觸業務員時，往往對業務員抱著將信將疑的態度，不會立即予以信任，業務員不必因此忐忑不安，也不用去刻意做什麼來表明自己，**對客戶真誠地說話、提供真誠的服務就是打動客戶最好的方式。**

業務員不一定非要能說會道，只要將自己的觀點開誠佈公地說出來，坦誠地面對客戶，就是對客戶最大的尊重，也是為客戶提供最好的服務。真正的銷售高手是誠實相對、說話中肯的人，這樣才能更為客戶所親睞。

即便不成交，也要留給客戶深刻的印象

對業務員來說，與客戶溝通並不一定意味著能成交。業務員在與客戶商談上投入了大量的時間和精力，但是最終成交無望，這也是很可能發生的。尤其是房屋仲介這個行業，它是一個投入度高、產出卻未必成正比的行業，光陪看就需要三到四次，最後價錢談不攏，交易破局，耗費整月全無收穫。面對這種情況，一些業務員覺得很委屈，為什麼對客戶投入了這麼多，最後卻成了一場空？難道一切都是無用之功嗎？其實這樣想是不對的，**業務員要懂得，不是付出就能成功，但是不付出一定會失敗。**

當你在客戶身上付出很多，卻得到無法成交的答案時，你應該盡量保證你之前的付出不至於白費，換句話說，就是不要前功盡棄。就算無法實現成交，你也要讓客戶認可你之前的努力，對你記憶猶新。

一名業務員想和一家公司的董事長見面，他請秘書把自己的名片遞進去。秘書恭敬地把名片交給了董事長。一如預期，董事長不耐煩地把名片丟回來：「又來了！」秘書很無奈地把名片退還給站在門外的業務員，然而業務員卻不以為然地再次把名片遞給了秘書。

「沒關係，我下次再來拜訪，所以還是請董事長留下我的名片。」

拗不過業務員，秘書再次硬著頭皮走進辦公室。董事長生氣了，將名片撕成兩半，丟給秘書。

秘書不知所措地愣在當場，董事長更氣，從口袋裡拿出10元硬幣，「10元買他一張名片，這夠了吧？」

豈料當秘書還給業務員名片的時候，業務員很開心地高聲說：「請您跟董事長說，10元可以買我兩張名片，我還欠他一張。」隨即再掏出一張名片交給秘書。

這時，辦公室傳來一陣爽朗的笑聲，董事長走了出來：「這樣的業務員，我不得不見一見啊，不過，我們公司真的暫時不需要你們的產品，把名片留下吧，有需要時我一定第一時間通知你。」

相信很多人都會被故事中業務員的修養所折服。即使沒有成交的可能，但是業務員已經給董事長留下了深刻的印象，並贏得了董事長的好感和信任。這說明業務員之前的努力並沒有白費，成功就在不遠處了。

那麼業務員如何做才能給客戶留下深刻印象呢？

1. 微笑永遠掛在你臉上：

微笑是業務員展現親和力最有效的途徑之一。業務員微笑的目的不在於一次成交，而是為了長久贏得客戶。在客戶看來，業務員成交前大用微笑，成交失敗或成交後則笑臉全無的行為在客戶眼裡是欺騙的行徑，這種虛情假意的微笑，客戶不可能打從心裡接受。只有業務員始終如一的真誠微笑才能真正打動客戶。

所以，要讓你的笑容永遠掛在你的臉上，把真誠滲透到客戶心裡，這樣客戶才能贏得客戶的心，為成功銷售做鋪墊。

2. 善於發揮名片的作用

當業務員得知不能成交後，也一定要為客戶留下你的名片，方便大家日後聯絡。但是名片也有很大的學問，業務員要注意以下各點：

▶▶ **保持名片的整潔**：業務員將名片遞給客戶時，名片一定要乾淨、整潔，不能皺皺巴巴或有汙漬，這是對客戶的尊重，也能顯示名片的重要性。

▶▶ **注重遞交名片方式**：在遞出名片時應該用謹慎、謙恭的態度雙手遞出，不要捏住名片一角或是隨隨便便將名片扔給客戶，這樣顯得你沒有禮貌，讓客戶感覺不被尊重。

▶▶ **端正遞交名片的態度**：業務員出示名片時表情應該嚴肅認真，以體現名片的重要性，這能讓客戶對名片更加重視。同時，認真的態度也會給客戶留下好印象。

　　名片也可以是業務員拓展業務的法寶，有些業務員一年用掉五百張名片，但喬‧吉拉德光一星期就可以用掉五百張名片。他喜歡到處遞送名片，在餐館用完餐付帳時，不忘把他的名片和鈔票夾在一起，再加上比一般行情稍高的小費，如此一來即使是餐廳的侍者也會記得要買車，就要找喬‧吉拉德！喬認為，每一位業務員都應設法讓更多的人知道他銷售的是什麼商品。這樣，當他們需要他的商品時，就會想到他。**有人就有顧客，如果你讓他們知道你在哪裡，你賣的是什麼，你就有可能得到更多生意的機會。**

3. 給對方留下詳細的產品或服務的資料

　　如果無法達成交易，業務員可以留給客戶一些產品資料，並提醒客戶關注其中的一些重要資訊，也許哪天客戶就突然改變主意或是有了新的需求，這樣就能增加購買機率。就算客戶真的對產品不感興趣，產品資料也能起到宣傳產品的作用，在某些條件下，能激發與客戶相關的第三人的購買欲望。

　　當然業務員在準備產品資料時也要注意以下幾點：

善用銷售技巧，勇闖業務大勝利

▶▶ 給客戶的資料必須是真實、可靠且完整的，這樣有助於客戶對產品的理解和認識，也能更有效挖掘客戶需求。

▶▶ 保持資料的整潔，最好有專門裝檔案資料的套子，以避免遞出的資料出現褶皺或沾染上汙漬。

▶▶ 遞交資料時應該雙手遞給客戶，這樣能提高客戶對產品資料的重視度。

4. 真誠向客戶表達合作的希望

當銷售進行到面對面洽談這個階段，業務員為了接近客戶已經下了很大功夫。得知交易不能成功時，業務員也別讓之前的努力白費，應該真誠地向客戶表達再次合作的希望，向客戶傳達「買賣不成仁義在」的態度，這樣反而能贏得客戶更多的信任。

一個復健器材的業務員正在和一個客戶交談：「先生，這是您上次來我們公司看上的那款健康床，您覺得怎麼樣啊？」

客戶：「功能還可以，但是床板太硬了，不太適合我。」

業務員：「上週您不是說，硬床板剛好可以支撐您不舒服的腰部嗎？這床不是剛好適合嗎？」

客戶：「但我又向醫生請教過了，他說床太硬也不利於我的復健效果。」

業務員：「這樣啊，醫生的話您肯定是要聽的，那我們的這款床就不太適合您了。」

客戶：「嗯，適合我的床還真是不好找」

業務員：「您不要急，我們公司還有很多種健康床，這些舊款的不適合您，但是我們公司即將有新款產品面市，我替您注意一下，看看有沒有適合您腰部的床，我會先寄產品資料給您，您到時再過來看看好嗎？」

客戶：「好，謝謝你。如果你能幫我找到，我也就不用四處尋找了」

客戶最容易被你真誠的語言折服，如果不能成交，那麼就向客戶表示希望有再次合作的可能，這樣即便不能成交，也會給客戶留下友好和善的印象，為再次合作預留伏筆。

銷售Tips 練.習.單

- 出奇才能制勝，要想在客戶面前樹立起自己的個人標誌，你必須有與其他業務員不同的特點，比如更幽默、更專業、更有親和力，甚至有設計感的名片都會成為自己的獨特標誌。

- 要有耐心，不能因為客戶一時拿不定主意而露出不耐煩的表情或說不恰當的話。

- 要熱心，你要多多收集客戶常會遇到的問題，主動提出來詢問客戶是否遇到過這些問題，讓客戶有被重視的感覺。

- 一旦客戶購買的產品出現了問題，你要在第一時間就準備好解決方案並且及時行動，這樣才會讓客戶放心。

- 在與客戶交談時，要集中精神，認真傾聽客戶的談話，理解客戶所說的內容，深入了解對方的想法。

善用銷售技巧，勇闖業務大勝利

Rule 06 別小看銷售日誌的威力

　　每天直接面對市場挑戰的業務員，經常為了提升銷售業績絞盡腦汁，仔細觀察，你會發現，有些業務員是依靠「直覺和經驗」進行銷售，有些業務員則是善用「科學管理」，讓銷售工作具有系統化。事實上，無論是銷售能力的提升，或是業績的成長，皆是有跡可循，而銷售日誌中隱含的線索，正好能協助業務員順利推展業務。

　　由於人的記憶力有限，業務員無法記住所有客戶的銷售資訊，唯有確實記錄銷售情況，再加以整理分類，才能留存重要的資訊，並且適時採取必要的銷售行動，因此每天詳細填寫銷售日誌，即使要花費一些時間，卻能大幅推動銷售工作的進展。

　　業務員必須瞭解到，在銷售過程中，客戶透露的訊息都隱含了成功交易的提示，所以當你藉由填寫銷售日誌，將相關客戶的資訊進行整理時，就能清楚檢視是什麼原因讓客戶願意購買產品，又是什麼原因造成了客戶的銷售抵抗，進而思考在銷售流程中，你是否要修正自己的銷售模式，一旦養成這種思考習慣，就能提升掌握客戶心理的能力，促成交易的機率也會大幅增加。

　　此外，透過每天填寫銷售日誌，你將能做好客戶記錄和客戶分析，繼而建立完整的客戶資料庫，往往在深入瞭解客戶的需求與背景之後，你才能在每次的互動中，提供客戶有用的資訊，並且採取客戶能接受的銷售

方式。換言之，成功的業務員不會盲目改變客戶的購買決策，而是會設法調整銷售模式，以便符合客戶的期望或需求。

也許你會認為每日記錄銷售日誌很麻煩，甚至把它當成制式化的日常工作，但是當你能認真填寫、靈活運用時，就能確立正確的努力目標，繼而避免無效或無意義的銷售行動，即使遇到突發性的銷售問題時，也不會在一時之間手足無措，因此**提高業績的第一步就是：確實填寫你的銷售日誌！**

如何撰寫銷售日誌

一般而言，新進業務員一進入公司，首先會被教育「記錄日誌」的觀念，之後才能正式外出跑業務，至於銷售日誌的記錄要領，並非是以冗長雜亂的文字作為敘述，而是要像撰寫新聞稿般，確實掌握「五個W一個H」的記錄要點。

「五個W一個H」意即：在什麼地方（Where）？什麼時候（When）？做什麼事（What）？對象是什麼人（Who）？基於什麼原因（Why）？如何去做（How）？不管你遇到何種銷售情況，都應按照上述要點加以記錄，並且額外補充獲得的資訊，如此一來，就能讓銷售記錄簡潔扼要，卻又不失詳盡。

由於產業類別、銷售型態的不同，每家公司對於銷售日誌的填寫規範會有所不同，而為了忠實反應客戶資訊，你所填寫的銷售日誌應涵蓋以下內容：

1. 客戶的基本情況

每一位客戶的姓名、電話、其他聯絡方式，都是最基本而必要的資

訊，如果你能取得客戶更多的背景資料，例如職業、學歷、年紀、婚姻情況等等，也應加以填寫或適時補充。這樣做的好處，一來是建立客戶資料庫，二來是在需要進行市場調查時，可以快速分析相關的市場資訊。

2. 顧客需求資訊

當你與客戶進行交流時，你必須記下客戶的需求，例如客戶想訂購的產品類型、產品型號、以及對於產品的相關要求，比方價位、功能性、後續維修問題等等。

3. 客戶描述

客戶描述主要是針對客戶個人的記錄，為了避免資訊過於繁瑣，大致上可區分為：客戶的家庭情況、客戶個人的相關背景，以及客戶對於產品的需求緊迫度、功能瞭解度等等。

4. 客戶跟進情況

大多數的客戶會在業務員多次的跟進後，增加對商品的瞭解度與需求度，因此記錄客戶跟進的時間和情況，將能協助業務員掌握關鍵的成交時刻。

無論你是以電話或親自拜訪作為跟進，都要把握適當時機，這也就是說，你必須按照銷售日誌的跟進記錄，決定再次聯繫的間隔天數、恰當時間點，假使跟進的間隔天數過於短暫、跟進次數過於頻繁，或是聯繫時間正是客戶忙碌的時段，往往會讓客戶產生反感，甚至感覺被你騷擾。

正常情況下，**如果是有明確購買意願的客戶，你應保持較為密切的聯繫，對於猶豫不決的客戶，或是對於價格敏感的客戶，你可以特別選在促銷活動、新產品上市、價格政策調整等時間點主動跟進**，值得注意是，只要是攸關客戶權益的事情，你都應及時主動告知顧客。

5. 訂購情況及原因

經由跟進後，你必須填寫該次的跟進是否達成交易，如果成交，要填上銷售單號、銷售金額和日期，以及其他的備註事宜。假使客戶尚未訂購，則應註明未能完成交易的原因。

 ## 建立自己專用的檔案夾

通常公司內部會備有銷售日誌及客戶資料卡，但是對於業務員來說，如果能將重要客戶的資料做成專用檔案夾，更能推進銷售業績的成長。

首先，你必須準備一本列有日期的記事本，按日期先後，記錄每個客訪對象的資訊，然後將每天的記錄依照號碼依序保管，某些重要的部分則影印下來，另外做成客戶個別檔案。而客戶檔案的內容應包括：市場分類資訊、潛在客戶的資訊、客戶基本情況、銷售進展情況、每次的拜訪計畫和總結、競爭狀態分析、與客戶往來的電話記錄、傳真、電子郵件等等。

固然這些資訊的建檔很費功夫，但是由於所有銷售資訊都被完整收羅，可以作為日後銷售的參考，因此一旦派上用場，就能發揮巨大成效，而且累積一段時間後，你也能建立自己專用的客戶資料庫。

許多業務員習慣在一天的工作結束後，憑藉著記憶力填寫銷售日誌，然而當你自己準備了專用記事本時，不妨在客戶面前即時記錄重要事項，多數客戶會因此而感覺自己的需求被重視，而你也不會遺漏了重要訊息。

詳細填寫銷售日誌，及時做好分析和跟進的工作，都是讓業務員有

效提高銷售成交率的好方法，因此只要你能持之以恆，並且靈活善用銷售日誌，就能快速提升自己的銷售能力，與此同時，也能讓業績穩定成長。

⭐ 做好客戶管理工作

無論從事銷售或其他行業，必然會追求客戶數的成長，客戶數一增多，業務員經常面對的難題是，在有限的時間中，如何妥善照顧大小客戶的需求？而在重要少數的大客戶與普通多數的小客戶之間，求取平衡點的最好做法，無疑是先管理好你的時間與客戶，並且維持與拓展既有的客戶關係。

這聽來絕不是新鮮的建議，但在激烈競爭的銷售市場，你是否具有管理、規劃客戶的能力，往往決定了你的成敗。換言之，你面對十個客戶與一百個客戶時，誠懇負責的態度儘管是一樣的，可是在時間調配、提供服務等部分，必須要有不同的因應作法，才能提高時間績效與市場效益。

如果你有一百個客戶，絕不是將時間平均分配給他們，而是按照客戶的需求、銷售進展以及可能達成的業務目標，適度分配拜訪時間，所以事先列出你的客戶名單，進行有效的分類，才能做好時間管理、客戶管理與業績管理。

這時就要套用80/20法則，往往你會發現八成以上的業績，是由兩成的客戶所創造，根據這樣的落差，業務員要把客戶就粗淺分類為：重要的少數大客戶、普通的多數小客戶。多數人認為，能夠帶來最多利潤的大客戶，理應花費相對的時間加以照顧，可是在時間排擠效應下，你也可能因此損失多數回饋利潤少，但卻相對穩定的客戶，因此，過度側重在大客戶或小客戶，都可能讓你走向銷售的極端。

事實上，大小客戶並不是選邊站的問題，你該思考如何切割時間、規劃銷售時程，才能確實配合公司或自己的業務目標。換言之，不要只關注大客戶，更不要冷落你的小客戶，所有曾經接觸過的客戶，都應致力於推展、深化彼此的關係，只要正確經營客戶關係，大多數小額消費的客戶，也能逐漸進化為願意持續消費、樂於推薦的重量級客戶。

讓客戶從羽量級進化到重量級，並且擁有一份既屬於自己，又具有市場價值的忠誠客戶名單，你要做的就是三件事：管理、維繫、拓展。

一般而言，進行客戶分類時，慣性的劃分標準是按照「銷售額」的高低，或是「銷售潛力」的強弱；高銷售額高潛力的客戶屬於重量級客戶，低銷售額低潛力的客戶屬於羽量級客戶，中等銷售額與中等潛力的客戶則屬於中間客戶，而在分類稱謂上，你可以簡單替換為ABC等級。

客戶劃分出等級後，接下來，就是確立等級管理方式：

1.重量級客戶

重量級客戶通常是名單上的少數族群，但是他們具有高銷售額、高銷售潛力，因此是每個業務員眼中的金牌消費者，而這也意味了人人都想頻繁地登門拜訪，不過問題在於，重量級客戶為何要選擇你？

在初期，想要獲得重量級客戶的支持，光是投入比競爭對手更多的經營時間是不夠的，你必須在間隔天數短、服務時間充裕的拜訪中，即時又有效地回饋資訊，並且提供他們更周到、更迅速、更能滿足需求的服務方案，假使對方只願意給你短暫的交談時間，你更要讓拜訪過程具有深度與建設性。

一旦銷售關係成熟後，你除了要定期拜訪、提供完善的售後服務之外，最重要的，就是**確保重量級客戶對於所有的一切感到「非常滿意」**，

這是避免有人忽然搶走他們的唯一方式。

2.中間客戶

中間客戶的銷售額與銷售潛力介於中間值，也是客戶關係最為曖昧的族群。當你能正面地刺激他們，他們就有機會晉升為重量級客戶，但是只要你讓他們感到不悅，他們就會快速更新至你的羽量級客戶名單。

面對中間客戶時，業務員過度積極的拜訪，不見得會讓他們高興，不定時的拜訪，反而能讓他們感到安全而舒服，因此你對中間客戶的管理方式，便是不定時追蹤他們的近況，針對他們的需求或建議做出適切回應，強化雙方的關係，藉以穩定提升他們的滿意度。

3.羽量級客戶

羽量級客戶在名單中，通常是相對多數的族群，他們的銷售額與銷售潛力儘管偏低，你卻不能進行過多的管理，也不能完全輕忽怠慢。

對於羽量級客戶投注過多的管理時間，未必能提高他們的等級，反而會虛耗你的精力與時間，但是當你有一段時間不理會他們，他們也會直接拋棄你，投向相對熱情的競爭對手的懷抱，因此最好的管理方式是採取中庸之道，定時而適度地關心他們，只要培養出客戶滿意度與忠誠度，就能大幅降低他們的高流動率。

你應設法讓所有的客戶感到滿意，可行的方式是將客戶劃分等級，並且做好客戶管理工作。

將客戶分級，把多數精力投注於貢獻最大或最具潛力的客戶上，收穫遠比將時間平均分配給所有客戶來得大，效率提高許多，不會徒耗時間陪客戶，卻一紙契約也沒簽成。客戶分類能幫助你有效管理自己的時間，

並且按部就班做好客戶管理，當然事半功倍之餘，也別忘了隨時更新你的客戶分類名單！

銷售Tips 練.習.單

- 積極研究能善用時間的方法，讓時間發揮出最大效益。
- 每天確實填寫銷售日誌，並如實記錄銷售心得。
- 確實做好名片管理，有系統化地整理妥當客戶資料。
- 對重量級客戶要加深客情，讓其對你更加依賴。
- 對中間客戶要努力經營，以提升其消費金額。
- 每天打電話殷勤問候並不能展現誠意，緊迫盯人有時反而會為雙方情誼添了負分。
- 善用大小聚會，聯繫客戶情感，讓已購買的客戶聚會，藉機加深客戶對公司與產品的好印象。

_{Rule} 07 說客戶聽得懂的語言

優秀的業務員往往對產品的專業知識瞭若指掌，但客戶多是「門外漢」。對一般的客戶而言，即便客戶想要購買某種產品，對產品的了解也往往是表面的，對一些比較專業的說法了解甚少。在介紹產品時，業務員應特別注意到這一點。

如果業務員介紹產品時過多地使用專有名詞和專業術語，客戶聽了之後也是一頭霧水、不明就裡、不知所云。業務員雖然展示了專業水準，但卻無法讓客戶準確地理解產品的價值，也給客戶留下了喜歡賣弄的印象，對銷售業績毫無益處。

張先生做生意賺了一大筆錢，為了拓展業務，他想買一輛休旅車。他逛了多家車行，終於在一家進口汽車專賣店看中了一款汽車。在對汽車進行了綜合的比較與考慮之後，張先生很喜歡這款車，但是他覺得這款車體積稍微有點兒大，擔心較不容易操控。他把這個擔心告訴了業務員，業務員說：「您不用擔心，這款是美規車，駕駛起來比較輕鬆自在。而且比起中規車，它的價格也要便宜一些。」

張先生說：「可是，我從來沒有駕駛過美規車，也不清楚這兩種車有什麼差別？」

業務員說：「放心，您只要坐到駕駛座上，立刻就可以感受到它和中規車以及歐規車的不同！」

　　張先生根本不明白美規車、中規車和歐規車之間有什麼不同,業務員的話讓他覺得自己像個什麼都不懂的傻子,於是很不悅地離開了。

　　業務員要明白,自己的目的是要將產品銷售出去,而不是向客戶賣弄你的專業術語。業務員賣力地解說,就是希望顧客能夠感受到商品的價值,但有時候不管怎麼說明,顧客就是無法感受,這往往是因為解說內容太過專業,導致顧客無法理解。**通常業務員自覺「很好懂」的說明,實際上艱澀的程度是一般人能夠理解的十倍左右**。因此,你可以先試著對自己的親朋演練一下產品介紹,如果他們都聽不懂就要再進一步簡化這些內容,才有可能清楚地將產品價值傳達給顧客。請注意:**並不是顧客無法感受到產品價值,而是你的解說得太難了**。如果是因為這個原因而錯失顧客,那就太可惜了。

　　所以,業務員在與客戶溝通時,一定要用客戶聽得懂的語言向客戶介紹,要讓客戶能夠準確而全面地理解自己想要表達的意思。即使有時候需要用到一些專業知識,業務員也要注意表達方式,盡量使用通俗易懂的語言,讓不專業的客戶聽懂專業知識。

　　那麼,業務員應該怎樣做才能讓所有客戶都能聽懂專業術語呢?以下列點分述之:

專業術語生活化

　　客戶購買產品是為了滿足自己在某些方面的需求,他們對產品資訊中過於專業的東西並不感興趣。如果在介紹產品時使用過於專業的術語,不但會令客戶一頭霧水,還會讓客戶失去進一步了解產品的興趣。

　　小姚剛就業不久,在一家大型的3C賣場裡銷售電視機,她工作很認

真，把每款電視機的品牌、價格、配置、性能等特點都背得滾瓜爛熟，以便能更順暢地向客戶介紹產品。

這天，有一對老夫婦來購買電視機，小姚走上前去詢問：「您好，請問您需要什麼樣的電視機？」老夫婦說：「我們剛裝修完房子，原來的電視太小了，想買一台大一點兒的。」小姚馬上說：「那我建議您看一下××品牌的這款新出的液晶電視，它的螢幕最佳解析度一般可達1024X1024，採用逐行掃描技術、4H數位梳狀濾波器和DVD分量端子……」小姚滔滔不絕地介紹，把自己平時背過的關於這款液晶電視的特點、性能全部告訴這對老夫婦，而這對老夫婦則一頭霧水地看著小姚。

這時，小姚的一位同事小李走過來對兩位客戶說：「您好，可能還有一些情況我們沒向您介紹清楚，我再來補充一下：由於採用了先進的技術，這款液晶電視顯示的圖像更加清晰，而且您可以看一下，它的顯示器非常薄，放在您家裡不占地方，而且外形設計美觀大方。最重要的是，這款電視機的輻射比傳統的電視輻射低很多，對人體幾乎沒有危害。」

聽了小李的介紹後，這對老夫婦又詢問了這款電視的價格，終於決定購買這款電視機。

業務員在做產品介紹時，應該力求銷售語句的通俗化、生動化，將專業的東西翻譯成客戶能夠接受、了解的事物，例如漫畫、白話文或口語化的小故事等，給客戶一目了然的感覺，這樣一來，產品資訊才更容易被客戶理解和接受。

使用簡單明確的語言

簡單明確的語言容易讓人理解，業務員向不熟悉產品行業領域的客

戶介紹相關知識的時候，使用簡潔的語言能起到事半功倍的作用。在與客戶溝通時，應該在較短的時間內盡可能將意思表達清楚，簡單明瞭、乾淨俐落地向客戶傳遞訊息。

剛從事壽險業務員不到一個月的小賴，一看到客戶就一股腦地向客戶炫耀自己是保險專家，在電話行銷中就把一大堆專業術語塞向客戶，個個客戶聽了都感到壓力很大。當與客戶見面後，小賴又是接二連三地大力發揮自己的專業，什麼「豁免保費」、「保單價值準備金」、「前置費用」等等一大堆專業術語，讓客戶聽得霧煞煞，會被拒絕也是很自然的事。我們仔細分析一下，就會發覺，業務員是把客戶當作同仁在訓練他們，滿口都是專業用語，如何能讓人接受呢？既然聽不懂，怎麼會想買呢？如果你能把這些術語，用簡單的話語來取代，讓人聽後明明白白，才有效達到溝通目的，產品銷售也才有機會達成。

在銷售流程中，業務員應多觀察客戶，根據客戶的特點有選擇性地向客戶傳遞他們最感興趣、最關注的資訊，不要不分輕重地把所有資訊一股腦地全部灌輸給客戶。這樣做一方面能根據客戶的興趣吸引客戶的注意，另一方面能避免浪費不必要的唇舌，大大節省時間，提高工作效率。

⭐ 銷售語言要生動流暢

銷售工作就是業務員透過介紹產品、激發客戶購買欲望，並最終說服其購買的過程，所以產品介紹不僅要通俗易懂，還要生動流暢。介紹產品時，業務員要盡量做到表述連貫、前後銜接合理、邏輯清晰，切忌語無倫次，前後矛盾、說話結結巴巴、吞吞吐吐，否則不僅難以向客戶傳遞準確有效的資訊，而且還會遭到客戶的輕視和懷疑，失去客戶的好感和信

任。

　　對於客戶不熟悉的專業知識，業務員在講解的時候一定要使用生動流暢的語言，用活潑新穎、有幽默感的表達方式來感染客戶，使客戶產生愉快的聯想，輕鬆、完整地了解產品的性能、特點及行業資訊，從而更有針對性地選擇適合自己的產品。

　　對於保險業務員而言，面對客戶詢問有關保單方面的專業知識時，正是保險業務員表現專業的最佳時機。除了依靠平日自我充實外，行前的充分準備也是重點。事前可將客戶可能提及的問題一一列出成表，模擬回答的內容及技巧，練習將意思表達清楚，簡單明瞭，才可表現得宜。

　　業務員用「非專業」的方式給予客戶專業性的說明，讓客戶透過自己熟悉的表達方式了解和認識產品，就能讓不專業的客戶聽懂專業的知識。只有這樣，買賣雙方的溝通才能進行得更順利，也才能贏得更多的客戶，獲得更高的業績。

銷售Tips　練.習.單

- 不要在新客戶面前使用過多專業術語，過多的專業術語會拉開你與客戶之間的距離。

- 不要頻繁地對產品本身進行技術性描述，而是要把重點放在這些技術性能如何體現在產品的功效上。因為客戶關心的是你的產品能為他帶來什麼，而不是怎樣帶來。

- 如果你能掌握豐富、生動的語言，就更加有利於銷售的成功，比如新穎活潑的表達方式。

- 針對你的產品自己先設計出一套語言生動，用語生活化的介紹文，並盡量可以搭配圖片來說明，客戶將更容易了解。

Rule 08 讓客戶體驗，賣得更好更輕鬆

很多業務員在與客戶溝通時，都把重點偏重在介紹產品上，滔滔不絕地向客戶傳達產品資訊，認為客戶對產品了解越多，越有可能購買產品。但是，他們得到的結果卻經常與期望相反。很多時候，業務員的長篇大論並不能贏得客戶的認同，甚至還可能會引發客戶的反感。其實，業務員大可不必這麼費力。有時候，**讓客戶對產品進行親身體驗，並詢問他們的體驗感覺，透過客戶的回饋訊息來找到銷售的切入點，往往能得到很好的效果。**所以業務員在實際操作中要注意這兩方面的結合，讓客戶多多體驗產品並詢問他們的感受，使他們對產品產生興趣，引發他們的購買欲望。

公園裡有一位賣小孩玩具的老人，他的生意很好，這些都要歸功於他的小孫子。

老人的小孫子在離公園入口不遠的地方與小朋友們玩遊戲，但是他時刻注意著新進公園的小朋友，只要有小朋友進來，他馬上跑到爺爺那裡拿起能打出泡泡的玩具槍玩起來，然後把槍交到那個小朋友的手上，讓小朋友實際操作一下。有很多小朋友拿到玩具槍後就不願鬆手了，這時，小孫子就把小朋友帶到爺爺的玩具攤上，讓爺爺接管以後的事，他則繼續去玩。

除此之外，這個小孫子還規定，新進公園的小朋友如果想要加入遊

戲中，就必須去他爺爺那裡買一個玩具。如果有家長說自己的孩子還小，不會玩玩具，這個小孫子就說：「我爺爺的玩具都很簡單的。」說著就帶著那個小朋友到爺爺的玩具攤上，拿起一個玩具，放在小朋友手裡，親自教他玩。

就這樣，僅僅一個上午，老人的玩具就被搶購一空了。

「實踐是檢驗真理的唯一標準」，這句話在銷售中同樣適用。業務員在向客戶介紹產品時，單靠口頭說明往往收不到好的效果，如果能讓客戶親自去體驗產品，實際操作或使用一下，就會引起他們的興趣。

讓客戶親自體驗產品，並不需要多費口舌，業務員要做的就是在客戶體驗的過程中詢問客戶的感受，並針對客戶提出的問題和疑慮做出合理的解釋與說明。這時，客戶在體驗的過程中已經清晰地感受到了產品的優點，根本不需要過多的介紹。

那麼，業務員怎樣才能讓客戶更好地體驗產品呢？

不僅賣產品還是賣體驗

優秀的業務員深知產品體驗的重要性，他們明白一旦客戶對產品有了切身體驗，很容易就能聯想到擁有產品後給自己帶來的益處，這樣業務員就可以不費吹灰之力地與客戶達成交易。這比業務員費盡心機地介紹產品、擺出各式的證據、列舉各樣的資料都更有效。喬・吉拉德在和顧客接觸時總是想方設法讓顧客先體驗一下新車的感覺。他會讓顧客坐進駕駛室，握住方向盤，自己觸摸操作一番。如果顧客住在附近，喬還會建議他把車開回家，讓他在自己的親朋好友面前炫耀一番，根據喬本人的經驗，凡是坐進駕駛室把車開上一段距離的顧客，沒有不買他的車的。

　　雅詩蘭黛（EsteLauder）是全球知名的化妝品品牌，但是草創時期也曾歷經商品乏人問津的困境。當時創始人艾絲蒂‧蘭黛女士從鄰居分享美食的經驗中獲得靈感，以廣發「免費試用品」作為促銷宣傳方式，結果一舉將商品成功地推向市場。為何發送免費試用品能夠帶動銷售呢？**根據銷售心理學的研究發現，業務員將商品交給客戶試用一段時間後，客戶的內心就會產生「商品已經屬於我」的感覺，因此當業務員要收回商品時，客戶的心理會感到不適應，進而容易做出購買決定。**換言之，如果你能讓客戶在實際承諾購買之前，先行試用商品一段時間，交易的成功率將大為增加，當然了，礙於商品屬性不同、公司政策不同，你未必能讓客戶擁有商品免費試用期，因此根據實際情況，你的商品若能夠分裝為試用品，譬如化妝品、家庭清潔用品、個人衛生用品、食品、文具用品等品項，不妨就自行製作一個產品試用袋。在拜訪客戶時，你可以交給客戶產品試用袋，並且告訴對方在試用幾天或一週後，你將會再度回訪，以便詢問對方的使用心得，或是提供必要的諮詢服務，往往透過這樣的方式，可以有效加深你與客戶之間的互動，銷售業績也能有效提升。

　　人們都喜歡自己來嘗試、接觸、操作，因為好奇心人皆有之。不論你銷售的是什麼，都要想方設法展示你的商品，而且要記住，讓顧客親身參與，如果你能吸引住他們的感官，那麼你就能掌握住他們的感情了。

　　但是讓客戶親自體驗並不只是讓客戶試用那麼簡單，在這個過程中，業務員要做好以下幾點：

▶▶ **邀請客戶試用產品：**業務員主動邀請客戶試用產品，讓客戶參與到體驗活動中，讓他們認真感受一下產品的性能和特點，使客戶對產品的了解更加深刻。這是信任和尊重的體現，能激起客戶的主動性，激發客戶購買產品

的熱情。

▶▶ **多提問及引導**：在客戶試用產品的時候，業務員應有意地引導客戶，可以運用一些提問代替產品性能的描述，這樣可以更有效地讓客戶參與到產品的銷售流程中。例如，業務員剛剛介紹完一款電子書，就可以讓客戶親自來操作一下，並詢問客戶在操作過程中對這款電子書有什麼感想，對哪些地方滿意，希望哪裡有所改進。也可以詢問客戶的興趣所在，並讓客戶親自感受產品在用戶感興趣的方面所展示出的性能和特點，滿足客戶的心理享受，讓其最終做出購買的決定。

 引導客戶主動發問

很多時候，業務員要引導客戶提問以突破客戶心理的防線。可以在讓客戶親身體驗產品後，引導他們提出問題，並讓他們主動發問，與他們進行交流，這樣就能很容易地發現客戶的興趣，摸清他們的想法，從而能夠清楚地知道下一步應該採取哪些措施。客戶在親自體驗產品時，可能會提出一些實際操作的問題，這些問題很可能是業務員以前從來沒有想過的。業務員一定要非常了解自己的產品，認真操作和使用過自己的產品，並對產品懷有一種欣賞和熱愛，這樣才能回答客戶的這些問題。

在引導客戶提問時，應該注意以下問題：

▶▶ **對於客戶的提問要有技巧地回答**：最好能引發客戶的進一步提問，這樣就可以層層推進，更加深入地了解客戶的想法和需求。

▶▶ **客戶提問之後不要馬上回答**：客戶提出問題後，你可以先委婉發問，弄清客戶問這個問題的原因和目的，之後再做出恰當的回答。

▶▶ **對客戶不用有問必答**：面對客戶的問題，業務員不一定要有問必答，而是要透過應對，有目的地引導客戶，挖掘他們的潛在需求，弄清楚他最關心

的問題，找到對自己最有力的回答方式。

　　無論客戶在實際操作中提出什麼樣的問題，你都要充滿信心地應對，相信自己的產品一定能在某些方面滿足客戶的需求，並重點突出產品某方面的特點，贏得客戶的認同。

讓客戶相信購買產品後能得到的利益

　　沒有客戶願意購買品質低劣又對自己毫無用處的產品，客戶在購買產品時，都希望產品達到自己的要求，滿足自身利益需求。為了防止利益受損，客戶對業務員總是抱持一種警戒的心理，用懷疑的態度看待業務員和他推薦的產品。

　　業務員應該理解客戶的這種心理，並且幫助客戶化解心中的疑慮，在向客戶銷售產品時，要向客戶提供有力證明，用最有說服力的證據讓客戶相信購買產品後能夠得到的利益。

　　李建代理了某品牌的減肥食品，並在一個大型商場租了一個櫃檯。他把櫃檯裝飾得非常漂亮，向客人介紹產品時也非常用心，每次有客人來的時候，他都向客人詳細介紹產品成分、食用方法以及應該注意的問題。雖然李建的口才很好，把減肥食品的功能說得神乎其神，但是由於產品價格高昂，很少有客人購買。

　　一段時間之後，李建賣出的產品甚少，獲得的利潤都還不夠付櫃位的租金，這讓他很著急，並開始想辦法改變現狀。他找到以前食用過這種減肥食品且減肥成功的人，取得對方允許後將其食用前和食用後的照片放大，擺在櫃檯外面，並定時請分享者到櫃檯前和客戶進行經驗分享。

　　這兩張對比鮮明的照片吸引了很多顧客圍觀，李建趁機開始做產品

介紹，並拿出產品品質檢驗證書和專家推薦，終於讓客戶相信了這種減肥食品的效果，不少愛美的女士紛紛開始購買。

透過這種銷售手法，李健的產品終於被客戶接受，銷量越來越好。

要想讓客戶相信產品對他有益，業務員就要掌握一定的說服技巧，打消客戶的疑慮，讓他們相信購買產品後能得到的利益。那麼業務員如何做才能更好地說服客戶呢？

1. 識別客戶的利益點

每個客戶都有不同的購買動機，同樣是購買手機，有的人需要的是簡便實用，有的人需要的是功能齊全，有的人需要的是緊跟潮流……所以，產品真正吸引客戶的因素並不是產品所有的優點和特徵，而是其中能滿足客戶需求的一個或某幾個優點。業務員只有識別出客戶真正的利益點，充分挖掘客戶的特殊需求，才能藉由產品相關的特性和優點打動客戶。

張志明是一家汽車業務員。這天，一對年輕夫婦來到店裡，張志明迎上前去，並詢問他們想買什麼樣的車。

這對夫婦在店裡轉了一圈，最後在一台小型車前停下了腳步。張志明馬上向他們介紹這款車：「這款車是今年最流行的車型，線條流暢，而且有多種顏色，最重要的是它耗油低，價格便宜……」經過一段時間的產品溝通後，張志明發現這對夫婦對車子的體積、長度和寬度特別關心，於是主動向他們詢問原因。原來，這對夫婦已經有一輛車了，只是妻子的路邊停車技術太差，常常在停車的時候發生一些尷尬的情事，於是，他們想再買一台車身較短的車。

張志明在得知這一情況後，只簡略介紹了一下車子耗油和相關配

備，重點介紹了車子的長度、寬度和體積，並把相關的資料都提供給了客戶。最終，這對年輕夫婦購買了這款車，滿意地離開。

業務員要仔細觀察客戶，判斷客戶的特殊需求，也可以直接向客戶詢問，找到客戶關注的利益點，並針對客戶的利益點提供相關的產品資訊，引起客戶對產品的興趣，強化其購買的需求。

2. 向客戶提供強有力的證據

在銷售產品的過程中，為了打消客戶對產品的懷疑，業務員要向客戶提供相關的證明，證明產品品質和使用產品後能夠得到的效果。一般情況下，產品的說明書、合格證、獲獎證書、統計數據或者名人推薦、相關照片等，都具有一定的說服力，能夠消除客戶的懷疑，讓客戶相信購買產品後能夠得到的利益。業務員要主動向客戶提供這些證據，打消客戶的疑慮，增加客戶對產品的信任度，使客戶產生購買產品的意願。

除此之外，你還可以向客戶提供精確的資料，如產品已經被多少人購買，客戶使用產品多久可以見效等，透過列舉精確資料說服客戶，提高客戶對產品的信任度。需要注意的是，列舉的資料一定要真實可靠，否則一旦客戶發現資料造假，不僅會懷疑業務員的人品，而且對產品和生產企業的印象也將大大降低，給業務員和產品、企業與品牌都會帶來極為惡劣的影響。

最後還有一個絕招——在銷售前，業務員一定要認真操作和使用過自己的產品，並對產品懷有一種欣賞和熱愛，這樣才能在客戶試用產品時應對自如。沒有什麼比「親身體驗」更能產生說服力與信賴感了。業務員講述自己的親身經驗很重要，不是照本宣科唸出介紹手冊裡的產品介紹，而是熱情地向顧客講述自己使用後的感受，這樣反而更能贏得客戶的信

任。自己沒有親身體驗過的東西，是無法講述的。因此，企業可以召集店內的全體員工舉辦試吃會、試穿會、試乘會等活動，不僅餐廳如此，電器行、汽車經銷商、珠寶店也一樣。乍看之下是很浪費時間的做法，卻能產生很大的價值。

目前市場上用體驗的方法來打開市場的案例已經很多了，以高單價商品最常被應用到，如果能讓顧客體驗高品質的東西，讓他們感受到「貴雖貴，但更有價值」。例如如果顧客已經能夠感受到現有商品的價值，那麼就請他體驗更高等級的商品。這種讓顧客親身體驗的效果非常好，因為它抓準的是人們「由奢入儉難」的習性。

讓客戶親自體驗產品，是業務員最省力最有效的銷售辦法，業務員要多多善用這種方法，讓客戶切身體會到購買產品後能得到的利益，使客戶相信產品，產生購買產品的欲望。像筆者本人在CostCo賣場買的食品幾乎都是先被「試吃」引誘後才「上鉤」的！

銷售Tips 練.習.單

- 在請客戶體驗之前應該親自測試相關產品，以掌握正確的用法，如果你在向客戶展示時不熟練，是會給客戶留下產品不易使用的印象。

- 如果你銷售的是電器或者工具，就應該接通電源，讓客戶看到產品運作時的狀況。

- 如果你銷售的是化妝品和生活用品，就應該提供一些小巧的試用裝給客戶試用或者讓客戶聞到產品的味道、觸摸產品質感。

- 如果向客戶展示傢俱，就應該請他們用手觸摸傢俱表面的纖維和木料，坐上去或者躺上去體驗。

- 讓事實說話，用圖片、模型、表格展示客戶擁有產品後能得到的利益。

- 讓專家說話，用權威機構的檢測報告或專家的論據證明你的產品。

- 利用公眾的力量，比如來自媒體特別是權威媒體的相關產品報導。

- 利用客戶的推薦信或者一些實際使用的網路部落客的分享，來為產品做免費的宣傳。

善用銷售技巧，勇闖業務大勝利

09 在問與答中醞釀買氣

尼爾・雷克漢姆在《銷售巨人》一書中，曾經對提問與銷售的關係進行過深入的研究，他認為：與客戶進行溝通的過程中，你問的問題越多，獲得的有效資訊就越充分，最終銷售成功的可能性就越大。

對於業務員來說，提問是一種很有效的銷售手段，業務員對客戶有針對性的提問，能使雙方的對談更加深入，使業務員更能有效把握客戶的需求。由於人與人的表達方式和行為習慣各有不同，在雙方的溝通過程中難免會出現一些理解上的誤會，這時業務員就要及時提出問題，以使自己準確理解客戶的真實想法，減少誤會的發生。

林濤是一家醫療器材生產廠的業務員，他正在與一家醫院負責採購醫療器材的濮院長進行商談——

林濤：「您好，聽說您準備購進一批新式醫療設備，請問在您心中符合您要求的產品都應該具備哪些特徵呢？」

濮院長：「首先要保證品質合格，一定要達到國家標準，其次要結實耐用、易於清理，還要價格公道，保證提供周到完整的售後服務……。」

林濤：「我們公司非常希望與貴醫院取得合作，不知道您對我們公司產品的印象如何？」

濮院長：「您們的產品我倒是聽說過，不過還不知道品質怎麼樣。

醫療器材一定要符合國家標準，你們的產品有達到標準嗎？」

林濤：「我們的產品不但能夠達到國家標準，也達到目前國際制定的所有標準，包括日本、美國與歐盟的標準，您是否有興趣了解一下我們產品的具體情況呢？」

濮院長：「是嗎？那我倒有興趣聽一聽。」

林濤簡單介紹了產品的情況，並給濮院長一些資料，說：「這是產品的相關資料，請您過目。」

聽完林濤的介紹並看完產品資料後，濮院長對林濤的產品有了比較深入的了解和較為濃厚的興趣，他對林濤說：「產品還不錯，不過在運送與安裝測試的問題上你們真的能保證時間來得及嗎？」

林濤：「對於產品的運輸問題，其實您完全不用擔心，只要簽好訂單，我們都會在一週之內將產品全數運到，安裝與測試大概另外再需要三天吧。那麼，您打算什麼時候簽署訂單呢？」

濮院長：「哦，是這樣啊，就下週一吧！」

透過對客戶的提問，林濤一步步引導客戶，從不了解產品到對產品產生濃厚的興趣，並產生了購買意願。可見，業務員可以透過提問促進雙方的交流和溝通，引導客戶產生購買意願，抓住成交的機會。那些**經驗豐富的業務員都善於向客戶提問，並引導客戶做出準確並且內容豐富的回答，他們都知道要善用主動提問將談話的主導權握在自己手中，掌控銷售的進程，從而抓住成交機會，達到銷售目的。**

那麼，業務員要如何做才能在與客戶的問答中醞釀買氣，抓住成交機會呢？

 熟練掌握提問的方法

業務員向客戶問得越多，客戶答得就越多，暴露的情況也就越多，業務員獲得的資訊也就越多。所以，業務員要想挖掘客戶內心的需求與想法，發現客戶的購買意圖，就要多向客戶提出問題，使自己處於主動的地位，以加大成功的可能性。

提問的方式是各式各樣的，在實際的銷售過程中，你可以運用各種方式向客戶提問，獲取客戶資訊。一般說來，向客戶提問的方法主要有以下幾種：

▶▶ **單刀直入法：**這種方法是指業務員直接針對客戶的主要購買動機，直接詢問客戶是否需要某種產品，開門見山地向其進行銷售，給客戶一個措手不及，然後「趁虛而入」，對客戶進行詳細的勸解。使用這種方法時要膽大心細，既要給客戶一個心理上的衝擊，又要注意掌握分寸，不要過分強勢，以免引起客戶的反感，影響後續銷售的進行。

▶▶ **連續肯定法：**這個方法是指業務員所提的問題便於客戶用贊同的口吻來回答，也就是說，對業務員提出的一系列問題，客戶可以連續地使用「是」來回答。為客戶簽下訂單製造有利的條件，讓客戶從頭至尾都做出肯定的答覆。使用連續肯定法時，具備準確的判斷能力和敏捷的思維能力，在提出每個問題前都要仔細思考一番，還要注意雙方對話的結構，使客戶順著自己的意圖做出肯定的回答。

▶▶ **「照話學話」法：**這種方法是指業務員首先肯定客戶的意見，然後在客戶所說的基礎上用提問的方式表達出自己的想法。例如，客戶在聽了業務員的介紹後說：「目前我們確實需要這種產品。」這時，就要不失時機地接過話說：「對啊，如果您也認為使用我們這種產品能節省貴公司的時間和金錢，那麼我們什麼時候可以簽約呢？」這樣，業務員就能水到渠成、順

其自然地與客戶達成交易。

▶▶ **「刺蝟效應」法：**這種方法是指業務員用提出問題的方式來回答客戶提出的問題，控制自己與客戶的溝通，按照自己的需要將談話引向銷售程序的下一步。例如，在向客戶銷售保險時，客戶詢問「這項保險中有沒有現金價值？」業務員可以說：「您很看重保單是否具有現金價值的問題嗎？」客戶也許會回答：「絕對不是。我只是不想為了第一年就有現金價值而支付任何額外的費用。」業務員就能了解到客戶不想為現金價值付錢，從而向客戶解釋現金價值的含義，提高他在這方面的認識。在各種促進銷售交易達成的提問方法中，「刺蝟效應」法，是很有效的一種。

▶▶ **選擇提問法：**這種方法是指業務員向客戶提出的問題是有選擇性的，讓客戶在問題中做出選擇。例如：「您是方便週一簽約還是週二簽約呢？」「是使用現金付款還是刷卡呢？」這種提問方法要求業務員的問題必須有兩個或更多的選擇，並且這幾個選擇都是自己想要的，這樣業務員就能從客戶那裡獲得自己想要的答案。所以千萬不要提「您是要買呢？還是不買呢？」這類的提問。

在實際的銷售中，提問的方式並不只是以上幾種，你要根據實際情況尋找新的方法和技巧，並對其進行靈活運用。業務員要注意多觀察客戶，用心揣摩客戶的心理，把握好提問技巧的使用，使自己在與客戶的問和答中佔據主動地位，引導銷售的進行，抓住成交的機會。

對客戶的提問要巧妙

業務員向客戶巧妙地提問，能方便進一步發掘客戶的有效需求，使自己及時調整工作進程，使用恰當的工作節奏展開工作。同時還有利於業務員給客戶留下深刻的印象，使客戶能將自己與其他的競爭者區隔開來，

為今後向客戶介紹自己的產品提供有利的條件。

有些業務員即使掌握了提問的方法，也難以提高自己的業績，這是因為他們不懂得如何巧妙地向客戶提問，只會簡單生硬地照搬問題，這樣很容易使自己的提問失去意義，達不到提問的目的。**正確挖掘客戶的需求是順利促成交易的保證**。很多業務員常常會被客戶的一些表面說詞所困擾，無法真正了解客戶的真實想法，這其實是挖掘客戶需求的深度不夠。

「多問為什麼」是一個比較好的方法，就是當客戶提出一個要求是，要連續問「五個為什麼」。比如，客戶抱怨道：「我們的使用人員對你們的新產品不甚滿意。」在業務員的詢問下，可能客戶會說：「因為操作起來很不方便。」如果業務員就此以為找到了原因所在，以為客戶需要的是操作方便的新產品，就大錯特錯了。因為，業務員並沒有深入了解操作起來不方便是設計方面的原因還是其他因素。這時就要繼續問第二個「為什麼操作起來不方便」，原來是「新加入的新功能介面不好用」，那麼是不是意味著這個新功能不必要，或者在設計上有問題呢？再問一個「為什麼」，發現是「使用人員不會使用」。那麼，是不是公司沒有提供培訓或者培訓效果不好呢？接著問第五個「為什麼」。最後才發現，「一週的培訓倒是很充分，但是使用手冊只有英文的，如果在使用中遇到問題，還要翻閱英文說明書，也很難一下子理解。」最終的問題終於浮現出來了，客戶不是需要一個操作更簡單的設備，也不是需要更好更多的培訓，而是需要易讀的中文版使用手冊以便平時查找。

所以，問對問題也很重要，那麼，業務員應該如何問，才能使自己的提問有意義呢？

▶▶ **提問必須圍繞主題**：業務員提出的問題必須緊緊圍繞特定的目標展開，要

以實現銷售、促成交易為目的，千萬不要脫離最根本的目標，漫無目的地進行提問。在見客戶之前，你應該根據實際情況將目標逐步分解，並據此想出具體的提問方式，這樣既可以節省時間，又可以循序漸進地實現各級目標。

▶▶ **提問要因人而異：**對不同性格的客戶要採用不同的提問方式。如：對脾氣倔強的客戶，要採用迂迴曲折的提問方式；對性格直爽的客戶，可以開門見山地提問；對文化層次低的客戶，要採用通俗易懂的詢問方式；對待看上去有煩惱的客戶，要親切、耐心地提問。

▶▶ **提問要注意分寸：**業務員與客戶的溝通是雙方的交流活動，所以業務員的提問要顧及客戶的情緒，提出的問題必須是客戶樂於回答的，不要冒昧地詢問客戶的薪資收入、家庭財產、感情狀況或其他個人隱私問題。向客戶提問後，你要仔細觀察客戶，從客戶的表情、動作中獲得資訊回饋。當客戶面露難色或答非所問時，就表示他不想或者不能回答問題，這時就不應再繼續窮追不捨地向客戶提問，要適可而止，以免引起客戶的反感。

▶▶ **注意提問時的禮儀：**向客戶提問時，業務員要注意自己的禮儀，多使用一些表示尊重的敬語，如「請教」、「請問」、「請指點」等。在客戶的回答偏離問題太遠時，業務員要用委婉的語言將話題引回來，使用如「這些事您說得很有意思，今後我還想請教，不過我仍希望再談談開頭提的問題……」這樣的語言，自然巧妙地把話題控制在自己可以掌握的範圍內。並且留意在提問時不要板著面孔，要保持微笑，為客戶營造一個回答問題的良好氣氛。

▶▶ **多提開放性的問題：**業務員應多向客戶提一些開放性的問題，讓客戶根據自己的興趣，圍繞主題說出自己的真實想法，這樣不僅可以使業務員根據客戶談話了解更有效的客戶資訊，還能使客戶暢所欲言，感到放鬆和愉快。你可以多多使用「如何……」「怎樣……」「為什麼……」「哪

些……」「您覺得……」等語句進行開放式提問，如此可以給客戶的回答留下更大的發揮空間。

 ## 提問時要注意的問題

適當的提問可以促進業務員與客戶的交流，為成功交易做好準備，但並不是所有的提問都能取得這樣的效果，甚至有時候，一些客戶在回答了業務員的幾個問題後就開始厭倦，表現出不悅的情緒。這種情況產生的原因往往是業務員在提問時做了一些不恰當的舉動，引起了客戶的不滿，造成了客戶的反感。

所以，在向客戶提問時要注意以下的問題：

>> **同理心提升溝通有效性：**業務員不要緊緊圍繞自己的銷售目的與客戶交談，而要盡量站在客戶的立場上，替客戶考慮，避免提出一些敏感性的問題。同理心是用心聽，不是用腦聽。很多業務員表達同理心的方式，多半是問顧客問題，或是向顧客解釋理由，雖然語氣充滿感情，但顧客仍無法感受到業務員的同理心，他們感受到的是業務員對成交的關心。我們都明白銷售技巧強調方法，但同理心強調的是要關心到對方的感受。

>> **從客戶感興趣的話題著手：**與客戶初次見面時，業務員不要直截了當地詢問客戶是否願意購買，要從客戶感興趣的話題入手，循序漸進地提出問題。

>> **給客戶留下回答的空間：**向客戶提問時，業務員提出的問題一定要通俗易懂，不要讓客戶感覺摸不著頭緒。當客戶回答問題時，你一定要讓客戶完整的表達自己的想法，避免中途打斷客戶。

>> **注意提問時的態度：**業務員一定要注意自己的態度，向客戶提問時要有足夠的禮貌和自信，不要魯莽，也不用畏首畏尾。

提問能幫助業務員從客戶那裡獲取更多重要資訊，也能推動銷售朝向業務員希望的方向發展。在與客戶溝通時，業務員要能充分運用提問技巧，在問與答之間醞釀買氣，並及時抓住成交機會。

銷售Tips 練.習.單

🌀 提問時要注意順序，如果第一個問題就詢問客戶是否可以簽約，這樣就會給客戶留下你只是想賺對方錢的感覺。

🌀 練習問話的態度及自然度，提問應該是帶著求教心理的提問，而不是帶著質疑的提問。

🌀 多設計一些問題，提出的問題應該盡量具體，做到有的放矢，不能漫無目的，要針對不同的客戶提出不同的問題。

🌀 提問時要考慮全面，不能完全直來直往，避免語出傷人。

🌀 要學習順著客戶的毛摸，多肯定客戶，同時也不忘展現自家產品或服務的優勢。

Rule 10 讓客戶發問，喚起他的購買欲

　　大多數情況下，業務員的介紹僅僅是對產品的簡單概括，並不能將客戶需要的資訊完整地表達出來。由於業務員與客戶的利益需求不同，有時甚至是對立且矛盾的，對產品的關注點也不同，很多時候業務員對產品的介紹並不能使客戶滿意，大部分的客戶並不願意透露自己的資訊和想法太多，業務員很難從客戶身上找到銷售的突破口，即使站在客戶的立場上，也不能完全了解客戶的心中所想，很難激起客戶的興趣，觸動客戶的購買欲。

　　客戶到底會不會購買呢？有時客戶會與業務員玩捉迷藏的遊戲。客戶可能表面表示不想購買，其實早就急著想把產品買到手，只是心裡在盤算著怎樣才能讓價格一降再降；客戶也許表面表示拒絕，其實對產品已經開始感興趣了，只是心裡在琢磨如何能得到更多優惠。

　　對業務員來說，觀察與發問式的言語溝通是一個能夠更準確了解客戶的好方法。業務員通過觀察客戶的表情變化和肢體動作，不僅能夠迅速把握客戶的心理變化，而且能讓客戶感覺受到了重視。當然一個前提條件是，業務員要能用心觀察，認真分析客戶的動作和表情，這樣才能準確把握客戶的心理。

　　客戶只有對產品感興趣的時候，才會想要了解產品的更多訊息，他們在購買一件產品之前，一定要弄清楚產品的相關資訊，這時，客戶會主

動向業務員提出問題。業務員則能在與客戶的一問一答中獲得相關資訊，判斷客戶的需求，了解客戶的心理，在解答客戶問題的過程中，加深客戶對產品的了解，刺激客戶的購買欲望。具體來說，業務員可以從以下幾方面來勾起客戶的購買欲。

激發客戶對產品的好奇心

所謂「好奇，故我在。」利用客戶的好奇心，業務員能有效地激起客戶對產品的興趣。一旦客戶對產品產生興趣，就想知道更多關於產品的資訊，會主動向業務員提出問題，這樣業務員就能根據客戶的提問獲得資訊，知道客戶的關注點在哪裡，從而找到突破口。

亨利是一個經驗豐富的業務員，快到耶誕節的時候，他來到一家商店銷售收銀機。

在這家商店停下來後，亨利打算先和這家店主談談，但是對方聽了一會兒介紹後馬上拒絕：「我對收銀機沒有興趣！你快走！」這時亨利居然把身體靠在櫃檯上哈哈大笑起來，就好像聽到了什麼好笑的事情一樣。店主感到莫名其妙，亨利解釋道：「我忍不住想笑，因為您讓我想起另一家商店的客戶，他也說對我們公司的產品沒有興趣，但是後來他成了我們公司主要客戶之一。您可以不購買產品，但請您讓我介紹完吧！」看客戶不再抗拒，亨利繼續用心且熱情地把介紹講完。

介紹完後，亨利就沒有再提購買的事情，只留下了一張名片，並且在耶誕節時給這個店家郵寄了一份小禮物並再度附上名片。一個月後，客戶主動打電話來說要購買一台收銀機。

以下是業務員激發客戶好奇心的小技巧：

▶▶ **製造懸念：**由於業務員與客戶接觸的時間有限，不能在有限的時間內把產品或服務的相關情況毫無遺漏地介紹給客戶，但業務員可以只向客戶提供部分資訊，來激起他們的好奇心，讓他們對產品產生興趣，這樣客戶就會產生主動了解的期望。

▶▶ **將產品神秘化：**在銷售之初，不要把產品或服務的價值向他們全部展示出來，而要保持一些產品的神秘感，先透露部分產品價值，引起客戶的好奇，讓他們產生想要獲得更多資訊的欲望，並主動開口詢問。

▶▶ **告知客戶產品的受歡迎程度：**人們都有一種從眾心理，當大部分人對某種產品感興趣的時候，其他的人也會緊跟潮流，關注這些新奇的東西。業務員要利用客戶的這種心理，告知客戶產品的受歡迎程度，激發客戶興趣，吸引他的注意力。

⭐ 善於傾聽，才能找到切入點

在購買產品的過程中，客戶都希望自己的感受得到業務員足夠的重視，這會讓他們產生心理上的滿足感，否則就會因感覺不被尊重而失去交談興趣。對業務員來說，能用心傾聽客戶的話是尊重和重視客戶感受的一種表現，這能幫助業務員與客戶建立更良好的人際關係。

業務員在與客戶溝通時表現出專心傾聽，能激發客戶的談話興趣，而真誠地、全神貫注地傾聽更像是一種邀請「您有什麼問題？我會盡全力幫您解答」，在這種無聲的邀請下，沉默也是一種壓力，客戶將變得更加主動，對產品產生更大的了解欲望，激發客戶談話和提問的興趣。在傾聽客戶問題時，你可以記錄下客戶的疑問，這樣既能讓客戶感到被重視而願意繼續發問，又可以使自己的回答有針對性且不致遺忘。當你說明產品功能之後，就要挖掘客戶的需求，這時候，發問與傾聽是非常關鍵的技巧。

只有讓客戶說出明確的需求之後，才能進入第二部分的產品簡報，重點就在於將「產品功能」與「客戶需求」產生直接的關聯，這些關聯越深越明顯，案子成交的機率就越高。如果能用心傾聽客戶的話，也能更加了解到客戶對產品的意見、想法和需求，進而選擇適合客戶特點的銷售策略，向客戶推薦最適合他們的產品。所以，**一定要善用「傾聽」這個好工具，用心做好它，你既贏得了客戶的尊重，又從客戶那裡了解到更詳細準確的資訊，可以說是一舉兩得。**

 引導客戶提問時應注意的問題

在客戶提問時，業務員要注意觀察，用心挖掘客戶的內心世界，與客戶形成良好的「問答」互動。業務員可以適當運用一些肢體語言來鼓勵客戶，如在客戶停頓的時候向客戶點頭或微笑，或是配合一些手勢增強客戶的被認同感，使他們產生持續交談的欲望。只有了解客戶心中所想，透過回答客戶的問題引導客戶的思想，才能讓客戶產生購買興趣，最終實現成交。

在引導客戶提問時，應該注意以下問題：

▶▶ **讓自己處於主導地位：**當客戶提出問題時，不要只顧回答問題，不能被客戶牽著鼻子走，而是要藉由回答客戶的問題引導客戶的思維，掌握談話的主動權。

▶▶ **事先有所準備：**在引導客戶提問時，要注意事先做好準備，選對方向，不要讓客戶的注意力轉移到與產品無關的資訊上。

▶▶ **考慮周全後再回答問題：**當客戶提問時，不要急於回答問題，要先仔細思考一番，也可以反過來婉轉發問，等了解並想清楚之後再回答問題。並注

意自己的態度和用語，不要給人咄咄逼人的感覺。

 不要排斥客戶的問題：當業務員覺得客戶的提問與銷售無關時，千萬不要表露出排斥的態度，要耐心聽完客戶的問題，不要打斷客戶。你可以使用委婉的語言，以反問等方式改變雙方談話的方向與重點，引導客戶提出能促進銷售的話題。

引導客戶主動提問是一門藝術，需要一定的技巧才能事半功倍。我們要多鍛鍊這方面的能力，引導客戶提出問題，並為客戶提供解決方案，這樣才能使客戶更了解產品，激發客戶的購買衝動，促進銷售的成功。

⭐ 用心解答客戶提出的問題

業務員在向客戶介紹產品時，客戶難免有一些不清楚不懂的地方。有些業務員為了盡快完成交易，而對客戶提出的問題不夠重視、敷衍了事，結果客戶大多因而轉身離開了。

很顯然業務員這樣做是不對的。在購買產品的過程中，客戶更重視心理上是否得到了滿足。**如果他們對產品本身是滿意的，但是業務員的服務令他們不滿意，客戶也不一定會想買**。當客戶針對產品提出問題時，你要及時回應客戶的問題，並注意客戶的反應，根據具體情況做出恰當的回應，讓客戶感受到自己是被重視的，才會繼續提問把焦點關注在你的產品上。在解答問題時一定要用心，讓客戶有被重視的感覺，就算最後生意沒有成功，你的用心也會被客戶記在心裡。

王小姐是個愛漂亮的美女，十分重視對皮膚的保養，對自己用的化妝品總是精挑細選。這天，業務員小芳向王小姐介紹一款新品牌的護膚品，並說這款護膚品是純天然的，對補充肌膚水分、改善暗黃的膚色有十

分明顯的效果。

　　王小姐知道自己的皮膚是乾性膚質，所以她對保養品是否能夠補充肌膚水分這點非常在意，聽了小芳的介紹後也來了興致，向小芳詢問了許多問題。小芳也一一詳盡地給了回覆。王小姐試用後表示感覺還不錯，小芳以為王小姐就要購買了，所以提出了成交要求，但是王小姐卻表示並不會購買，而繼續詢問另一套化妝品的情況，小芳還是認真地幫客戶解答，並熱情建議王小姐可以試用，一番攀談後，王小姐還是沒有買就離開了。小芳雖然很驚訝，但還是態度熱情地歡迎王小姐有時間再來。

　　三個月後，王小姐再次光臨，買走了兩套化妝品，小芳這才了解：原來王小姐的確是對產品有喜歡，但是當時家中還有很多之前買的化妝品沒有用完，所以才過三個月後再來購買。

　　案例中的小芳在客戶表示不會購買後也沒有「惱羞成怒」，因為她知道只要得到客戶的心，那麼要客戶花錢買單只是時間的問題了，所以仍然對客戶付出同樣的熱情和關心，用心且細心地解答客戶的問題。在客戶提出問題時，業務員一定要耐心解答，特別是在不能確定客戶是否購買時，更要用心，這樣才能出奇致勝，進而增加成交率。

盡己所能地用心幫助客戶

　　客戶在購買和選擇產品的過程中常常需要業務員提供一些建議，以便更快做出選擇，買到滿意的產品。所以業務員不要只是介紹產品、想方設法讓客戶接受產品，而是要關心客戶購買過程中會遇到的困難、考量的問題點，並盡己所能地用心幫客戶解決，這樣才能讓客戶感受到貼心。

　　業務員應該根據客戶的具體情況提供最貼心有效的幫助。當客戶處

於以下情況時，更需要獲得業務員真心的幫助：

▶▶ **客戶不是購買的決策人：**客戶無法決定是否可以購買，可能客戶在與決策人溝通之後仍然做不出決定，畢竟客戶憑藉描述很難讓決策人對產品有一個十分準確的了解和認識。這時你應向客戶詢問決策者的愛好、習慣等，透過客觀的衡量幫助客戶確定購買方向和具體的產品，與客戶共同討論出一個大家都滿意的結果。

▶▶ **客戶不知選哪件產品好的時候：**如果客戶對幾種產品都很滿意，反而更難做決定。這時你應綜合評估客戶的實際情況，向客戶推薦對其最有利的產品，而非佣金最高的產品。

▶▶ **客戶有特殊需求時：**如果客戶的需求比較特殊，業務員應據此向客戶推薦能滿足客戶需求的產品，或在情況許可之下增加服務以滿足客戶，如果產品確實無法滿足客戶時，則可以向客戶推薦其他商家更適合的產品。

🔸 用「如同」取代少買。比如將「每天只要20元，只要您少買一兩件衣服就可以了」替換成「每天只要20元，如同你買一兩件衣服一樣容易。」

🔸 利用第三人的影響力，即可以在銷售中提及某位客戶認識的人也購買了你的產品，增加客戶的購買信心。

🔸 在面對客戶的問題時，要注意三種情況：如果客戶的問題太簡單，千萬不能表現出輕視甚至輕蔑的態度；如果客戶的提問太難也不要慌張，可以直接告訴客戶你自己並不確定，需要回去查一下才能給出準確的答案；如果客戶有意刁難，你也不要急，而是應該這樣說：「您的問題非常好，但是需要很長的時間討論，我們最好下次再詳細談論這個問題。」

🔸 不論你在回答客戶的什麼問題時，在回答前最好重複一遍，這樣既可以避免答非所問，還可以對問題進行「微調」或者「隱身」，以最大的限度符合自己的利益。

Rule 11 把產品的好處說到客戶心坎裡

客戶購買產品是為了滿足需求，只有在了解到產品的好處，確定產品能給自己帶來利益後才會購買。業務員的工作就是結合客戶的利益需求，把產品的好處說到客戶心坎裡，引起客戶的共鳴，讓客戶心甘情願花錢購買。

銷售的過程其實是業務員與客戶的心理溝通過程。銷售大師喬‧吉拉德曾說：「鑽進客戶心裡，才能發掘客戶的需求」。業務員只有抓住客戶的心，才能抓住最有價值的資源，否則即使暫時與客戶做成一筆生意，也難以保持雙方長久的合作關係。

有時產品的某些優點並不能吸引客戶，原因是這些優點並不是客戶心裡所要的，以至於業務員在介紹產品優點時客戶並不感興趣。但是對業務員來說，介紹產品的優點是說服客戶購買的途徑之一。有些業務員總是試圖說服客戶，強迫客戶接受產品，但實際上很難改變客戶觀點，還會引起客戶反感，造成銷售失敗。然而**那些頂尖的業務員從不強迫客戶接受產品優點，而是想方設法尋找產品與客戶需求的契合點，激發客戶的興趣，讓客戶真切地看到產品的好處，從心底接受產品，找到讓客戶購買的理由。**

接下來，就讓我們來看看業務員如何才能把客戶需求和產品優點結合起來，把優點說到客戶心裡呢？

 ## 尋找客戶的興趣點

很多業務員在向客戶介紹產品時，喜歡把產品所有的特點和優勢一股腦地都說出來，以為產品的優點越多越能被客戶接受，然而事實並非如此。客戶購買產品的欲望在很大程度上受自己興趣的影響，他們只有對產品有興趣之後才會關注產品，再決定是否購買。業務員那種關於產品優點的長篇大論，只會令客戶「不想再聽下去了」，不僅浪費業務員時間，還影響客戶情緒，讓客戶厭煩。**只有從客戶的興趣點出發，讓客戶願意聽，產品的「好」才可能被客戶接受。**

王朔是一家3C商場的業務員，主要負責數位相機的銷售工作。這天，商場來了一位中年男子，在展示數位相機的櫃檯前仔細地看著每一部相機。王朔走上前去招呼：「先生，您想買數位相機嗎？」中年男子點點頭說：「是的，有沒有品質好一點兒的？」

王朔拿出一款相機，對客戶說：「您看這款相機，它是××品牌新出的N70型號，是今年三月份剛剛上市的。這款相機屬於多功能一體機，可以照相、錄影，支援幻燈片與投影片播放，它的功能非常強大，您可以從網上下載軟體，修飾您的照片，還有……」王朔滔滔不絕地向客戶介紹著產品，並將產品的功能逐步演示了一遍。

最後，王朔問這個中年男子：「您覺得這款相機怎麼樣？」中年男子說：「聽上去還不錯，可我最想知道的是它的畫素和價格！」

業務員對產品的解說應該圍繞客戶感興趣的方面展開，要將客戶最關注的資訊最先傳遞給客戶，重點描述產品可以滿足客戶需求的特性。如果客戶購買產品是為了使工作、生活更方便，業務員應該重點描述產品的

功能；如果客戶更看重產品對品味、身分等特徵的體現，業務員應該從產品的品牌和品質、產品的象徵意義和產品的外觀等幾個方面進行介紹，這時就可以接著問：「您現在覺得這產品如何呢？」從客戶的回答中去瞭解他們的真正想法。當顧客進一步表示有興趣，並猶豫不決該購買哪一商品時或詢問某項產品的功能或價格時，就表示顧客已經有意購買。另外，在介紹商品或說明產品特色和優點時，千萬不要為了賣一好價格或是為衝業績而誇大其實，這樣生意才會做得長久。總之，業務員要尋找到客戶的興趣點，並根據客戶關心的問題介紹產品。

我們可以從以下兩大方面來準確找到客戶的興趣點：

▶▶ **認真傾聽**：對於客戶說出的每一句話，你都要仔細聆聽，關注客戶傳遞出來的訊息，主要包括：客戶的需求和對產品性能最感興趣的地方，或者是客戶對產品的價格、折扣、性能、保障、售後服務等哪些方面存在著疑問或不滿。

▶▶ **主動詢問**：主動詢問客戶並讓客戶做出回答，是業務員尋找客戶興趣點最直接的方法。業務員向客戶提出詢問時，客戶的注意力更容易集中，做出的回答也能向提供業務員更多資訊。用心從客戶的回答中分析客戶對產品的真實看法，了解客戶對產品哪些方面感興趣，對什麼方面並不在意。可以直接問：「請問您對什麼樣的商品會比較有興趣呢？」顧客也許就會直接或委婉說出不購買原因所在，如「價格太貴」、「操作太複雜」……等等，在瞭解顧客拒絕的理由之後，才有機會對症下藥。如果客戶回答：「超出預算或是太貴」，業務員可以再詢問顧客：「不知道您有多少預算？」或是「不知道您期望用多少錢買呢？」如果你是店員就可設身處地從顧客的回答中去找尋最適合價位的商品推薦，以滿足顧客的需求。只要站在客戶的立場，以誠懇的態度去引導，他多半會說出心中的顧慮。只要

你能解決他的問題、顧慮，成交的機會就很大。但如果都不說，就以更低的姿態，問問他的困難是什麼，這時多半會有所轉機。

 ## 將產品的好處連接上客戶的需求

對於客戶來說，他們購買的只是產品帶給他們的利益和好處，產品只有滿足他們的需求才能引起他們的興趣。所以，**在清楚客戶的興趣點之後，業務員要針對客戶的關注點來介紹產品，讓他們認同產品。**

介紹產品時，業務員要明確產品的絕對優勢是什麼，針對客戶的實際需求將產品優勢與客戶利益聯繫起來，強調產品能給客戶帶來哪些利益，引起客戶的注意和興趣，使客戶被利益所動，產生購買欲望。

每一條魚都有它想吃的釣餌，每位客戶都有他想要的商品，**成功銷售的重點，並不在於你銷售的商品是什麼，而是客戶能否因為購買它而獲得「好處」。**換言之，你必須從客戶的利益與需求出發，發掘商品對客戶的用處與好處，才有可能刺激客戶潛在的購買欲望。客戶的消費行為背後都隱藏著複雜的購買決策，他會考慮要購買什麼、預算多少、以何種方式購買、商品使用是否便利、購買感覺是否良好等等，而如何刺激客戶的潛在購買欲則是成功銷售的一項祕訣。

由於消費心理可以透過外部的誘導和刺激加以增強，因此除了細心聆聽客戶的需求外，從交談中推敲客戶的購買動機，掌握可能的消費心理，才能順應客戶的期望，有效地結合商品賣點，繼而提升成交的機率。一般說來，客戶的消費心理主要可分為以下幾種：

▶▶ **追求物美價廉的心理：**客戶都希望以最少的金錢付出，換取最大的商品效用與使用價值，而在追求物美價廉的心理作用下，客戶不僅對商品價格的

反應十分敏感，也善於利用各種管道比較同類商品的價格與品質，以期在購買前就能充分掌握市場資訊。值得留意的是，縱然物美價廉的商品受到他們的歡迎，但價格低於市場行情過多時，有時也會造成他們對商品的警戒與質疑。

▶▶ **追求新奇先進的心理：**在生活消費模式中，當市場上出現新穎、先進的商品時，追求新奇、使用先進商品的消費心理，將會促使客戶嘗試購買新商品，即使價格偏高、使用或附加價值較低，也不容易減低他們的購買意願，而陳舊、落後、過時的商品，就算價格低廉、品質不錯，也未必能吸引他們的注意，尤其對年輕族群而言，追求新奇先進的心理經常使他們成為跟隨市場潮流的購買者。因此，在銷售過程中，適當地提供符合市場需求的訊息或是符號，將能有效卸下客戶的心防，往往在此時進行銷售也會比較容易。

▶▶ **追求實用價值的心理：**絕大部分的客戶在從事消費行為時，主要精力會花費於民生必需品上，因此購買食、衣、住、行的相關日常生活必需品時，他們首先考量的未必是價格，而是商品能否滿足實際需要？又是否符合生活模式？追求實用價值的心理，自然讓他們著重於商品的實用價值與使用效果。

▶▶ **追求快速便利的心理：**洗衣機、數位相機、自動洗碗機、微波食品、傳真機等商品的出現，大大地滿足了現代人追求方便、快速的生活需求，隨著科技的昌盛發展，人們對於能為家庭生活、工作環境帶來便利的商品也更加趨之若鶩。當客戶抱持追求快速便利的心理時，他們會優先考量商品的操作使用是否簡單？能否有效節省大量時間？與此同時，也要求商品有完善的售後服務，因為萬一商品出現了狀況，他們會希望在第一時間內就立即有人著手解決問題。

▶▶ **追求安全保障的心理：**客戶追求安全保障的心理，經常表現在家用電器、

藥品、衛生保健用品、醫療保險、居家保全等商品的選購上。大致而言，追求安全保障的心理有兩種涵意：獲取安全、避免可能性的危害，在這種心理的趨力下，客戶購買商品或服務時，會考量商品是否會損害個人的身心健康？會不會危害到親友或他人的性命安全？同時，也會考量購買商品能否帶來生活的保障？能否降低生活中的可能危害？無論是有形的商品或無形的服務，只要能提供最大限度的安全保障，他們並不介意以較高的價格購買，甚至樂意長期為此投資。

▶▶ **追求自尊與社會認同的心理：** 心理學家馬斯洛（Abraham Maslow）曾提出人類的五個需求層次，依序為生理需求、安全需求、歸屬（社會）需求、尊重（自尊）需求、自我實現需求，從消費心理而論，當客戶的生存性需求獲得滿足後，將會轉而提高其他層次的消費需求，並且期望自己的消費獲得外界的認同和尊重。這類型的客戶在購買商品時，思考的是商品所帶來的附加價值，以及商品品牌所訴求的「社會形象」，例如它能否彰顯自身的外在形象、社經地位？它能否凸顯個人品味？能否因為擁有它而獲得尊重與認同？換言之，他們希望自己的成就、社會定位或是個人品味，可以藉由某種商品、某種消費形式予以表現，因此對商品的品牌形象、商品的市場定位也較為敏感。

▶▶ **追求美好的心理：** 美好的事物人人喜歡，無論是裝扮自己或美化外在環境，都能帶給人們滿足感與愉悅感，儘管每個人對「美好」都有主觀判斷，但隨著時日推移、市場潮流的改變，時下流行的審美觀念很容易左右多數客戶的想法。當客戶抱持追求美好的消費心理時，他們不僅會判斷商品是否美觀？也會觀察它是否符合潮流之美？對於商品所呈現的質感也甚為注重，尤其年輕的客戶更會講求「時髦感」。值得一提的是，有時客戶為了與多數人產生「區別之美」，或是想引起人們的強烈注意，反而會產生獵奇心理，也就是他們會追求有別於大眾市場的美好，並且較為偏愛風

格獨特、造型奇美的商品。

　　以上是客戶主要的消費心理，銷售人員一旦加以掌握，就能結合商品的銷售賣點制訂出相應的銷售策略。當你與客戶面對面時，你必須清楚告訴他購買商品的「好處」，而這些好處必然根源於商品的特點，儘管商品介紹手冊上集結了商品特點，例如商品的功能、規格、成分、操作方式等等，但你仍應讓每一項特點都能獨立成為符合客戶期待的「商品好處」。

　　在向客戶展示產品好處時，業務員可以套用一些句式，使自己的表達既省時省力又能符合客戶的興趣點。如：「使用我們的產品能使您成為……」「使用這款產品可以減少您的……」「我們的產品減少（或增強）了您的……」「這款產品可以滿足您的……」

　　業務員要靈活運用以上語句，突出產品的優勢，盡可能讓客戶感受到自己能從中獲得利益，同時還要注意結合真實狀況，不要過分誇大產品的優點，才不會給客戶留下虛偽的印象。

⭐ 設身處地為客戶著想

　　在銷售活動中，客戶和業務員關心的都是自己的利益，如果業務員永遠只站在自己的角度，將很難弄清楚客戶的興趣點到底在哪裡。其實，業務員與客戶的利益在本質上是統一的，因為只有客戶實現了利益，業務員的利益才能得到實現。例如買車客戶希望的就是價格能再便宜一些，業務員可以視情況去滿足客戶，假如業務員銷售一部車的獎金是三萬，客戶希望再便宜二萬，可以先簽下來，再視客戶需求，引導他加購防盜或車用影音設備等配件，或爭取處理中古車，想辦法從開發周邊配備來爭取業務

員自己利潤，這樣就能達到雙贏的局面。這時如果可以再補上一句：「既然這輛車優惠你這麼多，一定要幫我再介紹朋友來買喔！」這肯定對業績幫助很大。

所以，一定要設身處地為客戶著想，想客戶之所想，急客戶之所急，這樣才能贏得客戶的信任，才有希望獲得成功。

要想真正做到為客戶著想，就要做到以下幾點：

▶▶ **發自內心關注客戶：**客戶在購買產品時的心情是矛盾的，一方面他們想讓自己的需求得到關注和滿足，另一方面又不想讓業務員過多干預自己的購買行為。面對客戶的這種矛盾的心態，你更應該多關注客戶，理解他們的需求，在客戶需要的時候及時表達關心和體貼，重視客戶的意見，與客戶進行友好而深入的溝通。

▶▶ **換位思考，把自己放在客戶的位置，感覺客戶的感覺：**業務員要站在客戶的立場上從客戶的角度去看待問題，用心去體驗客戶的感受和想法，消除與客戶之間的隔膜。這樣可以減少你與客戶之間的分歧，有助於化解雙方異議。

▶▶ **對待客戶要友善：**業務員在與客戶見面時就要與客戶進行友善交流，從內心深處真正地關心、尊敬客戶，為雙方建立一種和睦的關係，並在以後的溝通中逐漸加深這種關係，贏得客戶的信任。這樣客戶才能對業務員敞開心扉，聽取業務員的意見，購買業務員推薦的產品。

▶▶ **讓客戶自己做決定：**在銷售工作中，要尊重你的客戶，讓客戶自己做決定，不要試圖左右客戶的想法，強迫客戶接受自己的意見甚至強行幫客戶做決定，否則不但未能完成銷售任務，還會引起客戶的反感。業務員要做的工作是盡量將客戶需要的訊息傳達給客戶，並適時提供意見，幫客戶做好參謀工作。

　　只有把產品的好處說到客戶心坎裡，客戶才會認可你的產品。你一定不能忽視對產品優勢的介紹，更要注意把這種優勢與客戶的需求聯結起來，讓客戶真正接受和喜愛產品。

銷售Tips 練.習.單

🏆 最好能夠自己列出一個提綱，將產品好處由重到輕順序排列。每講一部分，都可以有三兩句承前啟後的總結，這些總結就是向客戶傳遞的關鍵點。

🏆 每次向客戶介紹不超過三個最重要的而且能滿足客戶需求的產品好處，因為客戶一般不會記住三個以上的產品好處。

🏆 業務員向客戶介紹產品的一般步驟是：產品功能→產品特點→客戶的利益點→技術問題和售後服務問題。

🏆 核心賣點是產品的靈魂，判斷是否為核心賣點有三個原則：是否是客戶需要的、是否是客戶關注的、是否具有差異性。

破解客戶異見，消除成交障礙

　　在銷售過程中，客戶經常會向業務員提出一些異議，使銷售過程進行得非常困難。面對客戶的異議，不同的業務員有不同的反應和表現，有些業務員認為客戶的異議是銷售的阻礙，有些業務員則認為那是成交的前奏。這兩種不同的心態導致業務員對客戶異議採取不同的解決方法，得到不同的結果。那些認為客戶異議阻礙了自己工作的業務員，只會對著客戶的異議心生不滿、抱怨連連。而那些把客戶異議當作成交前奏的業務員，則能積極面對客戶的異議，並尋找方法及時化解，從而促進雙方交易的達成。

　　全球首位一年賣出10億美元保單的業務員喬‧康多夫曾說：「銷售有98％是對人的瞭解，2％是對產品的瞭解。」所以說**對人的瞭解決定98％成交機率，成交的關鍵就在於「人」。很多時候，交易的達成並不是靠業務員詳盡的產品介紹，而是在於業務員對客戶異議的解決。**

　　其實，業務員要明白，嫌貨才是買貨人。賣賓士車的超級業務員陳進順指出，那些一進門對賓士讚不絕口的人，通常不是準客戶，「什麼都說Yes，最後一定是說No。」反而是不斷嫌棄賓士沒有GPS和車用電視的人，其實是為接下來的殺價預先鋪梗，「嫌貨才是買貨人」。所以說**客戶提出異議並不代表不想買，反而這點才是他們想購買的前提，他們提出的異議往往是雙方達成交易的突破點。**業務員必須在短時間之內判斷客戶喜

歡、在意什麼，跟他聊什麼可以引發共鳴，從交談中洞悉他心裡真正的想法。只要化解了客戶的異議，與客戶達成交易就是自然而然的事情了。

為了更有效地化解客戶的異議，促進交易的達成，業務員在面對客戶提出的異議時，要做到以下幾點：

 了解客戶提出異議的原因

在銷售過程中，其實客戶對所要購買的產品或服務都存在著或多或少的異議，都習慣用懷疑的眼光來看待業務員的說法。無論是品質還是價格，客戶總是會找到他們不滿意的地方，經常會提出「產品品質真的那麼好嗎？」「價格為什麼這麼貴？」等諸如此類的疑問。業務員只有多了解、分析客戶的心理，找出客戶產生異議的原因，用自己的真誠和耐心去化解客戶的異議，才有辦法促成交易的達成。

雖然在銷售過程中客戶產生異議的原因各式各樣，但一般情況下，可以分為以下幾個方面：

▶▶ **擔心產品品質：** 為了滿足自己的需求，客戶最關心的就是產品的品質，經常會針對產品的品質提出質疑或異議。

▶▶ **認為價格不合理：** 價格是客戶在購買產品時一定要考慮的因素，客戶有時會覺得產品的價格太高，讓人難以接受，有時又會因為產品價格太低而對品質產生懷疑。

▶▶ **擔心產品的售後服務：** 客戶在購買產品後，由於擔心產品的品質問題會要求相應的售後服務，可能是自己的親身經歷或是從親朋好友那裡得到的經驗，使得他們會擔心買到產品後不能享受相應的售後服務，從而提出質疑。

▶▶ **對公司不信任：** 客戶在剛剛接觸一個新的公司時，由於對該公司和產品的

情況不了解，往往會對業務員的介紹表現出不信任。

▶▶ **對業務員不滿意**：業務員在整個銷售過程中與客戶接觸最頻繁，有時候，客戶對產品產生異議，並不是對產品本身有質疑，而是對業務員個人的不滿。

▶▶ **客戶存在消極心理**：客戶在購買產品時，可能會存在一些消極心理，阻礙銷售的成功進行。例如，客戶的購買經驗及習慣與業務員的銷售方式不一致、客戶情緒不佳或心情不好、受隨同人員如家人朋友的影響、對產品完全陌生或是曾聽說過對產品不好的評價等，這些都會使客戶產生消極心理，對產品提出異議。

▶▶ **受其他因素的影響**：如果客戶在網上搜尋到了不利的信息或是聽從了別人的勸告，或找到了更合適的產品，他們的決定也許會發生變化，可能今天還向業務員表示要購買產品，明天卻突然說要取消交易。

判斷客戶異議的真假

客戶異議，是指在銷售過程中客戶對業務員說法的不贊同、向業務員提出質疑或拒絕的言行。業務員經常會遇到的異議五花八門，阻礙銷售的順利進行。每個業務員在遇到客戶的異議時，都會盡最大的努力幫助客戶解決問題，化解這些異議，但並不是每回都能取得滿意的結果。有時即使業務員再努力，仍然得不到客戶的認同，不能達成共識以完成交易。

一般情況下，客戶的異議分為兩種：

▶▶ **真異議**：真異議包括客戶對業務員的產品抱有偏見、很不滿意，或者現在沒有購買的需要，或者客戶曾經使用過或聽過這種產品的負面訊息，有過關於產品不好的體驗或經歷。

▶▶ **假異議**：假異議主要指客戶用一些藉口來敷衍業務員，從而達到自己的目

的。根據客戶的目的，假異議可以分為兩類：一類是客戶對產品或服務沒有太大興趣，只是為了不想繼續，企圖打發走業務員；另一類被稱為「隱藏的異議」，是客戶為了混淆業務員的視聽，讓業務員做出讓步，而對產品的款式、顏色或品質提出異議，以達到降價的目的。

面對客戶的異議時，業務員不要感到挫敗和恐懼，反而是要提高自己的洞察力，判斷出客戶的異議屬於以上哪種情況，然後再根據實際情況採取正確的銷售手法，找到恰當的解決辦法，增加成交的機會。

以下要點有助於業務員判斷客戶異議的真假：

▶▶ **認真傾聽客戶的異議**：業務員要集中精神仔細傾聽客戶的異議，從中尋找隱藏的玄機，根據自己平時累積的知識和經驗判斷客戶異議的真假。

▶▶ **仔細觀察客戶的神態**：客戶的神態會反映出他們的真實想法，有時在業務員介紹產品的過程中，客戶會翻出手機不停地看時間，不停地變換坐姿，或者是陷入一種無意識的狀態，想自己的事情，對業務員的話不做任何反應⋯⋯通常這種時候，客戶提出的異議一般都是假異議，業務員不必太在意，可以和客戶再約另外的時間進行訪談。

▶▶ **及時向客戶提出詢問**：業務員要善於提問，用語言引導客戶，讓其說出異議產生的真正原因。這時可以直接向客戶詢問，請求客戶的解答，也可以採用間接詢問的方式，在溝通中有意強調一些話題，通過對客戶語言、舉止、表情等方面分析判斷客戶異議的真假。

▶▶ **留意客戶聽完解答後的反應**：如果客戶在聽完業務員的解答後還是不能下決定購買，那麼通常有兩種可能：一是客戶根本就不想買；二是業務員的解答還是不能令客戶滿意。這時，業務員就要對症下藥了，對於第一種情況，業務員要付出更多的真誠和耐心，若是第二種情況，則需要業務員從自己身上找原因，尋找出一種更適合客戶的解答方法。

雖然「奧客」通常不受業務員歡迎，卻往往是朋友買東西的意見領袖，因為既會殺價又會拗東西，只要好好對待，你的服務讓他滿意，他還能再替你吸引更多客源進來。

有些「奧客」，通常是一進門趾高氣昂，直接嗆：「你的底價是多少，要送什麼東西，直接講比較快啦。」**其實這種「奧客」，只要服務得好就會是個「好客」**。在遭到客戶刁難時，業務員應保持一顆平常心，不驕不躁，只要拿出真誠的態度往往就能打開客戶的心結，**只要你的服務能滿足他，就不容易變心，成為你的死忠客，因為其他業務員很難令他滿意**。面對這種「內行客」，一定要用加倍的專業和熱情去服務。但很多業務員卻不是這樣做，通常是如果判斷這個客戶只是來比價的，就不願花太多心思去服務。其實面對這樣的客戶只要設法軟化他的心防，問他知不知道某項特殊功能，細心講解客戶可能忽略未提的細節，然後請客戶坐下來喝杯咖啡，再好好地聊一聊，最後往往就能順利簽約。

 ## 不與客戶發生爭執

在銷售中業務員與客戶時常意見不一致，還要必須面對客戶這樣、那樣的顧慮。有些業務員會忍不住與客戶爭執起來。但是作為敬業的業務員就要具備「忍無可忍也要再忍」的素質，爭執顯然不是業務員明智的選擇。業務員要記住自己的工作職責是將產品銷售出去，而不是在與客戶的爭論中贏得上風。否則無論你是對是錯，結果都是對你不利的，你不僅會失去了一個客戶，還有可能給其他潛在客戶留下不好的印象。

一天，一對外商夫婦相挽著走進一家高級珠寶店。他們看中一隻翡翠戒指，紋理清晰，色彩悅目，做工十分精細，真是愛不釋手，很想購

買。可是太貴了，標價是五十萬元，於是銷售氣氛因為雙方的價格爭論變得十分緊張。

業務員見狀並沒有再繼續和客戶爭論價格，而是面帶微笑主動介紹說：「上個月×大企業董座夫人也曾來看過，讚賞不已，後來是因為價格太高，沒有買成。」

這對夫婦聽到業務員的介紹後心想：某大企業董事長夫人都嫌貴買不起，我們買下來，豈不是比該大企業的老闆娘更顯富有？好勝心驅使他們做出了購買的決定，立即付款買下了這只價值五十萬元的戒指。

這名業務員讓這筆交易成交的法寶——順從。微笑著順從，滿足了客戶的虛榮心。試想如果業務員一再地和客戶爭執價格問題，不僅生意難成，更會損失客戶。因此，業務員不僅要避免與客戶「硬碰硬」，更要學會動腦與話術，順從其意見，認同其權威，讓他們在心理上產生愉悅感，接下來的交易就好談多了。

所以當遇到客戶提出異議時，你一定要記住自己的目的是成功把產品賣出去，不要與客戶展開爭執，保住產品和自己的名譽，努力將產品銷售出去。

那麼，在面對客戶的異議時，業務員應該注意以下幾點：

▶▶ **不論客戶說什麼，都不要直接反駁：**任何人在自己的話被別人反駁時都會覺得沒面子，甚至被激怒。業務員要根據形勢處理客戶的異議，當客戶的異議無關緊要時，你完全可以避重就輕，如果客戶的異議是針對產品或者服務的，你就可以使用先肯定後否定的方式，例如：「您說的沒錯，不過⋯⋯」先肯定客戶的觀點，再找機會表達自己的看法。

▶▶ **先傾聽，把說話權交給客戶：**當客戶表現出異議時，業務員長篇大論的解

釋起不了任何作用，還會給客戶留下強詞奪理的感覺。如果業務員能把說話權交給客戶，讓客戶表達出自己的不滿，宣洩出自己不愉快的情緒，然後再針對客戶的情況做出相應的解答，這樣就能避免與客戶的爭執，有的放矢地化解客戶的異議。

▶▶ **善用語言藝術，注意遣詞用句：**遇到客戶的異議時，業務員要保持誠懇的態度和平和的語調，遣詞用句要使客戶聽起來舒心、順心，不要傷害客戶的自尊心，最大限度地緩和銷售氣氛。

 ## 處理客戶異議的方法

在銷售過程中處於不利地位時，業務員需要具備隨機應變的素質。但對業務員來說，隨機應變的前提不盡然是靈活的頭腦，主要是平和的心態。業務員只有在遇到問題時做到處變不驚，臨危不亂，就能找到最有效的解決辦法。

在面對不利情況時，業務員要靜下心去思考到底怎樣做才能扭轉局面，用好心態讓自己的頭腦好好發揮，才能改變局面。

在實際的銷售過程中，客戶提出的異議往往是各式各樣的，只有掌握一定的方法，巧妙靈活地運用技巧，才能有效地化解客戶的異議，把客戶的購買意願變成購買行為。總的來說，常見的處理異議的方法有以下幾種：

▶▶ **以優補劣法：**以優補劣法是指業務員用產品的優點來抵消和彌補它的某種缺點，以促成客戶購買的意願。某些時候，客戶提出的異議正好是業務員提供的產品或服務的缺陷，遇到這種情況時，業務員千萬不能回避或直接否定，而應該肯定客戶提出的缺點，然後淡化處理，利用產品的其他優點來補償甚至抵消這些缺點，讓客戶在心理上獲得補償，取得心理平衡。

>> **讓步處理法：**讓步處理法即業務員根據有關事實和理由來間接否定客戶的意見。採用這種方法時，業務員要先向客戶做出一定讓步，承認客戶的看法有一定的道理，然後再講出自己的看法。這樣可以減少客戶的反抗情緒，容易被客戶接受。

>> **轉化意見法：**轉化意見法是指業務員利用客戶的反對意見本身來處理客戶異議的一種方法，即所謂「以彼之矛，攻彼之盾」是也。有時候，客戶的反對意見具有雙重屬性，它既是交易的障礙，同時又是很好的成交機會。你應該學會利用其中的積極與正面的因素去抵制消極與負面的因素，用客戶自身的觀點化解客戶的異議。這種方法適用於客戶並不十分堅持的異議，特別是客戶的一些藉口，但是在使用時，一定要留意禮貌，不能傷害客戶的感情。

>> **詢問客戶法：**詢問客戶法是指業務員在面對客戶的反對意見時，透過運用「為何」、「如何」、「難道」等詞語根據必要的情況反問客戶的一種處理方法。透過向客戶反問，讓客戶說出他們的看法，從中獲得更多的回饋資訊，並找到客戶異議的真實根源，從而把攻守形勢反轉過來。使用這種方法時雖然要及時追問客戶，但也要注意適可而止，不能對客戶死纏爛打、刨根問底，以免冒犯客戶。

>> **直接否定法：**直接否定法是指業務員根據有關事實和理由直接否定客戶異議的一種處理方法。在遇到客戶對企業的服務、產品有所懷疑或者客戶引用的資料不正確時，業務員要直接反駁客戶，增強客戶對服務或產品的信心與信任。這種方法容易使氣氛僵化，不利於客戶接納業務員的意見，所以應該盡量避免。必須使用這種方法時，一定要讓客戶明白，否定的只是客戶對產品的意見，而不是他本人，在表述時，語氣要柔和、委婉，維護客戶的自尊心，絕不能讓客戶以為業務員是有意與他爭辯。

忽視處理法：忽視處理法是業務員故意不理睬客戶異議的一種處理方法。對於客戶提出的一些無關緊要的細節問題或是故意的刁難，業務員可以不予理睬，轉而討論自己要說的問題，例如可以用「您說的有道理，但是我們還是先來談談⋯⋯」等語句。在使用這種方法時一定要謹慎，不要讓客戶覺得自己不被尊重，從而產生反感，阻礙銷售的進行。

　　銷售的過程實際上就是業務員處理客戶異議的過程。業務員要重視對客戶異議的處理，消除成交障礙，這樣才能讓銷售過程暢通無阻。

銷售Tips 練.習.單

🔸 在你的銷售陳述中，客戶提出了異議，不要打斷客戶的話，你應該認真傾聽，承認異議的合理性，然後在完成銷售陳述後再進行解決。

🔸 暫時擱置異議非常重要，因為如果你試圖馬上解決客戶提出的異議，那麼客戶就會把注意力繼續集中在這個問題上，而客戶提出的異議可能也只是一個藉口而已。

🔸 除非客戶提出異議很多次，否則它並不是客戶真正的反對意見，業務員要能辨別出異議的真假，然後再具體提出問題並客觀分析。

🔸 當自己無法解決客戶的異議時，絕不能敷衍和欺瞞，應該盡快請示你的主管，以求給客戶滿意的答覆。

善用銷售技巧，勇闖業務大勝利

Rule 13 巧妙拒絕客戶的不合理請求

交易進行中的雙方有異見時，業務員務必要以十足的耐心來處理客戶的異見。

「客戶永遠是對的」是口號，不是商業活動的實質，因為在很多時候客戶是無知的，或者是無理的，他們的要求是無法滿足的。如果一味聽從客戶擺布，不但使自己處於完全的被動狀態，同時也得不到客戶的尊重。

業務員沒有必要在第一時間去抗拒客戶諸多不合理的要求，或者挑戰客戶諸多莫名其妙的疑慮。要用堅忍包容的心來了解這些看似不合理的要求。首先，要先分辨出客戶的要求是基於「需求」還是一個隨意性的「需要」。需求是與客戶的長遠目標一致的，是長期穩定的；需要則不同，是短期性的，甚至是一次性的，更是隨意而無法堅持。我們應該關注客戶的長期目標，而非短期的需要；應該關注客戶穩定的核心需求，而非隨機的臨時需要；應該關注能夠滿足的需求，而非無法滿足或滿足起來不經濟的需求。以此為基礎，才能合理地對待客戶的要求。

當客戶提出的要求已經影響到銷售利潤的正常獲得時，業務員理應提出拒絕。業務員沒有原則地滿足客戶的不合理要求，只會無限度增加客戶想要獲得更多利益的欲望，容易使自己陷入被動。但是業務員若直接拒絕常會招致客戶的不滿，影響溝通效果與成交。因此，就必須在這時尋找

到一種即使拒絕了客戶又不讓對方反感的拒絕技巧，讓客戶既能認識到自己要求的不合理性，又願意繼續溝通。

某建材公司的業務員與建築公司的採購負責人進行銷售洽談。

業務員：「您覺得我們的產品還有什麼問題嗎？」

客戶：「我覺得貴公司的產品價格還是偏高，如果你能再降價，我們會認真考慮。」

業務員：「我想對於我們公司產品的品質您是十分清楚的，我們公司之所以這麼受歡迎也是因為良好的信譽。我們還會為您準備多種選擇方案，從設計方案到材料的各種搭配，這個價格應該很合理吧！」

客戶：「你們的產品和服務的確是不錯，但是相對於我們的預算，還是有些貴，如果能再優惠些，我會考慮。」

業務員：「如果能降，我當然會降給您，但是，您知道目前原料都在漲價，供應商也紛紛調漲，我們的利潤已經是非常微小了。您是行家應該都清楚，我們不能再降價了，但是可以保證為您提供全程與後續服務，您覺得如何？」

客戶：「嗯，那好吧」

業務員在銷售中讓步是難免的，但務必要在保證最低利益的前提下才可行，對於客戶的不合理要求，業務員必須予以拒絕，讓客戶明白他提出的要求的不合理處，這樣業務員才不會損失起碼的利益或喪失了尊嚴。
接下來將介紹一些業務員拒絕客戶的有效方法：

周全拒絕法

業務員拒絕客戶的不合理請求是必須的，但如果方法不對就會傷害

到客戶，甚至迅速失去客戶。所以，業務員要考慮周全、長遠一些。在使用相關方法時業務員應注意以下問題：

▶▶ **不使用模稜兩可的回答敷衍客戶：**「我再想一下」或「請多給我一些時間」等委婉的拒絕方式，會使客戶覺得要求還有被滿足的可能，這樣很容易造成雙方誤會，導致溝通時間延長、效率低下。所以，在拒絕時應明確表態，給客戶明確的回答。

▶▶ **提前說明拒絕的原因並表達歉意：**業務員拒絕客戶之前，一定要讓客戶明白自己拒絕客戶的苦衷並表達歉意。如果不向客戶解釋，就斷然拒絕客戶，客戶會產生反感，認為你沒有誠意，從而不願繼續合作。

▶▶ **使用客戶能夠接受的方式拒絕客戶：**業務員拒絕客戶時要態度誠懇、語言溫和，不要直截了當地嚴詞拒絕，也可以委婉地表示其要求超出了自己能力範圍。

▶▶ **拒絕成功後不要離開：**當說出拒絕的理由後，業務員不宜立即離開，要確定客戶已經了解到自己的苦衷，如果客戶仍一臉不悅，應再進行適當的勸說，消除客戶的負面情緒，以確保能與客戶繼續合作。

⭐ 幽默拒絕法

業務員直接拒絕客戶容易造成尷尬的氣氛。如果業務員在拒絕時能適當表現出幽默，就會為拒絕增加幾分俏皮感。客戶在明白業務員的意思後，也不會過於計較。所以，業務員不妨用幽默拒絕法來化解拒絕的尷尬。

一名男子在一家銀行門口擺攤賣玉米。他的玉米十分新鮮，前來買的人很多，幾個月下來就存到了一筆相當可觀的收入。他的一個朋友聽到這個消息後，特地跑來想從他那裡借一筆錢去他處設攤。賣玉米的就回

答：「太對不起了，這件事照理不成問題。不過當時我在這裡設攤的時候，便已經跟這家銀行簽下合約：彼此不搞商業競爭。也就是說，銀行不賣煮玉米，我也絕不經營貸款業務，我怎麼能不守信用呢？」

業務員如果能將拒絕的意思隱含在幽默的話語裡，使客戶一聽就能夠明白，這樣也不會傷了客戶的面子，較為容易被客戶接受。

 轉移客戶拒絕法

很多時候客戶提出的要求已經不在業務員的掌控範圍內，這時業務員明確表示拒絕後，可以為客戶介紹適合的公司，給客戶一個「人情」。業務員將客戶介紹到別家公司，既巧妙地拒絕了客戶的不合理請求，同時也滿足了客戶需要，反倒能給客戶留下好印象。

業務員將客戶轉而介紹給其他公司時要運用建議性的話語，讓客戶感覺業務員是站在維護他利益的角度才推薦其他公司，避免客戶產生「業務員是不是不想與我合作了？」的想法，這樣才能繼續與客戶保持未來關係。

讚美拒絕法

很多客戶在提出不合理請求時態度很強勢，好像一點通融的餘地都沒有，在面對這種情況時，業務員可以先讚美客戶一番，讓客戶的態度先緩和下來，之後再與客戶繼續談判。

在使用讚美拒絕法時應注意：讚美只是緩和與客戶緊張關係的一種潤滑劑，千萬不要不分輕重，甚至對客戶過度讚美。否則讚美不僅起不了效果，而且容易因為太虛偽而引起客戶反感。

善用銷售技巧，勇闖業務大勝利

　　雖然業務員對客戶的要求，沒有必要照單全收；可是，挖掘每一項要求背後的原因，無論合理或不合理，都是業務員不可推卸的責任，也是所有業務工作當中，最重要的一環，也是最大的挑戰。

銷售Tips 練.習.單

🔹 對客戶的要求進行排序，不但可以幫助客戶意識到哪些要求是最重要的，而且可以知道哪些要求是可以滿足客戶的，做到心中有數。

🔹 當發現客戶的要求無法滿足時，只能告訴客戶你所能提供的對他而言是重要的，而他要求的並不是最重要的部分，這樣客戶才有可能放棄。

🔹 當客戶只有一個要求但卻不能被滿足時，你應該先承認客戶要求的合理性，然後告訴他為什麼現在不能滿足客戶。

🔹 當不能滿足客戶的要求時，你應該給客戶提供更多的資訊和選擇，並幫助他們設定期望值，以期能和他們達成協定。

🔹 在說「不」時，你可以用沉默表示，用拖延表示，用推拖表示，用回避表示，用反問表示，用客氣表示……。總之，拒絕的方法很多，只有一種不能使用，那就是生硬地說「不」。

🔹 你每天面對的客戶不同，就要用不同的方式去談判，只有你不斷地去思考，去總結，才能與客戶達到最滿意的交易。

🔹 幽默不是與生俱來，它能經由後天練習得來，平時可收集一些小笑話，並練習說給親友聽，就能熟能生巧。

Rule 14 巧用「威脅」，逼客戶做決定

在銷售過程中，業務員適當讓步給客戶是「以退為進」，用另一種方式到達成功。但是這不代表讓步總能幫助業務員開拓談判進度，不恰當的讓步會讓業務員處於被動。如果業務員做出讓步會給自己造成損失時，業務員不妨適當使用一些威脅策略，摒棄「以退為進」的想法，反而能使客戶更快做出決定，讓成交速度加倍。

丹尼是一名銷售節能燈具的業務員。一天，他來到一個小鎮，找了一處人群聚集的市街，對著群眾示範這種燈具，強調它節省能源的好處，絕對是物超所值。

這時，一個當地的守財奴走過來說：「即使你的產品再好，我也不會買的。」業務員聽了不但沒有生氣，反而微笑著從身上掏出一美元的鈔票，接著將鈔票撕碎。

然後，他問守財奴：「你心疼嗎？」守財奴對他這樣子的做法相當吃驚，但他說：「你撕的是你自己的錢，我為什麼要心疼呢？如果你願意，儘管撕吧。」業務員說：「我撕的不是我的錢，而是你的錢。」守財奴一臉疑問地問：「怎麼會是我的錢呢？」

「你結婚已經二十多年了吧？」業務員說。

「這跟我結婚二十多年有什麼關係？」

「就以二十年算吧，你如果使用我的節能的燈具，每天可以節省一

美元，一年下來就可以節約三六〇美元，過去的二十年裡，你沒有使用我的燈具，所以你就白白浪費了七二〇〇美元，不就等於白白撕掉了七二〇〇美元嗎？而今天你也還沒有使用它，那麼你等於又浪費了一美元。」

就這樣，守財奴被業務員說服了，馬上就買了他的燈具。其他人看到連小氣的守財奴都買了，也紛紛爭相購買。

對於一個守財奴來說，七二〇〇美元不是一個小數字，因為他不想每年損失這些錢，所以選擇購買業務員的節能燈具。如果業務員只是籠統地說，我的燈具可以節能，為你省很多錢，這樣的呈現方式並不能立即讓客戶看到或感受到真正的利益。一旦把這個數字具體化，就能讓客戶看到明確的效果，讓客戶改變心意。所以，在銷售時業務員要仔細觀察、分析客戶，根據客戶的個人狀況及現有的產品資訊，**盡可能地讓自己的產品與客戶產生關聯，點出買與不買的利害關係，帶給客戶震撼感，就能更有力地說服客戶。**

在銷售過程中，如果讓步策略不能幫業務員轉變局勢，這時，可以考慮使用一些「威脅」的手段，促使客戶盡快做決定。

但業務員在使用「威脅」策略時也要注意「威脅」是把雙刃劍，業務員必須在適當的情況下使用，可以讓客戶不再猶豫，快速完成交易，但若是用在不當的情況下，會讓客戶覺得不被尊重，反而失去了這個客戶。所以業務員用「威脅」這個技巧時，也要看清場合和情況，分析好對談情況，讓「威脅」策略適時發揮作用。

⭐ 有針對性地使用「威脅」策略

業務員應該注意：威脅客戶的手段只能在客戶有購買意願時才能夠

進行。如果客戶沒有購買意願，而業務員使用「威脅」手段，只會讓客戶離開得更快。這樣業務員不但丟失了客戶，還讓自己的形象受損。所以，「威脅」策略也不是對每個客戶都適用的。

在用這個方法時，業務員一定要有針對性，否則收不到預期的效果，反而弄巧成拙。**在銷售過程中，最適合業務員使用「威脅」策略的時機就是：客戶對產品感興趣，但是由於某些原因或干擾遲遲無法做出成交決定時，這時業務員應適當使用「威脅」策略**，如：

▶▶ 「這件風衣已經要斷貨了，現在只剩下一件了！」

▶▶ 「這款數位相機雖然很受歡迎，因為下個月要改版換新款，就不會有這樣優惠的價格了，據我所知其他店都已售完，就剩我們這裡這幾台了。」

▶▶ 「這個款式的鑽戒在剛做活動時就有很多人開始預定了，現在的存量也不多了，我們的活動明天也要截止了，千萬不要錯過這樣的大好時機啊！」

這些語言都暗含著「威脅」的玄機，能夠讓客戶更快做出成交決定。業務員在銷售時針對具體情況使用「威脅」策略，往往就能達到事半功倍的效果。

最後時刻再使用「威脅」策略

對於舉棋不定的客戶，業務員不斷拋出問題詢問他們的想法，一般是很有效的。因為客戶說得越多，暴露的想法也就越多，這樣業務員就可以找到問題所在，從而快速實現成交。當客戶表示「我想再考慮一下」時，不一定是在敷衍你，這種模棱兩可的說法只是在拖延，甚至想以此給你造成一種壓力，迫使你給他更多優惠。這些客人通常是因為不是特別急需，因為太貴或其他理由，不打算立即購買時，適當使用「威脅」策略會

讓你獲得更多的主動權。

「您喜歡哪一件？」

「把那一件夾克拿給我看看。」

「這衣服不錯，挺合適您的，穿上去顯得更瀟灑！」Uniqlo的銷售員拿過衣服說。

「不過這衣服的條紋我不怎麼喜歡，我喜歡那種暗條的。」

「有啊，我們這裡款式多著呢！您看，這是新款的，價格也比較合理，和剛才那件差不多，手工也不錯。怎麼樣，試穿一下吧？」

「嗯，穿上去的確挺好看，這件多少錢？」

「不貴，一千五佰元，是不是很超值。這家百貨公司其他樓層，一件進口的襯衫就要三千多元，就連一條領帶還要一千多元。其實用起來也差不多，這件真的不算貴。不少客人都一眼就喜歡上這件。」

「我很喜歡，還是有些貴，讓我再考慮一下。」

「這個價格相對衣服的做工和質地、版型來說，真的是物超所值，您看您穿起來多氣派，這款是我們的熱銷款，這個尺寸就剩最後一件了，我們剛開始賣這款夾克時可比現在多快一千元呢。您要是錯過了，真的很可惜！」

「好吧，替我包起來。」

在銷售員「只剩最後一件」的威脅下，顧客做出了購買決定。在時機成熟的時候，業務員就要把「等下去、下回再買」的壞處和「立即買」的好處用比較性的方式來說明，不要給客戶「拖」的藉口和機會，用適當的威脅讓交易快速完成。

⭐ 將「威脅」策略與客戶個人的利益結合起來

當客戶已經處在「到底要不要簽單」時，業務員可以「威脅」客戶，如果他不購買，他將會面臨重大的損失或是某種麻煩，當然這要在客戶可以承受的範圍內。客戶不會對自己的損失不為所動，既然購買產品可以幫助他避免損失，自然就會痛快地做出成交決定。

小張是一家多功能事務機器公司的業務員，他這次面對的客戶相當的固執、觀念守舊。他們公司的印表機已經非常老舊，幾近淘汰了。可是，不論小張怎麼說破了嘴，針對那台老舊的印表機大做文章，試圖想讓他盡快購買，公司經理都不打算更換。

萬般無奈之下，小張再次親自上門努力一番。來到經理辦公的時候，看到那台破舊、幾乎快要不能工作的印表機，小張突然靈光一閃，不妨使用「威脅」策略給客戶一些壓力、挫挫客戶的銳氣，衝破客戶的固有思想，讓他知道不更換印表機的害處。於是他拍了拍印表機，感慨道：「T型福特，T型的啊！」小張的聲音不大不小，剛好可以讓辦公室裡的人聽到。

「T型是什麼意思啊？」經理有些尷尬。

「沒什麼，T型福特是曾經超流行的汽車，但是它現在充其量只是一個怪物或廢物！」小張說。

經理這下更尷尬了，在與小張交談之後就一度陷入沉思。最後，在小張即將離開時，他主動提出想買小張的雷射印表機。

想要有效地完成銷售，業務員就要將自己的行動及話語踩到重點上，爭取在最短的時間內找到並擊中客戶的「軟肋」，撼動客戶的心，這

樣便可輕鬆有效地贏得客戶。

財政狀況一向不佳的巴基斯坦出了一位南亞最會拉保險的人，其名叫傑瑞，有一次傑瑞被派到巴國新兵訓練中心推廣軍人保險。沒想到所有聽過他演講的新兵都自願購買了保險，無一例外。新訓中心主任想知道他到底用了什麼方法，於是悄悄來到課堂上，想聽聽他到底對新兵們說了什麼。

「小夥子們，我要向你們解釋軍人保險帶來的保障，」傑瑞說，「你只需同意每月扣薪10元為保費，一旦發生了戰爭，而你不幸犧牲了，你的家屬將得到30萬元賠償金。但是你如果沒有保險，政府就只會支付800元的撫恤金……」

「這有什麼用，多少錢都換不回我的命。」台下有一個新兵沮喪地說。

「孩子，你錯了。我們想想看，一旦發生了戰爭，政府會先派哪一種士兵上戰場？買了保險的還是沒買保險的？」

傑瑞並沒有向新兵陳述買保險的種種益處，也沒有勸說新兵購買，而是讓新兵考慮「政府會讓哪種兵上戰場」，便讓聽他演講的新兵全部自願買了保險，這種巧妙的言辭恰恰擊中了新兵的「軟肋」。業務員在銷售過程中擊中客戶的軟肋，同樣會達到這種效果。

不同客戶在選購不同產品的過程中，「軟肋」也是不同的，但一般來講集中在以下幾個方面：

▶▶ **生命**：生者害怕死亡的恐懼，這是一種再自然不過的反應，將產品銷售與客戶的生命聯繫起來，能迅速激發客戶的購買欲望。

▶▶ **健康**：人人都希望健康，將產品與客戶的健康聯繫起來，客戶當然願意為

健康買帳。

▶▶ **美麗**：愛美之心人皆有之，將產品與客戶的美麗聯繫起來，愛美的客戶一定都不願錯過。

▶▶ **面子**：有些客戶重視形象勝於一切，如果產品能左右客戶的面子，就能吸引客戶。

▶▶ **金錢**：客戶購買產品都希望物美價廉，直接告知金錢利益也是吸引客戶的好方法。

　　在銷售時，業務員只有把「威脅」策略與客戶的利益聯繫起來時，讓客戶體會到緊迫感，「威脅」策略才能發揮作用，促使客戶為避免或減少損失而盡快下決定。

銷售Tips 練.習.單

🔸 研究設計數量威脅法的說詞。比如：「這款產品銷量不錯，現在只剩下這一件，如果您現在不買的話，只能等到下個月了。」

🔸 設計時間威脅法的說法。比如：「我的優惠活動只持續到今天，明天全部產品都恢復原價。」

🔸 設計後果威脅法說法。比如：「您看，您使用的機器已經老化，會影響您的生產效率，還可能會出現安全隱憂。」或「您的競爭對手也已購入這個產品，生產率可是大幅提升許多……」

🔸 檢查運用威脅策略時是否有結合產品的益處正面說明，否則反而會引起客戶的恐慌。

Rule 15 成交需要臨門一腳

　　小姜是一家自行車店的門市銷售員，有一天，一對夫婦前來店內，希望選購一台自行車作為孩子的生日禮物，因此小姜細心地詢問他們的需求，也推薦了幾款適合孩子騎乘的車種，最後，這對夫婦對於某個型號的自行車頗為滿意，但是一看到它的售價後，態度上便有些遲疑了。

　　先生詢問小姜說：「這輛車看起來是挺不錯的，但跟其他類似的車子比起來，為什麼它貴了快一千元？」小姜說：「是這樣的，這輛自行車的材質經久耐用，而且在設計時，有特別配備了一個特殊性能的剎車器，可以提高騎乘時的安全性。」小姜說完後，不僅解說了煞車器的特點，還現場示範操作，只見先生點頭認同，但太太卻不發一語，似乎仍在考慮。

　　小姜心想，如果要成交的話，一定得獲得這位太太的同意，於是他說：「這輛自行車是很多家長選購給小孩的首選車，畢竟小孩騎車的時候，爸爸媽媽最擔心的都是安全問題。這輛車雖然貴了近千元，可是買到的是小孩的安全，光這一點就很值得了。而且這輛車，您的孩子至少可以使用五年，五年折算下來，每一天等於多花不到一塊錢，所以我十分推薦兩位選購這款自行車。不知兩位想要刷卡還是付現呢？」

　　最後，這對夫婦覺得小姜分析得十分有道理，便買下了那輛自行車。

勇於要求成交是銷售成功的關鍵

對於業務員說，從找尋客戶、建立客情、解說商品、持續跟進直到完成銷售，有時是一個漫長而辛苦的過程，因此在成功交易的那一刻，總是讓人格外開心，但既然業務員始終追求的是贏得客戶的認可，並且讓他們願意付錢購買商品或服務，甚至是持續性地重複消費，為什麼仍有許多人對於要求客戶成交感到不安？

一筆訂單的成功交易，意味著個人業績、銷售獎金，對公司企業意味著營業收入、市場發展，對客戶則意味著個人需求獲得滿足，因此，「順利成交」形同是多贏局面的代名詞，但假若銷售失敗，業務員往往首當其衝，獨自承受著內外壓力，而這也造成業務員在即將與客戶達成協定時，對於成交患得患失，一下子擔心自己操之過急，一下子期待客戶主動購買，結果未能完成最終的銷售目的。

事實上，**當你希望獲得訂單、成功完成協定時，除了要掌握成交時機外，也要取決於你能否勇於向客戶要求成交**。在銷售過程中，儘管有許多因素會影響客戶的購買行動，但你的商品解說、解決異議、引導溝通等銷售技巧，都是幫助你完成銷售的工具，然而，有時你早已善用「工具」刺激了客戶的購買欲，卻仍提不起勇氣要求客戶成交，反而平白錯失成交良機。

換言之，許多業務員之所以銷售失敗，並非是因為無法掌握成交時機，而是內心對於「要求成交」有著心理上的障礙，或是錯誤的認知，只要這些心理因素無法加以克服，就會經常在緊要關頭阻礙了成交。

一般說來，業務員在要求客戶成交時，會有以下常見的五種心理障

礙：

1. 擔心時機不對，引起客戶反感

　　有時業務員會不斷確認客戶的購買需求、購買意願，但一旦客戶真正有意購買時，卻又擔心要求客戶成交的時機不夠成熟，貿然開口會造成客戶的壓力或反感，所以寧可「靜觀其變」。

　　其實這種心理源自於業務員的「害怕失敗」，畢竟好不容易讓客戶產生了購買意願，怎能不更加謹慎地因應？固然延遲提出要求成交的時機，能夠避免馬上被拒絕的風險，但也表示你得不到一份確定的訂單，更重要的是，延遲提出要求成交並未能提高成交的機率。尤其當客戶已經有意願購買時，正是業務員積極引導、主動提出成交的好時機，過度的謹慎只會讓客戶有更多時間冷卻購買欲，因此，克服這種心理障礙的方式，就是保持平常心，坦然面對結果，不要過分在意成與敗。

2. 期待並等待客戶主動開口

　　通常銷售成交的方式有兩種，一是簽訂供銷合約，二是現款現貨交易，但無論哪一種方式，**業務員都不應有錯誤的期待：客戶會主動提出成交要求，我只需等待他們開口**。事實上，絕大多數的客戶都不會主動表明購買，即使他們有極高的購買意願，業務員若是不積極提出成交要求，他們也不會採取購買行動，所以在銷售過程中，業務員應牢記自己的引導角色，並且適時地鼓勵客戶完成購買。

3. 對於自己從銷售中獲利感到有罪惡感

　　這是一種微妙的心理反應，當業務員混淆自身角色的時候，他會把自己當成客戶，並將自己的人生經驗與價值觀投射在商品上，無法以客觀立場向客戶銷售商品，因此他在向客戶推薦自己主觀上不喜歡的商品時，

他會認為這似乎是一種欺騙，並對自己從交易中獲得的好處感到罪惡感，繼而對提出成交要求採取消極態度。

事實上，**對於客戶而言，業務員提供或推薦的商品，只要能滿足他們的需求就是好商品**，而且業務員因為提供服務而獲得銷售獎金，是理所當然的事情。正如美國行銷策略大師蘿拉·賴茲（Laura Ries）與艾爾·賴茲（Al Ries）所言：「行銷要處理的不是商品本身，而是『認知』。」當業務員產生「錯位」的認知心理時，必須將銷售的著眼點置放於：你如何客觀地為客戶提供滿足需求、解決問題的商品，而不是依據你個人的喜好，主觀地判斷客戶應該會喜歡或討厭哪些商品。

4. 主動要求成交，如同是哀求客戶購買

一個業務員主動要求客戶成交時，如果他的內心會產生「這是在哀求客戶購買」的感受，不僅意味著他對銷售業有著錯誤認知，也表示他忽略了自己與客戶之間是平等、互惠的銷售關係，往往這種心理會讓業務員在面對客戶時缺乏自信，不敢提出任何積極性的建議，而且很容易陷入自艾自憐的困境，長此以往之下，自然會對個人銷售事業的發展有不良影響。

身為業務員，你必須瞭解你為客戶提供商品或服務，滿足他們生活上的需求，而客戶也以金錢作為交換與回饋，因此雙方進行的是一場「公平交易」，而唯有正確認知雙方互利互惠的買賣關係，你才能調整心態、展現自信，樹立專業的銷售形象，也才能獲得客戶的信賴。

5. 擔心商品不夠完美，引起客戶的心理反彈

這是一種複雜的心理障礙，當業務員對自己銷售的商品沒有信心、害怕客戶拒絕、憂慮市場競爭者具有銷售優勢時，經常會在提出成交要求

時感到卻步，如果客戶最後沒有採取購買行動，他會將銷售失敗的原因，歸咎於商品的品質有問題，繼而更加否定商品的價值。

在銷售過程中，業務員憂慮自身銷售的商品不夠完美，可說是自尋煩惱，因為世界上沒有百分百完美的商品，客戶所尋求的商品標準也不是「完美」，而是「好處」。當客戶瞭解商品能夠帶來益處，它就是值得購買的商品，此時業務員若主動提出成交要求，可以促使他們做出購買決策。換言之，業務員若想克服「商品完美性」所造成的心理阻礙，必須清楚認知：完美的商品並不存在，商品的好處卻是可以創造的。

向客戶提出成交的好時機

業務員要求客戶成交是完成銷售的最後一步，只要業務員克服了上述五種阻礙成交的心理，在適當時機，真誠地、主動地勇於提出完成交易的要求，成交機率將會大幅提升，然而，何時才是向客戶提出成交的適當時機呢？

業務員從接待客戶開始，就必須留意客戶的反應與態度，以便從中尋找完成交易的好時機，而通常以下三種情境是向客戶提出成交的好時機：

1. 商品解說之後

當你確認了客戶的購物需求，並為對方介紹商品之後，詢問他所需要的商品款式、數量、顏色等條件，將是順勢提出成交請求的好時機。

2. 異議處理之後

當客戶提出購買異議時，你必須在化解疑問之後，徵求客戶的意見，以便確認客戶是否清楚瞭解商品，以及你是否需要再進行意見補充。

當客戶認同你的說明時，進一步詢問對方選擇何種商品，並且提出成交要求，往往可以推動交易的完成。

3. 客戶感到愉悅時

客戶的心情越是輕鬆，購買意願也會隨之提高，此時提出成交要求，將可增加成交的機率。

值得一提的是，當你向客戶提出成交要求，並且達成協定之後，必須牢記「貨款完全回收」才算是真正完成銷售。換言之，你與客戶達成的口頭協定，並不表示你能真正收到貨款，甚至雙方已經簽訂合約之後，客戶仍有可能因為實際情況與簽約條件不符而拒絕付款。為了避免你與客戶發生買賣糾紛，在簽約時務必將交易條件詳盡說明，並且確認客戶瞭解雙方的權利與義務，尤其高額商品應以書面方式確立同意事項，審慎處理，最低限度也要取得客戶口頭上的同意。

如果你是與客戶協議在特定日期或是每月按時前往收款，赴約前務必先和客戶確認，而後再依約前往，一來可避免客戶不在，白跑一趟，二來可防止客戶取消訂單。有時業務員會認為每月收款既麻煩又辛苦，但收款的同時也是在做售後服務，特別是雙方建立起長期的良好關係後，客戶多半會願意為你介紹新客戶。

銷售的最終目標是完成生意，在適當時機勇於向客戶提出成交要求，才能促進交易的順利進行，而雙方達成協定之後，確保貨款的回收、做好售後服務，則是業務員應負的責任。

抓緊客戶的「心動時機」

身為業務員，在銷售的過程中，必然要能牽引客戶的購買心理，讓客戶的防護層逐漸消失，繼而完成最終銷售，因此，敏銳觀察客戶的肢體語言、解構客戶的心理狀態，可說是一個傑出業務員的必備條件，唯有善於捕捉客戶的購買資訊，才能掌握客戶的「心動時機」，從而提高成功銷售的機率。但是你要如何掌握客戶心動的剎那呢？又要如何察覺出這種心理狀態的改變呢？

在一般情況下，客戶有極高的購買意願時，他們多半會有以下四種行為表現：

▶▶ 客戶會從挑剔、質疑的批評態度，逐漸轉變為「點頭默許」的肯定態度。

▶▶ 客戶的言行舉止或是對你的態度，逐次比先前要和善、親切。

▶▶ 客戶會觸摸商品，並且仔細觀察，或是目不轉睛地翻閱商品目錄和說明書。

▶▶ 客戶頻頻詢問品質、價格、使用方法、付款方式、售後服務等購買細節。

▶▶ 客戶開始討價還價，希望你能提供優惠或附送贈品。

當客戶出現以上五種行為表現，或是透過態度、言語、肢體訊號傳遞出購買意願時，往往意味著銷售成功的契機，但此時業務員若是過於急躁或催促成交，反而會讓客戶感受到壓力而萌生退意，因此盡量給予客戶一種主導的心理，適時地從旁配合、引導即可。

讓客戶當場購買

看準顧客的購買欲最強烈的時候，打鐵趁熱，直接提出成交簽約的要求，是提高簽約效率的最直接途徑。但是這種方法一定要看準顧客成交

意識的確已經成熟，有比較大的成交把握才使用。

　　有些業務員在客戶已有購買的意願時，卻不能掌握時機與客戶完成交易，這就好比足球場上的「欠缺臨門一腳」，真是叫人遺憾。當洽談已發展至有利的階段卻還是失敗的原因有二：一、業務員無法確切地回答對方所提的問題。二、在洽談的關鍵階段，業務員沒有封鎖客戶可能提出的拒絕。業務員在進行商談前，務必提醒自己封鎖客戶在商談中出現的反駁，並應預測客戶可能出現的反駁，同時不要忘了使用強力的銷售用語。

　　洽談過程中，客戶會向業務員提出各種疑問，此時，業務員必須誠懇認真地聽，並對客戶的質問予以完整回答。如果隨便敷衍，客戶縱有購買之意，亦會斷然拒絕。確認客戶拒絕的真假程度，也是很重要的。面對「我再考慮一下！」、「我和先生商量看看！」這樣的拒絕語，就回答「明天我會在這個時候再來拜訪，聽您的好消息。」如果客戶有心拒絕，一定會說「哦！你不用來了」；有購買意思的客戶則可能會說：「好，那麼到時候我再做決定。」至於「沒有預算」這一類的拒絕話，多半不是真正的原因。

　　在促使客戶下決定成交時，最好是以最自然的方式，具體方法如下：

1. 以行動來催促客戶做決定

　　這是促使對方決定簽約的方法。當業務員判斷客戶可能會與自己交易時；就當作（假設）客戶確實要買了，並隨即進入簽約過程的最後階段。時機點通常是在詳盡地介紹和解答所有疑問後，理所當然地說一聲「麻煩您在這裡簽個字！」在恰當時機時，就將合約書和筆一併拿出，這就好比跟客戶說：「好！請決定吧！」客戶此時往往會情不自禁地拿起筆

簽下合約。保險業務員就常利用此法，例如業務員會藉著「每個月十五日前後來收款，可以嗎？或者您有更好的建議呢？」這種收款日期的確定，使客戶更容易點頭答應。因為這種方法容易引導客戶主動說：「好，我買了！」是一種站在客戶立場，揣摩客戶想法，使雙方輕鬆愉快地締結契約的收場方法。應用此法的手段很多，如收款日期的確認和買受人名義的確認。手段雖多，卻有一共通點，就是業務員都是以假設客戶要購買的心情，來與客戶磋商。還有，為求確認，不要忘了說：「謝謝您，太太（先生）！能不能在這裡蓋個章？」然後神態自如地把合約書拿出來填寫。這時切勿因交易成功而喜形於色，以免客戶認為自己受騙上當了！

2. 引導客戶做「二選一」的決定

　　業務洽談至締結契約的階段時，客戶與業務員間激烈的攻防戰就開始了。客戶縱然購買的欲望很強，但心中難免產生抗拒的想法：「現在這樣也不錯啊！還是盡量多節省一點開支吧！」這種想買又不想買的矛盾，使客戶很難斬釘截鐵地下決定，而業務員要做的，就是針對客戶這種心理狀態，協助他化解其中矛盾。以下的對話，可以將客戶與業務員間的良性關係彰顯出來。

　　客戶：「是啊！這房子確實不錯，不過我得徵詢我老公的意見？每個月增加快兩萬元的支出，我一個人沒有辦法決定啊！」

　　業務員：「太太！這麼好的機會稍縱即逝啊！您先生鐵定會贊成啦！說不定還會稱讚你找了這麼好的一棟房子！」

　　客戶：「可是一個月多快兩萬元的支出……」

　　業務員：「太太！這地段的行情是持續看漲……明年捷運通了，就不是這個價了，絕對是回本很快的！」

眼看時機成熟，就悄悄把訂購單備妥，但不要被察覺，否則顧客會產生戒心。等到客戶表現出「到底要還是不要」這種心理狀態時，業務員就若無其事地說：「太太！那用誰的名義好呢？先生的名義還是孩子的呢？」此時，縱使原本猶豫不決的客戶也會說「好吧！就請你寫孩子（先生）的名義好了」交易就這樣順利完成了！

例如：像「（商品）要A類型的，還是B類型的？」這樣的詢問。記住不要給客戶太多的選擇，非A即B的二擇一法最易收效。如果是產品的話，「甲和乙您喜歡哪一個？」這樣可迫使客戶盡速做出決定。當人被問到「要哪一種？」的時候，通常都會朝自己所喜歡的方向來作選擇，以致於在說出答案的同時，就一併去除了猶豫不決的情況。這稱為「選擇說話術」，或稱為「二選一說話術」；這在各種商談的場合上，經常被使用到。

3. 利用身邊的例子，促使客戶下定決心

舉身邊的例子，舉一群體共同行為的例子，舉流行的例子，舉領導的例子，舉歌星偶像的例子，讓顧客嚮往，產生衝動、馬上購買。如果商品是車子，就可以說：「您隔壁的××先生也是我的客戶，上個禮拜週休二日，他們一家人開著車到淡水兜風，玩得很盡興呢！」如果是工作上使用的機器，就可以說：「像××公司，也是購買我們的機器，一年之中成功降低了百萬元的成本。」對於購買可能性高的客戶，盡量舉一些他們所熟悉的實例，也不失為一種刺激購買欲的方法。

4. 細心安撫客戶心中的不安

用「是不是因為還有讓您不太滿意的地方，導致您無法下決定？請不要有所顧忌，讓我們了解您的疑問。」這類的話，探究客戶的疑慮及不

安的原因，再細心地為他們一一解答。有時候業務人員沒有注意到的細節，可能就是客戶遲遲無法下決定的原因。然而將這些問題一一解決而順利簽約的，也不在少數。

5. 亮出最後的王牌，促使對方下決策

客戶可以得到什麼好處（或快樂），如果不馬上成交，有可能會失去一些到手的利益（將痛苦），利用人性的弱點迅速促成交易。像這個時候，經常被使用的王牌就是「折扣」。既然是王牌，一定要到最後才可以亮出來。一旦亮出王牌，就必須要有讓對方簽約的心理準備。除了折扣以外，可以使用的王牌還有分期付款、先享受後付款、庫存品數量、優惠期限等。此外，**客戶是永遠不會拒絕「謝謝」的。縱然他不想買，也不會對一個帶著微笑說謝謝的人板起面孔的**。在運用此法時，必須先假設客戶已決定購買，而在言語上半強迫式地造成客戶非買不可的心理。

6. 感性打動法

人都是有感情的動物，任何人都有自己鍾愛的對象，如能技巧地用感性來打動客戶購買的欲望，則是相當高明而有效的方法。譬如，「如果您能接受我的建議，一定會為您辛苦的另一半帶來意外的驚喜！」這是運用人性的弱點，使客戶聯想到產品的感性作用。而一旦客戶的感情大門敞開，銷售就等於成功了大半。

當顧客對簽約表達了肯定的意思表示之後，能否有效快速地完成簽約也是評價一個銷售人員是否夠專業的時機。業績超強的業務員在簽約時，總能在速度上求快，公事包裡務必整整齊齊、有條不紊。同時他們清楚記得合約書放在哪兒，印章擺在哪兒，以及各種目錄文件放置的位置。只要對方有一點購買意願，他們就會立即取出合約書，說道：「謝謝您，

請在這裡簽上您的大名吧！」

這是業務員最基本的成交動作，但如果在這個過程中業務員動作生疏，慌慌張張的，可能會改變顧客的想法，當你慢條斯理地翻公事包時，顧客原來高昂的情緒會逐漸冷卻下來，等你取出契約要求對方簽約時，對方可能會說：「容我再考慮一下」或者根本就打消主意不買了。

另外，你拖拖拉拉的舉動會影響到顧客對你的信心。顧客是因為對你個人的信賴感才同意簽約的。當你好不容易將商談推進到簽約的階段，卻在這時暴露出雜亂無章的公事包，七手八腳地尋找那份合約書，這些對顧客原先已勾勒的消費意願是一種打擊。同時你的這種表現還會讓顧客對自己的決定產生懷疑，這時很有可能原來已經達成的簽約意向就這麼消失了。

無論銷售成功與否，你都應分析和檢討銷售過程，自我審視當中是否有需要改進、修正、加強的部分，尤其銷售失敗時，自我分析導致失敗的原因，對於往後提高客戶購買欲、增加客戶心理分析的準確度都有相當大的幫助。如果你對銷售過程的檢視方式毫無頭緒，不妨先從艾特瑪（AIDMA）法則著手，它能協助你將銷售過程區分出階段性，而後從可能的環節中分析成敗原因。

艾特瑪法則是根據客戶的購買心理，將銷售活動予以法則化，並將客戶的心理狀態分成五大階段，各階段均以第一個字母命名。

▶▶ **A、引起注意（Attention）**：運用銷售技巧或銷售策略，讓客戶注意到你的商品或服務。

▶▶ **I、引發興趣（Interest）**：引發客戶對商品產生興趣與想法，或是針對客戶的目標需求，訂定明確的商品訊息。

➤➤ **D、喚起欲望（Desire）**：運用銷售技巧凸顯商品特色，刺激客戶的購買欲，並讓客戶產生期待購買的想法。

➤➤ **M、記憶、確信（Memory）**：引導客戶設想購買商品後的使用狀態，並讓客戶確信商品能帶來舒適、愉快、便利的生活，而且購買金額合理而划算。

➤➤ **A、行動（Action）**：客戶決定購買商品，並且採取實際的購買行動。

　　採用艾特瑪法則檢視銷售成敗原因時，你應依據上述A、I、D、M、A此五階段逐一分析，從中檢視自己引導客戶到哪一個階段，如何引導？為什麼成功？為什麼失敗？某些客戶的購買意願已經被誘導到某個階段了，最後為何仍是拒絕購買？某些客戶卻又能順利完成銷售？當中的差異在哪裡？

　　盡可能地為你的銷售成敗分析原因，甚至當場做出結論，因為一般業務員很容易忘記以往失敗的原因，也不能立即探究原因，所以在和下一位客戶面談時，再度犯下同樣的錯誤。重複錯誤的路徑，不會有正確的結果，這正是現場分析的重要之處。

　　總之，銷售過程中，客戶的一舉一動都潛藏著成交或抗拒的訊息，善於察言觀色、巧妙運用並解讀肢體語言的心理訊息，將能協助你掌握進攻或撤退的有利時機，此外，培養自我檢視的習慣，反覆檢討銷售成敗的原因，則能有效提升客戶心理分析的準確度，大幅提高你的銷售能力。

銷售Tips 練.習.單

- 當客戶一說沒錢時，這時要順著話說：「您真愛開玩笑，您沒有錢，那誰還有錢呢？」

- 當客戶說：「要考慮看看」你可以答道：「那我明天再來打擾您，等待您的好消息。」或是反問：「先生，我剛才到底是哪裡沒有解釋清楚，所以您說您要考慮一下？」

- 先研擬一套反制客戶拒絕的言辭，能將這種封鎖客戶拒絕言辭的武器好好施展開來，應用在銷售上，就沒有談不成的訂單。

- 千萬不能對客戶說：「你都看這麼久了……」、「快做決定吧」之類的話語，會有反效果。

- 客戶說：「太貴了」業務員可以與同類產品進行比較。如：「××牌子的××錢，這個產品比××牌子便宜多啦，品質也比較好。」或是將產品價格分攤到每月、每天，如：「這個產品你可以用多少年呢?按××年計算，××月××星期，實際每天的投資是多少，你每花××錢，就可以擁有這個產品。」

- 當客戶習慣於殺價時，你可以說：「好的產品值得好的價錢，您希望價錢少一些，那您是願意犧牲什麼來換？是優秀的品質？還是優良的售後服務？有時候我們多投資一點，能得到您真正想要的東西，是挺值得的。」

Rule 16 收到錢才算真成交

　　銷售工作靠的是人與人的交流，需要業務員用語言打動客戶。業務員要注意說話的場合，知道什麼時候該說，什麼時候不該說，要謹記「言多必失」這個古老的道理。尤其是在銷售的最後階段，客戶同意簽約的時候，一定要謹慎以對，不該說的話就不要說了。

　　李明成是一個保險業務員，由於他剛剛加入這個行業，所以到目前為止還沒有談成一筆訂單。

　　經過幾個月的努力，李明成的一個客戶終於同意買他的保險。當客戶表示願意購買保險時，李明成興奮得手忍不住顫抖，自言自語地說著：「太好了，我終於成功了，這些天受的苦心總算沒有白費」

　　客戶聽到李明成的話一臉不悅地說：「你覺得向我銷售保險是在受罪嗎？我還不稀罕你的保險呢！我不買了。」

　　客戶說完便離開了，只留下李明成在原地懊惱不已。

　　有些業務員在客戶簽單之後就認為成交之事已經拍板定案了，卻不知銷售過程中充滿著變數──客戶可能在沒有付款之前就反悔或被別的業務員征服後違約。在與客戶接觸的過程中，業務員要抱著謹慎的態度，要明白只有客戶付款完畢，公司把屬於自己的那部分佣金實實在在地交給自己時，一次交易才算是真的完成了，否則一切都是不確定的。

　　小劉是一家眼鏡盒的生產商。一次他與一家眼鏡商談妥了數量與價

格，且雙方都相對滿意。小劉見時機成熟，於是提出成交要求，而客戶王經理卻表示，商店裡還有一批眼鏡盒沒有用完，必須等那批用完再進貨，答應最遲一個月，小劉接受了。但是一個月後，當小劉按照約定前來送貨時，對方卻表示，打算購買另一家更便宜的眼鏡盒。

小劉：「哦，可以冒昧地問一下是哪家公司這麼榮幸能與貴公司合作？」

王經理：「C公司。」

小劉：「不錯，據我所知，C公司的眼鏡盒確實比較便宜。但是，不知王經理想過沒有，像貴公司這麼有品味的眼鏡連鎖店，當然要有同樣等級的包裝盒，否則很難突顯貴公司產品的品質與頂級的形象，您說不是嗎呢？」

王經理：「當然……」

小劉：「我想如果為了價格便宜的包裝盒而影響了貴公司在客戶心中的品牌印象，這不是因小失大了嗎？」

王經理：「也是，不過他們的眼鏡盒也不錯……」

小劉：「對，他們的品質也不錯，但是您要知道Z公司也是用這家公司的眼鏡盒，但是Z公司的品牌與品質是無法與貴公司相提並論的。我們公司的宗旨和貴公司一樣，品質決定一切，所以，我衷心建議您再考慮一下。」

王經理：「嗯，你說得也對。」

小劉：「那您還有什麼疑問或是顧慮嗎？」

王經理：「沒有了。」

小劉：「那我是明天還是後天送貨來呢？」

劉經理：「明天吧，月底前我會以現金95扣的方式把貨款給你們！」

客戶在沒有付款之前隨時有可能改變心意，並不是所有的人都可以像小劉一樣再次把單子拿回來。業務員在簽單之後，要隨時觀察客戶的動向，以免「煮熟的鴨子」飛了。同時業務員要與客戶保持良好關係並經常聯繫，便於以後與客戶長期合作。

客戶下單後依然不能鬆懈

當客戶同意簽下訂單後，有的業務員便馬上放鬆緊繃的神經，不再像成交前那樣謹慎，甚至因努力得到回報而做出比較興奮的舉動，說出一些不適當的話。其實這些都會破壞業務員在客戶心中的形象，甚至使客戶覺得利益難保，從而改變決定，取消交易。

為了防止這種現象的發生，業務員在整個銷售過程中要保持一致的態度，不要喜形於色，得意忘形，客戶簽下訂單後要馬上閉嘴，避免在最後一刻失去客戶，使之前的努力付之東流。

具體說來，業務員要做到以下幾點：

1. 時刻保持謹慎，不要得意忘形

銷售的整個過程，客戶握有成交決定權，且隨時都可能改變主意，大多數客戶在業務員的引導下會變得熱情高漲，容易產生購買的衝動，但是當他們冷靜下來思考時，熱情會慢慢減弱，購買的衝動也會慢慢消退。這時如果業務員再說一些不恰當的話，很容易就令客戶改變主意。

當業務員聽到客戶「可以成交」的承諾後，不要沾沾自喜、放鬆警惕，而是要像以前一樣持續與客戶溝通，關注客戶的需求。只有在任何時

候都保持謹慎，不放鬆警惕，才能自始至終給客戶留下好印象，使交易順利完成。

如果業務員在客戶簽單後表現得過於高興，得意忘形，就會影響客戶對業務員的印象，甚至使客戶產生受騙的感覺，從而臨時改變主意。在客戶答應成交後，業務員要學會掩飾情緒，在客戶下單時，切記閉上自己的嘴，即使再高興也不要喜形於色，切記要專業且謹慎地把服務做完。要給客戶留下穩重的印象，使客戶感到安全、放心。

2. 成交後仍然要維持對客戶的關心度

有些業務員在客戶簽單後就變得比較懈怠，與客戶溝通轉而比較隨便，只顧自說自話，疏忽客戶的反應，以致引起客戶不滿，甚至取消交易，使業務員之前的努力白費，前功盡棄。

當客戶簽下訂單時，業務員要主動向客戶伸出手，表示祝賀，這樣的舉動可以帶給客戶信心，讓他們覺得自己做出的決定是正確的。一般情況下，如果客戶握住了業務員的手，就表示這個交易基本上不會改變了。

銷售結束後，如果客戶願意再與業務員多談一段時間，那麼業務員要抓住這個機會與客戶好好交流，但是盡量不要再談關於銷售的問題，反而可以談談客戶的家庭、興趣愛好、日常休閒等。這樣，業務員既可以從中了解更多關於客戶的資料，也可以轉移客戶注意力，防止客戶因為繼續思考而改變成交決定，使整個交易在一個輕鬆愉快的氛圍下結束。

簽約之後還是要保持聯繫

客戶簽訂購買合約之後，業務員還是不能放鬆，要適當與客戶保持溝通。可是有些業務員會想：都談完生意了，要用什麼理由再去約見客戶

呢？的確，生意已經談完，但是業務員和客戶在生意中建立的情分還在。

　　業務員可以用朋友的身分，在客戶閒暇時約其喝咖啡或是下午茶，在「閒聊」中了解客戶的現狀。業務員也可以尋找適當的聚會或相關商業活動邀請客戶參加，在活動中可以與客戶探討問題，了解客戶公司的現狀。其實不論用什麼方法與客戶相處，業務員的目的只有一個，那就是盯緊客戶，當發現客戶有絲毫想改約、後悔不想合作的想法或暗示時，才能及時說服客戶，不給客戶反悔的機會。

　　另外即使款項已順利入帳，還是不能忘記要和客戶保持聯繫，為下一次的交易製造機會。客戶可能近期內不會有產品需求且也暫時不想再見到業務員。這時怎麼辦呢？業務員可以考慮透過一些側面途徑了解客戶現狀。側面了解客戶的常見途徑主要有兩種：

▶▶ **上網**：可以透過拜訪客戶企業網站或相關的Blog 與FaceBook等社群以了解客戶的最新動態。

▶▶ **從對方的競爭對手那裡打探消息**：客戶的競爭對手一定也在密切關注著客戶的動態，如果有機會接觸到客戶的競爭對手，也可以透過這個途徑了解客戶情況。

⭐ 極盡所能穩固在客戶心中的地位

　　為了能與客戶長期合作，業務員應盡己所能穩固自己在客戶心中的地位，這樣才能保證自己不會被取代。但如果業務員總是無端地出現在客戶的生活裡，易引起客戶的反感。所以，業務員不需要大費周章去迎合客戶的需要，點滴的小事就可以幫助自己穩固在客戶心中的地位：

▶▶ **節日問候**：逢年過節時可以發簡訊問候或送禮物、送賀卡（電子與實體均

可，但意義稍有不同）為客戶送去一份問候，既簡單又溫馨。

▶▶ **找時間點發簡訊：**可以在產品售出一週後，主動發簡訊關心客戶使用狀況是否滿意以及應注意的事項。生活中常見的例子是美容院會主動發簡訊告知客戶有優惠活動或是牙醫提醒病人要定時回診檢查。

▶▶ **贈送小禮物：**在條件允許的情況下，可以把公司的公關贈品送給客戶，讓客戶享受到實惠。

▶▶ **幫助客戶解決問題：**業務員應該盡己所能為客戶解決難題，不論是工作上的還是生活上的，這都會令客戶時常想起你。

定時了解客戶是否有新的需求

如果你總是毫無理由地再三聯繫客戶，客戶會覺得多此一舉，但如果你聯繫客戶時表明自己想了解客戶是否有新需求或新問題，客戶一定不會拒絕與你交談。這不僅讓客戶覺得你是個責任心極強的業務員，同時你也能了解到客戶的新需求，進而展開下一輪銷售。此時業務員可以透過以下方式進行：

▶▶ **打電話或寄e-mail：**你可以定期給客戶打電話或寄e-mail，以了解客戶需求。當客戶接到你的電話時也許會欣慰地想：這個人還記得我呢！對業務員的印象分也會提高。

▶▶ **做上門回訪：**業務員可以直接上門回訪，但要提前和客戶約定時間，不要貿然前往。

▶▶ **寄送調查回饋表：**將調查回饋表寄給客戶，讓客戶填寫對服務、產品的印象，產品或業務員需要改進的地方，以及客戶還沒有被滿足的需求。

 及時告知客戶企業產品新資訊

對業務員來說，與客戶保持並加深密切關係的核心就是：保持與客戶的往來與合作，不斷向客戶介紹能滿足客戶需求的新產品。**當公司有新產品上市時，業務員要及時將產品的新資訊告訴客戶，這樣不僅能幫自己「看牢」客戶，還可以為自己創造更多的成交機會。**具體來講，業務員可以從以下幾個方面來進行：

▶▶ **透過E-mail或信件發送新品訊息：**業務員可以把新產品的資料整理好，透過E-mail或信件的方式發給客戶。提供給客戶的資料必須最新、真實、有系統，一堆亂七八糟的檔只會招致客戶反感。

▶▶ **邀請客戶到公司參加新品發表活動：**在一些大公司裡，如果新研發的某種產品與眾不同，公司可能會舉辦新品發佈會，如果有機會，業務員可以邀請客戶參加，讓客戶了解最新產品的資訊。

銷售Tips 練.習.單

🔸 客戶一旦決定成交，千萬不能喜形於色，要沉著穩定，否則客戶就會有上當受騙的感覺，很可能會取消交易。

🔸 言多必失，成交之後一定要在心裡告訴自己不要再滔滔不絕了，因為你的話很可能帶來一些客戶不理解的問題，讓煮熟的鴨子飛了。

🔸 成交後盡快告辭，不宜逗留，以免客戶改變主意。但是如果你的客戶有心與你多說幾句，就不應該匆匆離開，特別是那些經過較長時間才決定購買的客戶，你的匆匆離去會使他產生懷疑。

🔸 在與客戶達成交易時，要向客戶道謝，不要流露出無所謂的態度，否則會給你的第二次拜訪帶來困難。

☆PART III☆

業績3.0

挖掘銷售精髓，坐穩銷售冠軍大位

卓越從精髓而來，精髓從鑽研而來。
本章提供業務必贏的12條終極秘訣，
如何將不符合現今潮流的銷售技巧，轉變為符合顧客期望的方式，
擺脫傳統銷售的束縛，少談賣東西，為你的客戶策略加值，
讓客戶深覺買越多賺越多。
向第一名取經，向失敗拿藥單，攻破專業銷售密碼，
從此脫胎換骨成為一個業績領先的超級業務員！

01 追求你與客戶的最大利益

　　業務員在與客戶溝通後若能達成「雙贏」的結果，可以說，這個業務員是優秀的，但是還稱不上卓越。卓越的業務員不僅能實現「雙贏」，而且還能使自己和客戶都從這場交易中獲得最大的利益。什麼意思呢？這是指在有限的條件下，客戶從這項交易中得到了想要的產品、服務，獲得了相對最大的心理滿足，而業務員也在這個基礎上得到了不能再多的回報。也就是說，買賣雙方一點點的利益流動，都會給彼此造成成倍的損失。

　　對業務員來說，要達到這種境界並不容易，但是一旦達到，業務員就能贏得長久穩定的客戶群，使銷售業績居高不下，讓自己的工作做得如魚得水，輕鬆無比。

　　在一些運轉高效的大企業中，企業與員工之間都遵循著這樣一種利益最大化原則，這使這些企業留住了精英，又得到了可觀的利潤，一個企業運轉成功的狀態就是這樣。業務員也應該從中借鑑這些管理知識，懂得在銷售中把握利益的流動，藉由利益得到利益。

　　接下來，將告訴業務員如何才能實現自己和客戶利益最大化呢？

 ## 站在客戶角度，從客戶的利益出發

　　業務員不論在銷售還是服務時，都應該站在客戶的角度想一想，針

對客戶的需求介紹自己的產品，讓客戶明白他接受你的產品會得到什麼好處。客戶在明確自己的利益後，才會對產品產生購買欲望，交易才能夠進行下去。

莉莉是一家房地產公司的業務員，最近他們公司在推一個新案，所有的人都在忙著賣屋，莉莉也不例外。但是因為是較偏遠的新建案，很少有客戶走進來詢問。

一天，莉莉終於接到了一個看房的客戶，於是莉莉趕緊向客戶介紹他們的房子：「您看我們的房子怎麼樣？我們大樓四周環境優美，風景秀麗，安靜宜人，很適合居住。」在莉莉的熱情介紹下，客戶也流露出一臉興致，於是莉莉趁機說：「要不帶您去看看樣品屋吧！」

客戶欣然接受了莉莉的請求，跟著莉莉來到了樣品屋。莉莉知道這位客戶是一位高學歷的商務菁英，對於書房的要求很高。於是特意把客戶帶進了書房，並且順手拿起了書桌上的一本書遞給客戶，讓客戶坐下在書房裡體驗一下閱讀的樂趣。而客戶確實也是一個愛讀書的人，坐下來讀了會兒書，不由發出感慨：「這個地方真安靜，是個讀書的好地方，我喜歡。」

面對這種情況，莉莉接著把客戶帶到每個房間參觀，給客戶留下了很好的印象。在莉莉的一再努力下，客人終於決定買下這個新建案的頂樓。

莉莉成了這個新建案賣出房子的第一人。

莉莉之所以能夠成功，是因為她發現了客戶買房時的一個大需求——希望擁有一個可以安靜下來閱讀的空間，莉莉正是抓住並滿足了客戶的這個大需求，從而順利地賣出了房子。這就是業務員站在客戶的角度去

替客戶想其所需的好處。

　　業務員可以透過詢問了解客戶購買產品的原因、目的，或者是觀察客戶的言談舉止，了解客戶的需求是什麼。比如客戶買房子時，有孩子的父母考慮的是孩子要有活動的空間及好的學區；老人想要安靜、方便進出的環境；上班族希望房子的地段、通勤方便等等。只有了解並滿足客戶的心理需求後，交易當然就更容易成功了。

　　設身處地了解客戶需求，才是銷售能夠成功的關鍵。在銷售各式連動式債券前，理財專員王家芸一定認真研讀完商品的性質與內容，對於客戶的疑慮，她會很有耐心一個字一個字地將合約條文解釋給客戶聽，該注意的地方一定用紅筆或螢光筆劃起來，客戶看不懂，就先帶回家研究後再跟客戶討論，在扣款之前，她還讓客戶有「後悔取消」的權利。她的客戶某電子公司老闆娘林小姐，就是因為覺得王家芸認真，值得信賴親和力夠，總是會優先考慮到客戶的需求，才放心將其個人加上公司逾億元的資產委託給王家芸管理。

⭐ 提供對客戶而言最有價值的產品

　　為了獲得更多利益，有些業務員會想方設法給客戶推薦貴的產品，其實這是不正確的。同樣，為了節省交談時間和精力，有的業務員會逕向客戶介紹某件熱銷的產品，這也是不正確的。雖然這樣做能讓業務員在短時間內獲得可觀的收益，但是一旦客戶發現產品既貴又不適合自己，或是多數人喜愛產品但惟獨自己用起來不順心，那麼對業務員來說，是一種潛在的危險。因為客戶會將不滿的信號傳遞給其他人，使潛在客戶的數量減少，從而間接影響到業務員的長期收益。業務員這樣做的最終結果是自己

和客戶都兩敗俱傷，都沒能得到最大利益。

　　為了給客戶盡可能多的利益，更為了保護自己的利益，業務員千萬不要只顧眼前，短視近利，而要結合客戶的需求和特點，**向客戶推薦對他而言最有價值意義的產品，這樣客戶才能買得放心，用得舒心，並把自己的感受告知身邊的人，替你招來更多客源。**這樣業務員不僅讓客戶獲得了更多利益，同時也為自己再次銷售打下基礎，保護了自己潛在的利益。

　　宏泰人壽處經理陳淑芬就是堅持「把客戶的權益視作自己的權益」，光靠老客戶介紹客戶的口碑行銷，就讓她打敗金融海嘯。因為她把客戶的權益當作自己的權益來看待，所以她堅持不銷售投資型保單。這是各保險公司近幾年力推的主力商品，但就算客戶要求要買，她仍婉拒，她的想法是──投資賺錢，客戶們比我更懂，不需要我為他們費心。

　　她表示，「資」字拆開來看，是「次」與「貝」，即次要的錢；投資，就有風險，保險的精神是保障，是為萬一預做準備，保險和投資不該混為一談。把客戶的事都當作自己的事，在細節處下功夫，為客戶降低風險之際，陳淑芬同時也為個人品牌做了最好的風險控管。

⭐ 讓客戶了解到真實情況

　　為了獲得更多利益，一些業務員會有意規避一些事實，如產品的某個缺點，或是服務上的某個漏洞，認為這樣能夠揚長避短，其實這恰恰是在損失業務員自己的利益。客戶不會永遠被蒙在鼓裡，業務員只能贏得暫時的利潤，一旦客戶發現產品的真實情況，業務員在客戶心中的印象就會一落千丈，而客戶也幾乎不會再與這個業務員合作第二次。不讓客戶了解到真實情況，業務員到最後就成了利益的損失者。

不過度美化問題,而是幫助客戶解決問題。如果你有機會幫助客戶解決問題,那麼千萬不要錯過時機,盡一切可能幫助客戶是業務員取得事業上成功和超越競爭者的最有效方法。例如房仲業務員介紹的房子是臨近公園的,那麼可以想見這個物件的缺點是蚊蟲比較多,晚上住家附近會比較暗,會有安全上的顧慮,你可以建議買主晚上過來看;怕蚊蟲太多,可以建議客戶用香茅加稀釋的酒精撒在一樓樓梯間來防蚊,主動先幫客戶找解決方法。只要先打預防針,先點出問題,千萬不要把事情講得太滿,或是太over,其實客戶(後來)都可以接受的,對你的信任度也會提高許多。

做生意要放長線釣大魚,眼前的一點利益得失並不能決定什麼,長久的合作才能幫業務員贏得長久的利益。業務員讓客戶了解到產品的缺陷和服務中可能出現的漏洞,反而會讓客戶感受到業務員的真誠,贏得客戶的尊重。

世界上沒有十全十美的產品和服務,只要業務員表明改進的決心,強調改進的時程與具體措施,贏得客戶心理上的認同,打動客戶的心。只要留住客戶,業務員就不愁沒利潤可賺。

國際函授學校丹佛分校經銷商的辦公室裡,戴爾正在應聘業務員的工作。

艾蘭奇先生看著坐在面前的這位身材瘦弱,臉色蒼白的年輕人,忍不住先搖了搖頭。從外表看,這個年輕人顯示不出特別的銷售魅力。他在問了年輕人姓名和學歷後,又問道:

「你曾經做過推銷嗎?」

「沒有!」戴爾答道。

「那麼，現在請回答幾個有關銷售的問題。」

艾蘭奇先生開始提問：「業務員的工作目的是什麼？」

「讓客戶了解產品，從而心甘情願地購買。」戴爾不假思索地答道。

艾蘭奇先生點點頭，接著問：「你打算跟你的客戶如何開始談話？」

「『今天天氣真好』或者『你的生意真不錯』。」

艾蘭奇先生還是只點點頭。

「你有什麼辦法把打字機賣給農場主？」

戴爾稍稍思索一番，不急不緩地回答：「抱歉，先生，我沒辦法把這種產品賣給農場主人。」

「為什麼？」

「因為農場主人根本就不需要打字機。」

艾蘭奇高興得從椅子上站起來，拍拍戴爾的肩膀，興奮地說：「年輕人，很好，你通過了，我想你在這一行會很有發展！」

此時，艾蘭奇心中已認定戴爾將是一個出色的業務員，因為測試的最後一個問題，只有戴爾的答案令他滿意，在此之前的應聘者總是胡亂編造一些說法，但實際上絕對行不通，因為誰願意買自己根本不需要的東西呢？硬要讓「農場主人」接受「打字機」只會讓自己失去客戶。

與客戶進行條件交換

做生意的實質就是買方與賣方的條件交換，賣方提供產品、服務和技術，換取買方的金錢，有等價的利益交換，才有買方與賣方的成交與合作。在銷售中業務員也應該充分借助這個原則。用等價的產品或服務，換取利潤和客戶的信任。

一家電器銷售連鎖企業在週年慶期間開展了優惠大酬賓活動，在數位相機櫃臺前，一名業務員正在向一位中年女士介紹數位相機。最後，客戶經過業務員的推薦選定了一款數位相機，在開發票時，業務員問客戶：「這款產品可以延長保固期，現在的保固期是一年，如果加100元，保固期可以延長到三年；如果加200元，保固期可以延長到五年，保固期內換零件都免費。像您這樣的年紀也不像年輕女孩一樣趕潮流，買個相機也會用上幾年。如果購買了這個服務，那麼相機一旦出現問題，我們都會提供免費維修，對您來說非常划算哦！」

客戶聽了覺得有道理，於是就加購了一個保固延長到三年的服務，多付了100元。

其實在三年之中，客戶購買的相機不一定都會出現問題，客戶也一定不願意自己的相機出問題，客戶也怕麻煩，但是客戶還是願意多加100元，只為買個心安。就好比做保險一樣，投保人並不希望自己出事，花錢買保險，只為買個心安，多數的利益還是被保險公司賺走了。這就是一種條件交換策略，業務員在情況許可下可以靈活使用這種銷售策略，也能盡可能賺到更多利潤，並讓客戶也感覺得到了好處。

銷售Tips 練.習.單

- 用可以為客戶解決問題的辦法取代公司的規定，並且盡量不要使用「規定」這一字眼，讓客戶感受到你人性化的服務。

- 當客戶提出一個條件時，業務員可以與之進行條件交換，比如他要降價，你可以用增加購買數量與之交換。

- 切記對產品功能誇大其詞和無中生有，一旦客戶發現了你的虛假，就會果斷斷絕與你的一切聯繫。

- 切忌：與其強迫推銷，不如幫客戶解決問題。

- 先練習把產品賣給自己，也就是說如果你是房仲業務，你就要假想是自己要買這個物件，那你會在意哪些狀況？會考量什麼問題？然後再找解決之道。

- 善用分享的方式，讓客戶了解商品的好處與特別，讓客戶打從心裡覺得眼前這個好產品是一定要買回家的。

挖掘銷售精髓，坐穩銷售冠軍大位

Rule 02 提供有效建議，讓客戶不能沒有你

　　客戶在購買產品時，最浪費時間和精力的莫過於選擇產品的過程。為了買到自己滿意的產品，有的客戶會思前想後，權衡利弊，花很長的時間斟酌產品與自身需求之間的差異。業務員一定都不願看到這種情況，但這是銷售必經的過程。其實客戶何嘗不想快點買到符合自己需要又物美價廉的產品呢？對業務員來說，在這個過程中為客戶提供好建議，正是贏得客戶的好機會。

　　在客戶選購產品時，如果你能提供對客戶非常有幫助的建議，不僅能減少銷售時間，而且還能取得客戶更大的信任，客戶不僅會購買產品，而且使用後也會願意繼續找你諮詢。這樣一來，你就把客戶的心套住了。客戶覺得你在他的購買過程中非常重要，甚至覺得沒有你就無法選擇到最適合的產品，這時你在客戶心中的重要地位就建立起來了。

　　小羅是一家服裝店的店員，這天一位中年婦女走進店裡，轉了一圈之後，對著一件淡紫色的上衣看了又看，拿起來又放下，似乎很猶豫。小羅在一番介紹與促成後，客戶仍然猶豫不決。

　　客戶：「這個，我還是再考慮一下，和我老公商量之後再說。」

　　小羅：「其實這件上衣很符合您的氣質，我看您也特別喜歡這件衣服。不過您說還要和老公商量一下，我能了解，關鍵是老公覺得您穿起來

好看,您也會更高興且更加有自信。」

客戶:「是啊,所以我想回去商量一下。」

小羅:「不過我也擔心還有什麼地方沒有解釋清楚,所以想請教您一下,您到底是顧慮哪一方面呢?衣服的款式還是顏色?」

客戶:「款式還可以,主要是衣服的顏色,擔心我老公會不喜歡,我很少穿這種顏色鮮亮的衣服。」

小羅:「您能嘗試與以往不同的打扮說明您很有時尚感。其實在我看來,您非常適合這個顏色,您可以試穿一下。」

客戶進行試穿後——

小羅:「您看,這衣服是不是很適合您的氣質?無論是顏色、款式還是材質都不錯,不穿在您的身上真的是可惜了。」

客戶:「嗯,真的很不錯,沒想到穿上效果這麼好……」

小羅:「衣服真的適合您,如果您錯過它,真的很可惜。」

客戶:「是嗎?那……就買了吧!」

在客戶選擇產品的過程中,業務員只有適時、適當地為客戶提出最有幫助的建議,才能贏得客戶的信服。作為業務員,你應該從客戶的實際情況出發,向客戶提供高效建議,讓客戶覺得沒有你不行。以下提供一些業務員要如何提建議以俘虜客戶心的注意要點:

先服務別人,再滿足自己

當你要準備開始談一筆生意時,你是花多少時間去想客戶要什麼?還是大部分時間只想到自己要講什麼呢?如果你是一名汽車業務員,你是趕快建議客戶去試車、急著介紹車子的各種功能來促成交易,還是先了解

顧客的需求？**成交的關鍵是「先服務別人，再滿足自己」**，不要因為有業績壓力，而忽略了要照顧到客戶的需求，腦中只想著要催促客戶趕快購買。你要先想著如何滿足顧客的需求，後來才在這當中推薦自己公司的產品或服務，如何能確實滿足他們的需求，也因為成交而滿足了自己的業績需求。

業務員必須了解客戶到底需要什麼，才能給客戶提想要的建議，就是要挖掘客戶的潛在需求，關注客戶的興趣是什麼、關心什麼、什麼需求是必須滿足的……，只有這些業務員都了解了，才能夠給客戶想要的。

如果產品不能滿足客戶的需求，業務員就要想辦法讓客戶接受並盡快喜歡上產品。此時，就要根據產品情況幫助客戶建立新的需求點，轉移客戶的需求點，把產品的顯著優勢及能給客戶帶來的利益以建議方式說給他聽，不僅能有效吸引客戶對產品的關注，而且也會讓客戶覺得收到了對自己有幫助的訊息，從而更願意耐下心來進行選擇。

小陳從事凱迪拉克汽車業務的工作剛滿半年，然而半年之中他只賣出一輛車，每個月都被檢討，就在他決定要辭職的當天，他竟然賣出了兩輛車！第一輛車是顧客一走進來就跟他說：「我只是來看看的」，小陳平淡地說：「沒關係，您儘管看，有任何問題我都可以為您解說。」因為心情輕鬆，沒有急於成交的壓力，就是顧客問什麼他就答什麼，很有耐心地解說，結果顧客最後竟然跟他說：「那我買了。」

另一組客人是快下班時來的，小陳心想這應該是今天接的最後一組客人，就好好服務吧。客戶一開始就對小陳表達他對車子的需求，「我需要適合我身高（178公分）方便上下車的、座椅坐起來不能太低、後座空間要大」小陳一開始就先帶客戶相中的STS車型，但是客戶覺得STS的

座椅坐起來偏低，雖然坐在裡面很舒服，但還是不滿意。小陳接著又介紹CTS車型！客戶還是覺得座椅偏低，本來客戶想說算了要轉身離去，小陳建議客戶再試坐一下SRX車款，客戶立即喜出望外，覺得座椅高度適中，也容易上下車，其內裝材質、皮椅等級也一樣很優。客戶初步滿意後，小陳客氣有禮地做各項說明，即使某些功能客戶明顯不感興趣，他就自然地停止說明，直到客戶再提出問題或是表示意見時，他才開口說明。就在客戶車子看得差不多時，小陳為他沖了杯咖啡，準備好型錄資料，貼心地留下客戶自己考慮考慮。沒想到最後客戶決定買了，並對小陳表示這次的購車經驗讓他很輕鬆，一點都沒有壓力，是很棒的體驗。這時，小陳才明白自己之前錯在哪裡了。

　　業務員可以用觀察、傾聽、詢問等方法去挖掘客戶想要的「餌」，只有了解客戶的「習性」後，才能夠釣到客戶這條「魚」。舉例來說如顧客說：「超出預算或是太貴」，業務員就可再詢問顧客：「不知道您預算多少？」或是「不知道您期望用多少錢買呢？」然後再設身處地從客戶的回答中去找尋最適合價位的商品推薦，以滿足客戶的需求。

 ## 建議的時機點要恰當

　　客戶在購買產品時，常常會有很多問題讓他們猶豫不決，業務員在這時為客戶提出建議，就能獲得客戶的重視。一般來說，客戶如果真心想要購買產品，在業務員想幫助他們時都會說出自己內心的想法，所以業務員不用擔心會引起客戶的反感。以下幾種情況是客戶想尋求幫助時的會表現出來的癥兆，應該要特別注意：

▶▶ 客戶總是把目光投向業務員，這時客戶的潛臺詞就是在說：「我拿不定主

意，你來幫我吧！業務員若能及時出現在客戶身邊，為他釋疑解惑，肯定可以幫客戶做選擇。

▶▶ 客戶反覆拿起幾件不同的商品，這時客戶內心的OS 其實就是在說：「我想買產品，不知道選哪個好！」業務員這時可以根據客戶需求或生活背景，幫助客戶做出選擇。

▶▶ 打電話向別人求救，這時客戶是在尋求可以為他做決定的人，業務員可以用真誠態度征服，讓客戶信任自己並幫助客戶做出選擇。

⭐ 站在客戶角度尋找有利於客戶的方案

　　客戶在做決定時也許會表現得猶豫不決，這是很正常的。那是因為在實際挑選時，客戶發現產品並不能完全滿足自己的實際需求，或是發現產品的真實情況並不像自己預期的那樣，即使了解到產品有某些突出的新優點，客戶也不會馬上接受，而是猶豫著到底是堅持自己原來的想法？還是試著了解和接受產品的其他優點？客戶會在心中做出一番新的衡量，折中選擇自己所需的，才能做出購買產品的決定。

　　千萬不要期望客戶能馬上接受產品，至少要給客戶一些思考和衡量的時間，也不要催促客戶做決定。**有時候，客戶放棄購買產品並不是他真的不想買，而是被業務員催促得失去了衡量和選擇的耐心**，特別是在產品無法完全滿足客戶原始要求的情況下，業務員給客戶一些時間，多引導客戶了解到產品在另一方面的優勢，盡快淡化客戶原有需求，將客戶的注意力集中到產品的其他優點上，充分調動和利用客戶的折中心理，這才可能讓客戶做出購買決定，符合你的期望。

　　針對客戶猶豫不決的部分，業務員在提出更多說明後，可以接著

問：「您現在覺得這產品如何呢？」再從客戶的回答中去找出客戶說不的理由、瞭解他們的真正想法，為客戶提出最有利的建議。千萬不要為了賣一好價格或是為衝業績而誇大其實，如此才能獲得顧客信任，生意才會做得長長久久。

如果業務員在客戶信任業務員的情況下為客戶提建議時，這樣的建議會更容易為客戶所接受。要做到這一點，業務員就要想客戶之所想、急客戶之所急，從客戶的角度出發去考慮什麼樣的選擇對客戶最有利，但又不傷及自身利益，這樣業務員就能夠輕而易舉地取得客戶的信任，建議也會更容易被客戶接納。

台新銀行資深財務顧問林雅盈表示：「理財是一個過程，不是賣完產品就結束，我必須確保是否給每位客戶適當的建議。」**業績數字是一時的，能被客戶長期信任反而更重要**，因為客戶把他的財產交給你管理，理專就要做客戶的靠山，最好留下手機號碼，讓客戶隨時都能找到你。客戶的投資有賺錢自然理專有面子；但是在客戶賠錢不知道怎麼辦的時候，理專也要能協助將客戶資產轉進避風港，這才是理專的價值所在。

一位女客戶走進一家辦公室家具專賣店，看了一圈之後，指著兩把椅子問：「這些辦公椅都是同樣價錢嗎？」

業務員走上前去，扶著其中一把說：「不是的，這種椅子八○○元，旁邊的那把一六○○元。我們到沙發這邊來談吧！」

客戶回答：「不了，我今天只想先好好看一看。為什麼這兩把椅子差不多，價格卻差了一倍呢？」

「那您可以坐上去試一下。」

客戶分別試坐了一下，又問道：「為什麼價格便宜的坐上去反而更

加舒服呢？一六○○元那把坐上去有些硬。」

業務員笑著說：「這是因為一六○○元的椅子內部彈簧比較多，雖然最初坐上去有點硬，但是它是按照人體工學設計的，讓人長期坐在上面也不會覺得疲倦。同時彈簧多了就不會因為變形而影響坐姿，可以糾正人們錯誤的坐姿方式。除此之外，這把椅子還配備了先進的純鋼螺旋轉支架，這種支架比普通支架壽命長三倍，且不會因為過重的體重或長期旋轉而磨損脫落。如果支架的品質沒有保障，很容易使人們在坐的過程中突然掉到地上或發生危險。所以，這種椅子不但有益人的身體健康，使用壽命更長，也沒有安全上的隱憂。」

業務員又接著說：「那八○○元的椅子也不錯，不過在人體健康和使用壽命上遠遠不如這一把，您覺得哪個更合適呢？」

最後客戶決定購買一六○○元的椅子，雖然多花了八○○元，但是客戶覺得物有所值，為了自己脊椎健康著想，這完全是值得的，況且這把椅子的壽命還要長很多。

雖然客戶覺得一六○○元的椅子的確是貴了一些，但是產品中也包含著相應的實用價值。最終客戶在價格和健康、品質之間權衡利弊，決定購買了一六○○元的椅子，這就是折中心理的體現。業務員可以在交易中洞悉客戶的折中心理，讓銷售順利完成。

⭐ 給客戶盡可能多的選擇

客戶在選擇產品時會有折中心理，當然也希望能有更多的選擇，以使自己有彈性地選擇到底要購買哪種商品。業務員了解到客戶這種心理，在向客戶推銷的時候，就應該給客戶更多選擇的餘地。比如多準備不同的

品質、款式、加工方法、價格的產品，讓客戶能在盡量大的範圍內有充分的選擇性。如果業務員不顧客戶的感受，讓客戶的選擇過於單一，也會讓客戶在折中選擇的過程中失去興趣，而錯失成交良機。

　　一對夫妻走進一家房地產公司的售屋中心，他們想買一間四○～五○坪坐北朝南且有一個大客廳的房子，其他的都可以再考慮。接待他們的是一位年輕的女業務員，她將這對夫妻帶到了銷售中心的沙盤旁，開始介紹社區的整體及周圍的概況。當她正說得欲罷不能的時候，「我想問一下，這個社區的各種戶型圖可以給我看一下嗎？」女客戶打斷了她的介紹。業務員讓這對夫妻到沙發上坐著，然後拿了幾張戶型圖，女客戶接過戶型圖，看過之後問：四○坪左右的都已經賣完了？」業務員回答：「對，不過六○坪的也不錯，格局設置更加合理，賣得特別好，現在只剩下不到十間了。」

　　聽到這裡，女客戶疑惑地和丈夫對看了一眼，然後問業務員：「那是不是剩下的都是別人挑剩的呀？」業務員馬上回答：「哦，不是這樣的，其實這幾間房子恰恰是格局比較好的戶型，只是因為一開始公司將這些房子給一些大客戶預留的，後來大客戶資金周轉出現問題，就留到最後才賣了。」

　　女客戶又問：「那這幾間房子都分佈在哪裡？」

　　業務員回答：「都在臨近花園的這棟樓裡，並且是八樓到頂樓，這幾戶是不是賣相比較好呢？」「可是這幾戶的價格也比較高啊，對吧？」女客戶又提出了異議，接著她對丈夫說：「我們還是到其他的地方看看吧？這裡根本就沒有其他的選擇。」說著兩人便離開了。

　　幾天之後，當那位業務員給這對夫妻打電話詢問購買意願時，那對

夫妻告訴她「我們已經買了一間，就在離你們不遠的一個社區」。後來，這位業務員得知，另一家房地產公司只是房子的種類更加豐富，這對夫妻購買的時候精心挑選了一番，但最後購買的房子與自己銷售的房子在各方面條件差別並不大。

客戶在發現產品不能滿足自己的全部需求時，首先會覺得失望，對於業務員介紹的產品也往往提不起興趣。特別是這些產品種類少時，客戶的興趣就更難被激發出來，使客戶不願在產品和需求間尋找吻合點，從而放棄選擇和購買。而當產品的種類繁多時，客戶的購買興趣又會被重新激發起來，使客戶願意在需求與產品間折中選擇。

在發現產品不能完全滿足客戶需求時，業務員不僅要多強調產品的優勢，同時還要結合客戶情況，多給客戶幾種選擇，充分挑動客戶的折中心理，讓客戶在不同類型和性能的產品中選擇出對自己最有利的，最後達成交易。

銷售Tips 練.習.單

🍂 反覆練習做好自己的銷售說明工作，處理好客戶的反對意見，還要保證自己所銷售的產品品質和功能良好，價格適度，這樣才能使客戶對你的服務滿意，才會接受你的建議。

🍂 即使不一定能對成交有直接幫助，你也可以向客戶提供在商業上有幫助的資訊。

🍂 一定要站在客戶的長期需要上給予建議，以滿足客戶目前和將來的需要。

🍂 盡己所能地找出客戶不同層次的需要，比如：最主要的業務問題、客戶公司的問題和需要、部門的問題和需要以及客戶個人的問題和需要。

🍂 產品沒有多樣的選擇，客戶的貨比三家心理會得不到滿足；但是提供繁多的選擇，客戶也會拿不定主意。因此，你要慎選要給客戶選擇，讓他折中之後找到最滿意的產品，但提供的選擇不能過多，二～四個就足夠了。

🍂 並不是每個客戶都只需要高檔產品和永遠需要高檔產品，因此不要總是向他們推薦高檔次的產品，否則客戶就會懷疑你這樣做完全是為了增加個人收入。

🍂 千萬不要不向客戶打招呼就宣佈漲價，如果你的老客戶一直向你購買產品，而你的產品需要漲價，就應該盡快向他說明並解釋原因。

🍂 坦率地承認缺點，並研擬好婉轉的說法，客戶不僅不會對你的產品失去信心，反而會認為你這個人誠實可靠，而選擇與你達成交易。

挖掘銷售精髓，坐穩銷售冠軍大位

Rule 03 運用二八法則，以最少的付出獲得最大回報

　　每個人都希望自己的付出可以得到對等的回報，業務員當然也不例外。義大利著名經濟學家帕雷托有過這樣一個理論：社會上80％的財富為20％的人所有。這就是著名的「二八法則」。其實在生活中二八法則也處處可見：

　　在營養學中，20％的食物提供80％的營養；

　　在學習上，20％的重點決定80％的成績；

　　在生命中，20％的時間賺取80％的積蓄；

　　在事業裡，20％的努力決定80％的成功；

　　……

　　以上所有的結果都證明：80％的結果取決於20％的關鍵點。在銷售中，二八法則也是顯而易見，**業務員80％的業績由20％的客戶所創造。業務員想要工作起來事半功倍，就要抓住20％的重點客戶，用最少的付出換回最大的回報，用20％的時間，創造80％的業績。**

⭐ 抓住20％的客戶贏取最大利潤

　　在銷售中，業務員為了獲取更多的業績結交了很多客戶，也不停地向這些客戶宣傳自己的產品，但是最後發現只有20％的客戶會接受產

品，所以說業務員大部分的業績來自20％的客戶。在明白這個定律後，就可以花費大量的精力去抓住這20％的客戶，將他們發展成為自己長期、穩定的客戶群，這樣就可以確保和掌握自己業績的一大半了。

當然，你也不能放棄其他的客戶，還是要用自己剩餘的時間或是20％的精力去開發新的客戶，這樣才能持續獲得更好的成績。

用20％的時間高效介紹產品

在銷售過程中，有些業務員一直在滔滔不絕地介紹自己的產品，讓客戶感覺非常不耐煩，結果本來有很多客戶想要購買，卻被業務員「嘮叨」得反而興致全消，變得不想買了！

所以業務人員在銷售過程中不妨先多花些時間傾聽客戶的需求，用剩下20％的時間闡述自己產品，在得知客戶需求後對症下藥，既省時又可以不費力地拿到訂單，才算是「高效」銷售。

做好20％的感情投資贏取客戶信任

在銷售工作中，業務員對客戶的情感投資只是銷售工作中的一小部分，至多也就占到20％，但是它對銷售工作的影響卻是巨大的。業務員如果能做好這20％的情感投資，贏得客戶足夠的信任，往往能帶來整個銷售工作的成功。

業務員應在與客戶的情感投資上花費80％的時間，贏取客戶最大程度的信任，抓住客戶的心，再用剩下的時間做其他的銷售工作，這樣就能更快取得訂單，真正達到事半功倍的效果。

花費20％的精力包裝自己，贏得良好的第一印象

業務員如果給客戶留下很好的第一印象，銷售也就成功了一半。所以，業務員花費20％的時間和精力為自己打造一個良好的個人形象，這樣就可以獲得客戶80％的青睞。

在個人形象的修飾上，業務員不必過於講究，只要將自己的外表打扮得乾淨、整潔，在面對客戶時大大方方，就足以獲得大部分客戶的青睞。

用20％的時間贊同客戶，贏得客戶最多的好感

在銷售流程中，業務員讚美客戶，是銷售工作的畫龍點睛之筆，業務員充分利用讚美的作用，就能贏得客戶80％的好感，但是僅靠讚美是不能直接就成交的，所以在花費80％的時間讓客戶了解產品與其利益的基礎上適時讚美客戶，讚美才能凸顯其奇效。

在銷售過程中，業務員要適當加入一些讚美之詞，時間最多20％就足夠了，否則客戶就會感覺業務員是在刻意討好他，讚美便不能發揮原本的作用。

真正接受你推銷的人只有20％

在你銷售商品的市場上，真正能夠成為你的客戶、接受你勸購的人，只有20％，但這些人卻會影響其他80％的顧客。所以，你要花80％的精力向這20％的顧客展開銷售攻勢。如果能夠做到這樣，也就意味著你將成功。因為80％的業績來自20％的老顧客。這20％的老顧客才是你最好的顧客。

 用80％的耳朵去傾聽，用20％的嘴巴去說服

銷售要成功的秘訣，就是用**80％的耳朵去傾聽顧客的談話，用20％的嘴巴去說服顧客**。如果在顧客面前，80％的時間都是你在嘮叨個不停，達成交易的希望將隨著你滔滔不絕的講解，從80％慢慢滑向20％。顧客拒絕你的心理，將從20％慢慢上升到80％。

 成功的80％來自情感交流，20％來自產品本身

銷售的成功，80％來自交流、建立感情的成功，20％來自介紹產品的成功。如果你用80％的精力使自己接近顧客，設法與他們友好；這樣，你只要花20％的時間去介紹產品對客戶所帶來的益處，就會產生80％的希望了，但是假如你只用20％的努力去與顧客博交情，而用80％的努力去介紹產品，大約會有八成的機率是白做工。

80％的顧客都會說你的產品價格高

80％的顧客都會說你的產品價格太高，在銷售的過程中，你會發現，你的顧客當中，會有80％的人眾口一詞地說：「你的產品價格太高」但是，機會大量地存在於這些80％的顧客當中。

 銷售從被顧客拒絕開始

在你的銷售經驗中，有80％的機率是失敗的，只有20％可能成功。除非是賣方市場，否則這樣的關係不可能倒置。在剛剛加入業務員這一行的人當中，將有80％的人會因為四處碰壁而知難而退，留下來的20％的人將成為銷售界的精英。而這20％的人將為他們的企業帶來80％的利益。

挖掘銷售精髓，坐穩銷售冠軍大位

用20%的時間放鬆自己

不會放鬆的人也不會工作，汽車開得太快容易出危險，鐘錶發條上得太緊會時間不準，皮筋繃得太緊會斷裂，不懂得放鬆的業務員就沒有充沛的精力做好工作。業務員只有拿出一定的時間合理放鬆，養精蓄銳，才能有足夠的精力應付和解決工作中的各種問題。

但是羅馬不是一天建成的，業務員要想取得成功還要善用時間學習和工作，所以在分配時間時，**業務員應該將80％的時間用在工作上，20％的時間用在休息和放鬆上，有效利用這20％的時間，使自己積蓄充足的能量，這樣業務員才能提高工作和學習的效率。**

在休閒的時間裡，就應丟掉工作上的一切不愉快，做自己感興趣的事，和家人或好朋友盡情地分享快樂，如果有較為集中的假期，也可以考慮去度假，徹底放鬆一下，盡量讓自己在有限的時間裡得到最大程度的放鬆。

銷售Tips 練.習.單

- 既然自己80％的利潤來自20％的客戶，業務員就應該將80％的精力放在這20％的客戶上，是為你為自己創造關鍵性差異的使力點。

- 在銷售中，雖然有些客戶的購買量不大，不能為你創造大量的利潤，但是卻可以產生較大的影響，比如知名的企業和單位，與這類公司保持良好的合作關係，可以大大提升產品的口碑，因此這類客戶也需要給予重視。

- 我們在與人溝通時，都不喜歡就同一個問題被三番五次地追問，因此業務員不要重複向客戶詢問同一個問題，這樣會既浪費了客戶的時間，也降低了自己的效率。

- 業務員在拜訪客戶之前一定要準備好必備的材料，這樣才會有條不紊，不會出現丟三落四的情況。

挖掘銷售精髓，坐穩銷售冠軍大位

Rule 04 業務員都要會用故事行銷

　　一般人都誤解說故事行銷是要「很會說話」或「很會寫作」，才能夠「很會賣」。其實，說故事行銷的核心價值是「聆聽自己，啟發他人」，要由自己出發，為商品挖掘、整理一個真實故事，在適當的時機，跟適當的對象講適當的內容，才能夠影響他人採取行動──不只掏錢購買，還會主動傳遞口耳相傳，效果勝過千萬的廣告費！所以，故事是從創造開始，能夠「創造、整理、傳遞」故事，才是完整的「說故事行銷」流程。因此，任何人都可以做「說故事行銷」，只要你願意聆聽自己內心的真實聲音。業務員如果能善加運用「說故事」的能力，較容易締造業績。台灣賓士汽車業務副理張明揚就是典型案例。他經常和他的客戶分享親身發生的故事，很多人聽完後，即便當下沒買，日後想買車自然就優先找他。

　　根據哈佛研究報告指出：「說故事可以讓行銷獲利八倍以上！」故事，是人類歷史上最古老的影響力工具，也是最具說服力的溝通技巧。業務員若擁有感人的服務故事，必定會引起客戶的共鳴，進而成交。當然，**你說的故事都必須是要用來證明客戶的選擇沒有錯，切忌不要用故事來反擊客戶，令客戶難堪。**你也可以舉發生在自己身上或家人、朋友的故事來告訴你的客戶為什麼需要這個商品，會為他帶來什麼正面的好處。**故事行銷其實都是在提供一種體驗，而故事往往能帶領人們身歷其境，給消費者**

一個經驗感。

說故事行銷的好處：

1. 引發共鳴，建立關係。

2. 打造商品的魅力與價值。

3. 激勵客戶或員工。

4. 創造客戶的需求。

5. 拉近彼此的距離。

6. 建立形象，搏得好感。

7. 驅使人們採取行動。

8. 傳達理念或價值觀。

9. 平息謠言或負面消息

一個好故事必備以下七大元素：

1. 人物：不同的角色，讓故事更加活潑。

2. 內容：包含了整個事件的因果，過程的轉變。

3. 場景：一個時空背景下發生的事件。

4. 畫面：當時所處的環境景像，更加身歷其境。

5. 對話：內心對話或角色間的對話，增加故事的真實感。

6. 衝擊：故事情節中巨大的轉變，讓故事更加精彩。

7. 啟發：故事結束引發他人的想法進而採取行動。

一般而言，說故事行銷有以下三種傳遞方式：

 ## 一、書面文字

透過傳單DM、書本雜誌或網路文章，以文字方式表達一個故事。其

中除了掌握上述七大元素外，如何下吸睛的標題最為關鍵。以下介紹如何下標題的十種方法：

1. 反邏輯：蘿蔔可以種在牆上嗎？
2. 數字型：如何一天賣出十六輛車子？
3. 對比型：穿西裝的乞丐。
4. 幽默型：別讓香港腳讓你跳起來！
5. 引誘型：如果你還沒退休，請勿閱讀本文。
6. 問句型：如何在一夜之間增加記憶力？
7. 保證型：不好吃免錢。
8. 同音型：玩一夏吧！
9. 諧音型：如何讓你的財富兔飛猛進？
10. 混合型：如何打造月入30萬的網站？

⭐ 二、口語表達

根據7/38/55定律，7％是你說的內容文字，38％是聲音語調，55％是肢體動作，故事要憾動人心，要令人想聽→愛聽→心動→行動，所以必須掌握佔比重高的聲音語調和肢體動作這兩大部分。

聽眾會從你的表情，姿勢，手勢，服裝，眼光移動，音調，語氣等來接收你傳達的訊息。最大的禁忌就是讓人感到無聊。

⭐ 三、聲音影像

你可以透過照片加背景音樂或一支廣告影片來訴說一個故事。7-11曾經有一支廣告是這樣演的──

　　一個美好的清晨，孫爺爺在7-11超商取了一份報紙走向櫃台，店員親切地打招呼說：「孫爺爺早啊！你今天還是要一份報紙……」接著，店員與孫爺爺不約而同地說。「一個茶葉蛋！老規矩！」店員微微笑回答：「好！沒問題！」兩人繼續問候閒聊，畫面秀出「7-11和你在一起」的字幕……

　　7-11選用溫馨小故事，來塑造企業形象，傳達「7-11就在你身邊，和你在一起」的親切感。

說故事，促成訂單與交易

　　多說一個小故事，能讓客戶多認識你一些，而說**故事，可以創造需求與商機，客戶的需求也許就在你的熱情分享故事之下被喚醒，當然也會多一份商機！**業務員在與客戶進行第一次見面時，就可以簡單地分享自己人生的小故事讓客戶更快認識你，甚至說一個創辦人的小故事也可以；遇到客戶對產品有所疑慮時可以說另一個客戶的見證故事，發揮「信心傳遞」與「情緒轉移」的效果。身為業務員，要如何把重要的銷售訊息，說到客戶心坎兒裡？這時就可以好好運用說故事的力量，從「講一個好故事」，進而為客戶創造「擁有之後的願景」透過故事可以準確的「投射」出對方想要的願景。當你主動說一個故事，出發點是為了讓雙方有更好的發展時，對方一定可以感受到你的用心！

　　一般人會比較喜歡跟一個親和力夠、幽默、耐心、專業的人購買商品，當你會說一個好故事的時候，你全身每個細胞都會散發出無比的魅力，聽完你的故事，對方的心裡也許會萌生這個念頭：「某某某，我們什麼時候可以再碰面呢？你的故事充滿了啟發與趣味，跟你聊天好有意思

哦………」**當對方喜歡上你的時候,也就表示成交有望了。**

嚴長壽曾說:「說故事的先決條件一定要自己先感動,有所啟發,才能感動其他人。」而且故事必須在一分鐘內就先讓人心動,全長不宜超過三分鐘,否則聽眾會失去耐心。前三十秒,就要講到人入勝之處,讓人想聽下去,再來就是故事中最精采之處,可以用問題、數字或比喻,將個人情感與內心矛盾之處投射到故事中,**透過故事溝通讓對方瞭解、信任你,傳達你想要表達的產品價值和為客戶帶來的利益,自然就能創造成交機會。**

永慶房屋復興民生店店長陳賜傑就是一位喜歡跟客戶分享別人投資店面成功故事的銷售高手。陳賜傑說:「我喜歡聽客戶的故事,也喜歡將客戶賺大錢的故事分享給其他客戶聽;後來,我發覺,這也是商用不動產仲介的一個很好的溝通橋樑;當我在為每一個客戶尋找物件,幫他們完成一筆生意或一個房東夢想的同時,也在幫他們寫下另一個築夢的故事。」

高價保養品品牌海洋拉娜的超級銷售員沈莉萍,總是能讓顧客回來和她分享使用後的感覺,然後她再將令人印象深刻的「故事」,轉而分享給其他的顧客。沈莉萍曾經遇到一個長年在海外購買的愛用者,由於海洋拉娜在台灣設櫃只有五年,沈莉萍聽到對方已經使用海洋拉娜有十年的經驗,就如獲至寶地和對方約時間、詢問她的使用經驗,「你一定看不出來,我六十歲了,這就是我十年來都離不開海洋拉娜的原因。」結果這個老主顧的經驗談,變成了被沈莉萍不斷傳頌的傳奇故事,大力地為她的業績推波助瀾。

接下來,就舉兩個說故事行銷的範例,看完後,你也可以試著以自己的體驗說出讓客戶買單的動人故事!

 ## Story1：永遠不要有這一天

在我15歲時，父親買山，買挖土機，準備一展鴻圖，沒想到有一次上工，忘了拉手煞車，挖土機重心不穩，竟將我父親活活壓死，而他生前並沒有買任何保險。

當時我正在參加救國團連夜飛奔回去，看著家門前蓋著白布，剎時昏了過去。

這個意外打斷了我升學之路，卻也讓我體會保險的重要。成為日後投入這行的動機。

保險恰似父親的手

當時的我，每當夜深人靜的晚上，對爸爸的思念特別強烈。爸！媽媽現在每天很早就出門去送報紙，前天媽媽在送報紙的途中，被一群野狗追，不小心跌倒，媽媽的兩條腿都流血了。晚上，我聽到媽媽在哭，哭得好傷心。今天下午我和弟弟回家，媽媽不在，桌上有兩個粽子，弟弟吃一個，我吃一個，吃完後我叫弟弟去做功課，可是弟弟說肚子餓沒吃飽，一直吵著要爸爸。

爸！我不知道要如何回答。下個月學校要開學，為了籌學費供我們姐弟唸書！媽媽好辛苦喔！昨天晚上我偷偷去摸她的手，變得好粗喔！爸！你快點回來，我好想你，想到以前我們一家四口出遊的情景，我的淚水已奪眶而出，明知盼不回你，但我還是要告訴你：爸，我愛你！

一張400萬的支票

我記得有一個擔任粗工的客戶，與孩子玩遊戲時不慎跌倒腦死，就在全家人陷入愁雲慘霧時，由於他有投保公司核發四百多萬理賠金，當我

挖掘銷售精髓，坐穩銷售冠軍大位

把錢交到他太太手裡的那一刻,她淚如雨下,立即對我跪了下來,足足跪了30分鐘不肯起來!後來這個客戶的太太還幫我介紹了五個客戶。

成交一切都是為了愛

投入保險近20年,入選美國壽險百萬圓桌會員超過10次的我,每一次站在台上都會分享這一段話:「意外和明天,我們不知哪一個會先來?我們能做的就是做好理財規畫,這是一種對家人的愛。更是支持我繼續在這行業,持續下去的原動力。」

⭐ Story2:走過死蔭幽谷,助人渡過生命低潮

喪父之後母親改嫁日本,我(黃禎祥)和弟妹三人分別給不同的親戚扶養,我是阿公、阿嬤帶大的,此後就很少見到母親,家人形同四散,從小就領兩份救濟金長大,因為幼年貧窮,讓我立志要賺大錢。在高中畢業之後,我獨自一人北上,開始了追求財富的圓夢之旅。在輾轉嘗試過許多行業之後,一次的因緣際會之下,一個應徵廣告──「虎年徵虎將」,對房地產一竅不通但卻屬虎的我,就此一腳踏入房仲業。

剛開始進入這一行,走得並不平順,在連續三個月業績掛零,險些喪志離開,後來因貴人的相助與銷售組組長的協助,使得原本個性內向耿直的我終於開竅,終得在房仲業大放異彩。就在人生剛變彩色的時候,卻在三十五歲那年因為一次投資失誤,公司慘賠上億,個人還負債上千萬,我當時也不知道該怎麼辦才好,壓力大到得了胃潰瘍和十二指腸潰瘍,一想到被債務追著跑的日子,心裡就很害怕,覺得自己一定熬不下去,所以決定結束自己生命。

我是個非常「目標導向」型的人,所以當時我有個想法,要選一個

自己最想永遠安息之處，那就是「美國的舊金山金門大橋」，從金門大橋望出去，風景非常美麗，就像火紅的熱情橫跨在藍色的憂鬱上，據說此處也是許多人自殺的選擇，再加上「I leave my heart in San Francisco」是我最喜歡的一首英文歌，貧病交迫的我決定到美國舊金山金門大橋結束自己的生命。

　　事情有時就是那麼巧，有位阿姨聽說我要去美國，就借了一筆錢給我當旅費，主要是想請我帶回一大箱台灣沒有販售的維他命，還說舊金山有個不錯的課程，有時間的話建議我去聽一下。我當時才不管什麼維他命不維他命，什麼課程不課程，反正有人借錢給我買機票去美國結束生命就是了。

一個聲音，是上帝的呼喚嗎？

　　我終於如願上了金門大橋，就在我準備往跳下的時候，耳邊非常清楚地聽到一個「走過去」的聲音，這裡是美國，怎麼會有人講中文，而且，四下無人，正納悶之際，又聽到了兩次非常清楚的「走過去」，心想：「好吧，走過去就走過去，既然都已經來了，總不能連金門大橋是什麼樣子都沒有欣賞過吧！」於是我開始從橋的這一端走到另一端，沒想到我的人生竟出現重大轉折。

　　我看到有位年紀很大的老太太帶著兩名幼童和一大堆行李，行李太重，老太太顯得很無助，我不知哪來的精神就主動幫忙把行李搬運了過去，老太太她那充滿感激的眼神卻觸動了我的心，我心想：「在我一無所有的時候還可以幫助人，這比在房地產賺到月收入百萬還要快樂！我發現我找到生命的另一種感動！原來我還是個有用的人。」

正向思考，生命逆轉

後來在我準備跳下去的瞬間，人生如一幕幕電影在腦海中放映，最後停格在那位借給我錢的阿姨上，我想到如果之後阿姨知道她借錢給我是助我自殺的一臂之力，那她此後的人生不是會活在無盡的懊悔中嗎？我怎麼能夠讓人家在不知情之下做了後悔一輩子的事！最後決定還是先去聽阿姨推薦要去聽的那場演講。

結果一聽之下，我備受激勵，決定不死了。原來那位演講者是位退休的公務員，在開創了事業的第二春之後，月收入二百萬美金，我真的非常震撼，他老兄一個月的收入就可以抵我所有的債務還綽綽有餘，人生機會這麼多，我怎麼能就這樣放棄了呢？

願做邁向重生的橋樑

後來我（黃禎祥）並沒有自殺，反而找到自己的志業，並在新加坡向許多世界大師學習，包括心靈雞湯的作者——馬克・韓森、世界潛能激勵大師——安東尼・羅賓、世界房地產銷售冠軍——湯姆・霍金斯（Tom Hopkins）、世界行銷之神——傑・亞布罕（Jay Abraham）……等，短短三年的時間我從低潮爬到巔峰，因此決定把這些大師的智慧帶回台灣，激勵和影響更多人的生命。

當年沒有在金門大橋縱身一躍的我，如今願意貢獻自己的人脈與所學，成為幫助人們走過生命谷底，邁向新生的生命橋樑。

銷售Tips 練.習.單

- 要學習觀察客戶的狀況來決定要什麼樣的故事。

- 可以同時告訴客戶幾個成功與失敗的例子。善用正面與負面的故事,強化客戶的抉擇。

- 在跟客戶實際洽談的過程,可以透過故事與自我經驗的分享,把購買產品的急迫性與重要性傳達給客戶。

- 不管你講什麼樣的故事,都必須要以客戶為出發點。

- 平常要多搜集身邊朋友與客戶的故事,建立自己的故事資料庫。

- 要把自己放在與客戶相同的位置,理解、關心他們時要以情感為訴求,善用情感行銷。

Rule 05 巧用部落格，拓展產品的輻射範圍

　　隨著網路的不斷發展，有很多人都開闢了自己的部落格（Blog），或者記錄生活的點點滴滴，或者抒發對生活對工作的感想。身為業務員或銷售員的你，更不要放棄這個宣傳自己和產品的良好管道。透過部落格進行商業行銷，已不是什麼新鮮事，它的威力逐漸被眾人熟知，部落格也漸漸走出發洩個人情緒的局限，日益商業化，越來越貼近我們的生活。透過部落格，更可以自由自在地了解產品，與銷售人員互動。只要用心經營，它會是另一部分的業績來源！

　　部落格最初的名字是Weblog，由web和log兩個單詞組成，按照字面的意思就是網路日誌，它有廣泛的受眾範圍，傳播速度也快得驚人。如果業務員或銷售員利用網路進行產品宣傳，那麼無疑將大大擴展產品的影響範圍。

　　要想做到用部落格宣傳自己的產品，應該注意以下細節。

 **確定自己的目標**

　　利用部落格進行銷售與電話銷售、店面銷售等方式一樣，都要有明確的目標。當然，這樣目標要從產品和市場的實際情況出發，實事求是。一般來講，進行部落格銷售的目標有兩個，一個是透過部落格內容來提高

324

企業關鍵字在搜索引擎中的排名，讓更多的人知道自己的企業和產品，另一個就是透過部落格內容樹立企業品牌，吸引潛在的目標客戶，促進銷售。此外還有一種是直銷業、保險、房仲業務員自己設的部落格，目的是希望提供他的客戶良好的服務，如提供商品資訊、產品諮詢、使用方法說明、售後服務，透過與客戶的良好互動與分享，營造口碑效應，以吸引網路上的潛在客戶主動找上門。

因為不同的產品有不同的需求，所以業務員在進行部落格銷售的時候不但要根據自己的特長，還要考量到自己的客戶群特徵，運用部落格來增加你的忠實粉絲會員，提供優質的服務讓客戶夥伴常常來逛！藉此提升你的業績！

部落格內容要夠吸睛

部落格的一切內容都要以宣傳產品為目的。首先，將自己的產品作為部落格的名字，部落格名稱就是對自己產品的定位，這個名字一定是要獨一無二的，並在首頁放上企業的標誌、產品的圖片或者業務員自己的照片等等。此外，**主推的商品本身要有特色，要有吸睛力，如果商品不夠有特色，價格不夠有競爭力，很難吸引消費者**。有一位專賣掃地機器人的業務員就是利用部落格讓客戶更了解這個來自美國的新產品，透過線上教學及老客戶的分享……點閱率爆增，他不僅送貨到府也現場教學，這樣服務到家，買過的客戶自然也樂得上網推薦或與親友分享，這樣正向的循環讓他的業績強強滾。

業務員在利用部落格進行產品宣傳時要顧全大局，不能僅僅局限於自己的產品，也要跳出本企業，站在行業甚至整個市場的高度，關注行業

內的焦點話題，發佈行業內的熱門新聞。這樣，將能提高你的部落格的高度。某保險業務員，就經常透過自己發的電子報，與客戶分享讀書與音樂心得，長期經營下來平均每月的佣金所得都能破十萬元。

業務員在撰寫部落格時，應該注意以下幾個方面：

▶▶ **用淺顯易懂的方法來講述產品功能**：要試著將自己產品的功能盡量簡化或口語化，或以生動步驟圖的方式來做產品說明更能吸引客戶的興趣。在生活節奏日益加快的今天，人們很懶得花費大量時間去看那些長篇大論的文章，因此，在撰文時應該力求精練、句句重點，以確保客戶能輕鬆無負擔地看完。

▶▶ **圖文並茂更能吸引讀者**：在撰寫文章的時候可以穿插一些產品的圖片，圖像通常比文字更吸引人，或其他客戶的使用狀況，這樣一來文章看起來既豐富又生動，也更吸引人。

▶▶ **設置簽名**：簽名檔越詳細越好，比如主營產品、聯繫方式都可以在簽名檔裡呈現出來。這樣只要是你發出的網路留言，別人都會看得到，簽名檔越有特色，越能達到廣告效果。

▶▶ **多寫精華文章**：你的文章寫得好，那麼閱讀的人自然也就多了。只要你得到了關注，人們對你就會產生好奇，這時你的簽名檔就發揮了作用，人家也就知道你的工作內容了，如果有需要時就可能會與你聯繫。

▶▶ **增加關鍵字的重複頻率**：業務員在每篇部落格文章的第一句話一定要加上自己的文章題目，以提高文章在搜索引擎中的排名。

⭐ 部落格要長期維護

利用部落格銷售產品效果並不是立竿見影的，有很多業務員在堅持了一段時間之後，沒看到效果就放棄了，這無異於前功盡棄。任何一個成

功的辦法都需要時間和精力去長期經營，部落格行銷作為一種低成本的推廣方式更是如此。

好內容會帶動流量，部落格行銷能否成功，關鍵就在於用心經營自己的內容，只有堅持不懈地努力才會有回報。因此，一定要有一個部落格維護的計畫，保持部落格內容的更新，你至少要保持每週更新兩篇文章，最好是原創文章，如果確有困難，也要及時更新一些業界相關的焦點事件。並且你在每一篇部落格文章的後面都要帶上產品的宣傳資訊或者更多精彩文章的推薦，這樣你就能夠帶給客戶更多的資訊。有內容的部落格，流量慢慢就會有起色，透過搜尋引擎被找到的機會就大，自然會有更多人點擊廣告，甚至購買商品。

 ## 與客戶保持互動

業務員的部落格經過一段時間的維護和更新之後，肯定會慢慢累積一些訪客及網迷，**業務員要做好與這些網友的互動，因為你的客戶就隱藏在這些訪客之中。**這些訪客戶可能會給你留言，這就是你宣傳產品的大好機會，一定要把握機會。你必須及時關注和回覆網友的留言，尤其是一些詢問產品價格的重要留言，另外要採取一定的鼓勵措施，比如贈送試用品、舉辦優惠或是辦免費的產品試用會等等來刺激訪客留言。波音公司就是利用部落格蒐集顧客的回應，同時開發出全新的787夢幻客機。

另外一點非常重要的是，你應該在部落格的醒目位置，例如主頁、個人介紹等位置留下自己的聯繫方式，比如電話號碼、MSN、E-mail等等，方便客戶可以隨時聯繫你。

網路平台的開放性給了業務員一個更廣闊的機會去推銷自己，推銷

挖掘銷售精髓，坐穩銷售冠軍大位

自己的產品，業務員應該抓住這個機遇，在茫茫網海中展露自己的獨特魅力。

部落格是一個社群的聚集，會上來看的都是知道你或產品、店面的人，所以不論各行各業都可以多加利用，運用部落格的好處是：第一它是免費的，也不用花錢請人設計網頁。第二、部落格的留言功能，能建立起與客戶間的互動，直接了解客戶心聲；第三、顧客信任度高。

接下來，提供一些經營部落格的應用建議：

▶▶ **1. 保險理專或房仲業務員：**因為這一類的產品看不到，也摸不到。時間看不到（買的是未來），客戶需要專業的服務、只有業務員是客戶現成可以評價的。因此業務員好不好？服務如何？專業度及經驗……等，就成為客戶在選擇及作決策時，十分重要的參考因素，而部落格的經營就是讓客戶能更了解業務員的新選擇。選定一個銷售的主力商品，把它的特點優點還有說明放在網站供人參考，另外做個醒目的標題，放出去留言，有興趣的就會點進來看，並提供即時問答及線上諮詢與保單規劃，網友們在瀏覽過業務員經手的案子與現有客戶的互動後，對業務員產生了信任，自然就會有單可簽了！

▶▶ **2. 餐飲服飾業：**店家最好都要有個自己專屬的部落格，餐廳有新菜單或活動時，隨時可以透過網站發佈告知，如王品集團旗下的各連鎖餐廳都會成立線上會員，只要列印贈品券持券到店消費即可以享有贈品。服飾業者則是及時更新產品款式、特價商品、不同風格的穿搭技巧，及時下的流行訊息，隨時放上首頁告知，以吸引目標客群的注意。

▶▶ **3. 美容美髮業或直銷商：**主要可以先提供一些美容保養或是新款髮型的資訊來吸引網友，接著提供詳細的商品資訊及使用建議。若有推出促銷活動時，都可以在部落格首頁大肆宣傳一番，前來尋找美容資訊的人看到，

並產生興趣就會來指名購買。美髮設計師也可以把自己設計的一些獨特髮型或保養頭髮的小秘方等利用好的、獨特的內容來聚集人氣。

▶▶ **4. 新奇3C商品或遊戲軟體的：**新上市的3C商品，最能吸引消費者的注意，如：iPhone、iPad、平板電腦、行車記錄器、掃地機器人、家用麵包機……等，由於其產品新奇，為滿足消費者先睹為快的好奇心，業務員可以放上開箱畫面及試用分享的步驟圖，讓網友立即就能看到商品的實用性及便利性，這時你再報個比實體店面便宜的價格、送貨到府、到府安裝等……，訂單馬上就多起來。店家除了主要銷售的產品型錄、報價之外，其他如遊戲軟體的試用版、遊戲軟體的破關攻略、用戶分享推薦等都可以放上網，提供給客人查詢，然後加個註明說只要是由網站得知消息的可以享有折價或打折之類的，客人自然就會被吸引，進而光顧你的店面來消費囉。

　　部落格可以幫你營造優質的顧客經驗，優質的經驗可以完全改變客戶對你及公司的觀感。當你越重視顧客時，就能營造出越多的優質經驗，業務也就自然蓬勃發展起來，滿意的客戶還會口耳相傳，為你帶來更多的業績。

銷售Tips 練.習.單

- 適合業務員進行網路行銷的常見的部落格平台有：Yahoo！奇摩部落格、痞客邦PIXNET、無名小站、新浪部落格、yam天空部落、阿里巴巴部落格、搜狐部落格、網易部落格等。

- 如果你的產品有關於政府的認證、公家機關指定購買等內容，就一定要寫出來甚至附上圖片、照片，這樣會增加可信度。

- 不要廣發電子廣告，因為它既沒有可讀性，也會影響客戶對你的印象。管理員會刪之又刪，讀者真正會看的也很少。

- 如果有條件和時間的話，可以多開幾個部落格，這樣你的影響範圍會更加廣泛，得到的客戶也就會相應增加。

- 部落格的文章一定要言之有物，甚至最好可以專精在某一領域，因為有內容才能持續吸引網友進來看。

- 要常常去別人的部落格留言，最好還能留下自己部落格的網址，若自己也有類似的文章，也可以留言指出網址，讓有興趣的網友可以參考。

Rule 06 客戶就是你的條仔腳，讓客戶主動替你宣傳

　　銷售領域裡有這樣一句話：「先交朋友，再做生意」是說業務員在做生意前，先要和客戶成為朋友。**客戶是業務員最寶貴的資源，業務員與客戶成為朋友，建立起良好的關係，不僅比開發新客戶能節省更多精力，而且還能讓客戶做免費的義務宣傳，幫助自己宣傳產品，成交率通常都很高。**永慶房仲集團總經理廖本勝曾表示，公司裡頂尖的房屋仲介，可能有高達九成的業績都是老客戶轉介的。有的人因此都沒辦法退休，因為客戶的介紹電話老是接不完。全球最偉大的汽車銷售員——喬‧吉拉德（Joe Girard）也說：「他有六成的業績來自老顧客與老顧客介紹的新顧客。」

　　「嗨，安，好久不見，你躲到哪裡去了？」喬‧吉拉德微笑著，熱情地招呼著一個走進展區的客戶「嗯，最近比較忙，現在才來看看你。」安抱歉地說。

　　「難道你不買車就不能進來看看？我還以為我們是朋友呢！」

　　「是啊，我一直把你當朋友，喬。」

　　「你若每天都從我這裡經過，我也歡迎你每天進來坐坐，哪怕就是幾分鐘也好。安，你做什麼工作呢？」

　　「目前在一家螺絲機械廠上班」

　　「哦，聽起來很棒，那你每天都在做什麼呢？」

「製作螺絲釘。」

「真的嗎？我還沒有看過螺絲釘是怎麼做出來的，方便的話找個時間去你那裡看看，歡迎嗎？」

「當然，非常歡迎！」

喬‧吉拉德只想讓客戶知道他很重視他的工作，或許在此之前，沒有人有如此興趣問客戶類似的問題。

等有一天，喬‧吉拉德真的特意去拜訪安的公司，看得出安喜出望外。他把吉拉德介紹給他其他的同事們，並且自豪地說：「我就是向這位先生買車的。」吉拉德趁機給了每人一張名片，讓大家方便聯繫他。

喬‧吉拉德透過與客戶交朋友，為自己建立起固定客戶，而且藉由固定客戶的介紹和宣傳認識了更多客戶，給自己贏得了更多銷售機會，這正是這位世界級銷售大師（以售車業績擠進金氏世界紀錄）成功的重要原因之一。

曾經聽汽車業界人士形容：「賣一輛現代汽車，比賣三輛豐田汽車還難。」然而現代汽車的業務員林文貴卻可以創下台灣有史以來單一年度銷售汽車量，最高數字：205輛，很難想像這是一名位在台南佳里小鎮的小業務員所創造出來的佳績。客戶口中土味十足的阿貴就是信奉喬‧吉拉德的「二五〇定律」——滿意的顧客會影響二百五十人，抱怨的顧客也會影響二百五十人，所以得罪一個人，幾乎等於得罪二百五十個客戶。他說：「我賣車攏是客戶一個一個介紹的，每個客人都是我的條仔腳（樁腳），每一個客戶都是我的朋友，以前前輩跟我講，十個客戶中有兩個是樁腳就不錯了，但現在我手中還有保持聯絡的客戶，就有五百多個……」

林文貴的師傅陳華洲說，阿貴是在做人，不是在賣車，若是有客人

介紹生意，不管多遠，他絕對服務到家，也因此他的客戶當中來自外縣市者就高達六成。

　　憨直的阿貴有絕對耐煩的超「人」力，碰壁再多次都不怕。他曾拜訪一位女客戶高達九次都未能成交，依然不放棄地去找出對方不願意下單的原因，終於讓他發現女客戶買車是為了接送坐輪椅的先生來往醫院看診，於是他主動提議要自掏腰包幫客人更換可自動調整高度的電動座椅，讓坐輪椅的先生可以方便上下車，這種看到客戶深層需求的貼心舉動，當然案子成交了！而且還成為阿貴的死忠樁腳。

　　阿貴還有一樣絕招就是把握交車的最後服務時間，他會不厭其煩地為客戶講解用車的所有細節，並一定要客戶親自動手、試車，如果客戶有使用上的問題，一定會講解到對方聽懂為止，並不會有半點想要草草了事的敷衍心態，他還會帶客人走一趟保養廠，先讓車主和保養廠人員彼此熟識。如此仔細的服務除了是希望客戶都能懂得使用和欣賞這部車，客戶滿意了就會和親友們分享他新買的「戰利品」，這樣就能再滾出新的生意。阿貴說，他最高紀錄，可以從一家人中滾出七輛車。

　　在工作中，業務員一定要重視客戶關係的發展，與客戶成為朋友，再經由他們獲得更多客戶，完善和拓展自己的銷售關係網。在這個過程中，業務員具體的做法如下：

贏得客戶的信任

　　業務員想與客戶成為朋友，並為自己做義務宣傳，首先就要贏得客戶信任。業務員可以收集客戶的資料，了解客戶的興趣，然後再投其所好，搏感情做真正的朋友。

▶▶ **培養共同興趣：**比如客戶喜歡打高爾夫，你可以在週末約客戶去打高爾夫，增加彼此之間的互動與情誼。

▶▶ **贈送禮物：**可以在特別的日子（例如生日）裡為客戶準備一些小禮物，給客戶帶來驚喜。

▶▶ **幫助客戶：**可以在客戶需要幫助時提出有效的建議或實質的幫助，平常也可以適時提供對客戶有幫助的訊息，讓客戶感覺到你的重要性。

▶▶ **稱讚客戶：**業務員可以在與客戶交往的過程中發自肺腑地讚美客戶，這樣更容易取得客戶的信任。

想要贏得客戶信任，你在與客戶接觸時就要充分顯示出良好的素質，這樣才會更容易被客戶所接受。同時你與客戶接觸得越多，相互了解也就越多，就更容易建立良好的關係，成為朋友。

⭐ 利用自己的關係幫助客戶解決難題

朋友是在困難時肯幫助你，也會把好東西分享給你的人。試想，客戶憑什麼在自己的朋友面前替你做宣傳？當然是因為你們之間的關係好！但是這種良好的關係不是你幾句話就能換來的，你只有盡己所能幫客戶解決問題，服務夠貼心，才能贏得客戶更多的信任和認同，使你們之間建立起更深厚的友誼。

小簡在大學畢業之後踏上了業務員之路，但是，小簡推薦的牌子很少有人聽說過，這讓小簡的工作一度停滯。

這天小簡在拜訪傑的時候得知傑的公司陷入了經濟危機，需要一大筆資金來周轉，可是傑的公司暫時拿不出這麼多錢來。小簡思考了一下，建議說：「您可以貸款啊！我剛好有個不錯的朋友在銀行放款部工作，我把他的電話給您，您可以試著聯絡看看。」

傑通過小簡的朋友貸出一筆錢，順利度過了這次難關。

從此小簡和傑成了好朋友，傑主動提出幫小簡推薦產品。傑公司的同事、生意上的夥伴甚至鄰居，都一一買了這個牌子的產品。他們用過之後都覺得比那些所謂的名牌商品更好用，外加小簡公司產品品質很好，價格也實惠，所以越來越多的朋友介紹客戶來購買產品，小簡的銷售業績迅速上升。

你利用自己良好的人脈關係，幫助一籌莫展的客戶解決燃眉之急，必然能讓客戶對你的好感倍增，同樣他們也會盡力幫助你宣傳產品，為你介紹客戶。但在這個過程中，你也要注意一些問題：

>> **不要幫客戶做錯誤的事**：如果客戶想讓你幫一些違背道德甚至違法的忙，那麼你要嚴辭拒絕。尊嚴和良心是一個人一旦丟掉後就找不回來的東西。尤其是作為業務員，更要做到正直、真誠。

>> **不要承諾不能兌現的事**：如果你還不能確定憑自己的關係能幫客戶解決問題，你最好不要馬上答應，先想想自己是不是真的能辦到。

>> **不要對客戶的事刨根問底**：對於客戶的困難，你要動用自己的關係力所能及地予以幫助，但切忌對客戶打破沙鍋問到底。一些具體的事還是讓客戶自己去辦吧。

將貼心周到的服務進行到底

有些業務員在成交之後便不再與客戶保持良好的關係，使客戶覺得業務員與自己「稱兄道弟」不過是為了成交而已，甚至覺得自己被欺騙了，這樣的就很難在客戶心裡留下好印象，即便客戶下次想再買同樣產品，就不會把你列入考量名單中。

對於業務員來說，對客戶的服務應該是始終如一的。即便在成交之

後，你也應該繼續服務，做好售後服務並做定期的回訪。

打從一九九四年開始賣賓士車以來，陳進順迄今已賣出六百多部賓士，至少創造十八億元業績。幾乎年年榮登賓士銷售龍虎榜（現為賓士菁英），包括郭台銘、詹仁雄等名人都是他的客戶。

陳進順認為「信任二字，從交車那一刻起開始培養。」每一次售後服務都是絕佳的行銷機會，他把自己的工作時間80％用在做售後服務，只有20％時間是在做銷售。客戶要求幫忙維修保養，陳進順非但不嫌麻煩，還視為難得的好機會，「這表示他沒有透過你，會不安心。」顧客的期望值越高，要求當然也越多。曾有客戶只要車子一有狀況，或維修遇到問題，就立刻打來破口大罵，陳進順都會先用同理心附和對方，「對，為什麼會修不好，我立刻幫您問到底是誰維修的？」如果客戶還是怒不可遏，就趕緊轉移話題，聊客戶喜歡的事物，如「您明天會去打球嗎？」讓氣氛和緩一點。

陳進順隨身攜帶的顧客記事本，仔細記錄了客戶各方面的細節資料，約有四百多個重要資料，可說是他做生意的「葵花寶典」，詳細記載每個客戶送了什麼東西、買哪家的保險、以什麼方式付款、貸款或現金比例等。當客人轉介紹客人時，陳進順會特別注意先前送給老客人什麼東西，若是新客人有賓士杯子，老客人卻沒有，就糟糕了。再加上他殷勤提供售後服務，長期維繫顧客關係，才能登上頂尖的業務員的位子。

將服務做得徹底，始終與客戶保持良好的關係，客戶才願意與你長期合作，並在朋友面前替你說好話。業務員可以透過以下幾點讓自己的服務更貼心完善：

▶▶ **信守承諾**：在銷售過程中對客戶的承諾都要做到，不能讓客戶有被欺騙的

感覺。

▶▶ **不推卸責任：**發現問題後要勇於承擔，不讓客戶為錯誤「買單」。

▶▶ **傾聽客戶抱怨：**當產品出現問題後要積極解決問題、傾聽客戶抱怨，不讓客戶「有口難言」。

▶▶ **體現客戶優越感：**要尊重客戶，重視客戶的感受，讓客戶有優越感。

▶▶ **徹底解決問題：**產品出現的問題要予以徹底解決，不給客戶留「後患」。

　　業務員一定要對自己的工作、產品負責，不推卸責任，將服務進行到最後，讓客戶把這種貼心和周到的感覺記在心裡，這樣客戶才願意真心與你做朋友，幫你宣傳產品。據中泰人壽總經理林元輝的觀察，保險業務員只要經營十個「家庭客戶」就夠了。他說只要能夠得到這些客戶的信任，再靠樹枝狀的人脈轉介，生意就做不完。

銷售Tips 練.習.單

🔸 在與客戶交往中，不要只關心自己與客戶的生意能否成交，要在語言上流露出對他生意狀況的關心。

🔸 留意和客戶生意有關的資訊，這些資訊在網路上和報紙雜誌上很容易就看到，你可以收集起來，列印好並交給客戶。

🔸 幫客戶留意與他業務有關係的生意機會，甚至主動替他介紹客戶。

🔸 真誠地提出你的意見，並提供給客戶做參考，客戶會覺得你是朋友而非單純的商業夥伴。

🔸 業績是一時的，成交是一輩子的事，好的服務從成交那一刻開始。

挖掘銷售精髓，坐穩銷售冠軍大位

Rule 07 為客戶提供個性化服務

　　在產品日趨同質化的時代，做生意就是做服務，「以貼心的服務贏得客戶的認同和信賴」已成為生意場上公認的成功法則。越來越多的業務員秉承「服務至上」的理念服務於客戶，但是能真正深領其意並將其做好的業務員終究只是少數。顧客想要的滿意體驗是由內而外的，不是由外而內表面的標準化服務。業務員按照某種行業標準服務於客戶，叫做標準化服務。以餐廳為例：從前的餐飲服務業，或許料理好加上服務好，那麼生意一定好。然而現在的客戶早已不會輕易被標準化服務所感動。即便你是料理好、服務好，生意也未必會好，這是因為顧客認為那是你應該做的。客戶越來越關注自己的感受，只有相應的個性化服務才能令客戶真正滿意。所以**你必須是好到能讓顧客難以忘懷，讓客戶有驚喜的感覺。**

　　一對外國夫婦帶著三歲的兒子來到一家餐廳用餐，夫婦倆正在點餐，孩子突然發起脾氣大哭起來，無論這對夫婦怎麼哄，孩子還是哭個不停，搞得四座不得安寧，這對外國夫婦也覺得很尷尬。

　　這時一名服務員急中生智，拿出了自己的看家絕活，先是雙手輪番拋冰塊，之後又拿起托盤在手指上嫻熟地轉了起來。不一會兒，小男孩就被逗樂了。一場「危機」就此結束，餐廳又恢復了安靜。這對外國夫婦用餐後非常客氣地表示有機會一定還來這裡用餐。

　　業務員能迎合客戶的需求提供相應的服務是銷售的最高境界。按理

說餐廳不是雜技團，沒有理由為客戶提供表演，但服務員卻主動根據客戶的需求，做了本來該由演員來做的事。這就是個性化服務。

客戶在購買產品時，最關注的是自己的感受，心滿意足的感受最能激發他們做出購買決定，並願意與業務員建立長久合作關係。所以業務員要想贏得客戶更多的信任和喜愛，不僅要實現標準化服務，更要為客戶提供專屬的個性化服務。

那麼，我們要如何由服務取向轉型為體驗取向呢？答案是——提供超越服務的服務。藉由超越服務的服務，**讓顧客感受到你獨特的風格、服務的特殊氛圍與能帶給他的難忘體驗。**

讓客戶處處感受到方便

只有優質的服務才能讓客戶動心！但何謂優質？對一名優秀的業務員來說，優質服務對於客戶而言，並不僅僅是幫客戶解決難題，而是把關注的觸角深入到客戶可能遭遇不便的每一個細節，為客戶提供處處能感受到方便的服務。

香港知名的龍景軒餐廳老闆小楊當年在日本住了幾年後回到了香港，打算開一家日本料理店。

剛開始他跑遍了全港，最後選出十個候選地址，作為「候選店」，然後把這十家店的位置、佈局、環境等各方面優、缺點列出來對照，反覆比較，最後還請了專門的市場調查公司對市場潛力進行了專業性調查，最後根據專家的建議，選定了一處作為開店位址。

店面裝修好後，小楊邀請朋友們前來參觀，朋友說第一感覺就是舒服，第二感覺還是舒服，朋友們還發現，自己作為客戶，能想到、能提出

的要求，這家店都做到了，客戶沒有想到的，店裡也幫你設想到了。但是小楊還是不放心，希望朋友們再多提一些意見。

有些朋友不可思議地說：「要是換成我，現在早開店賺錢了，你快開業吧，早一天開業，就早一天賺錢。」

小楊：「不行，正式開業在一個星期之後。從明天開始我請大家吃飯，但是飯不能白吃——大家吃完飯後一定要提出至少一個意見。」

聽他這麼一說，朋友們都問：「為什麼？」

小楊：「我在日本餐館考察時，他們永遠不會讓客戶等候超過十分鐘，也不會讓客戶有任何不滿意的地方。假如現在開業，我還沒有十足的把握能將服務做到最好。」

「有問題下次改不就行了麼？新店嘛，很正常。」

「不可以這樣，如果服務不到位，就沒有下一次機會。我剛到日本的時候，也覺得日本人好傻，你說什麼他都信，想騙他們很容易，但是他只會上一次當，以後，他再也不會和你來往，只要你犯了錯，就不會有下一次的機會了。」

所以，只有向客戶提供處處方便的服務，才能贏得與客戶長期合作的機會。要想成為一名優秀的業務員，創造卓越的業績，就要把「服務至上」的理念植根於心中，體現在**為客戶提供的每一次服務中，把服務做精、做細、做透。**

在適當的時機約見客戶

沒有人希望在繁忙或心情差的時候被打擾，客戶更是如此。如果業務員只考慮自己的方便，卻在客戶不方便時貿然造訪，就會令客戶十分反

感，這甚至會讓銷售就此終止，就更不可能給客戶帶來方便了。在約見客戶前，你應根據客戶情況選擇方便對方的時間和地點，這樣才不會打擾客戶，也能確保客戶有較高的溝通熱情。

在日本，上午時家庭主婦多忙於打掃與洗衣服，這時候，她們多半不歡迎業務員來訪，而真正有空閒的時間大約是下午四點鐘，然而這時正是嬰兒午睡的時間。

大吉保險公司的川木先生只要看到某戶人家曬著嬰兒服，就不會輕易按門鈴，只是輕輕敲門，以示拜訪之意。當主婦前來開門時，他會用最小的聲音向一臉狐疑對女主人說：「寶寶正在睡午覺吧？我是大吉保險公司的川木先生，請多指教。不知道現在方便嗎？」

這種貼心的做法當然受到了很多主婦們的歡迎，川木先生也就獲得了比別人更多的銷售機會。

對業務員來說，**給客戶提供方便並不僅僅體現在服務中，更體現在與客戶的每一次交流接觸中**，換句話說：從與客戶接觸起，業務員就要有敏銳的觀察力，以能讓客戶感覺到處處方便為目的，這樣才能激發客戶參與到銷售過程當中。

業務員如果是要拜訪公司客戶時，如果沒有預約，洽談時間最好選在週二到週五的下午，一般來說，星期一的待辦事情比較多，一般不歡迎業務員拜訪；也不要在臨近中午時間，這時往往接近午休吃飯時間，若是冒昧前往會讓雙方尷尬；如果有預約，地點要選擇客戶公司臨近的餐廳或是咖啡館。若是銷售個人用品，業務員可以到客戶家中洽談或是與客戶提前約定時間和地點。

挖掘銷售精髓，坐穩銷售冠軍大位

 以貼心的服務來感動顧客

要做到「貼心服務」只有一個重點，就是為客戶多設想一點，關懷對方是贏得服務的關鍵。做好貼心服務要有一顆善良的心和親切的態度並即時行動才能產生實質的效益。用無私奉獻的心與熱忱做好服務，一定會讓客戶感受到你的體貼心無所不在。

客戶購買產品的過程其實是在尋求心理的滿足，得不到貼心周到的服務，自然不願再繼續浪費時間。業務員唯有在細微之處照顧和關心客戶，才能打動客戶，贏得客戶足夠的信任。所以，要把服務做細，讓客戶感受到服務的貼心和周到。

朱莉是美國一位很出色的高級住宅房仲員，她從來不錯過機會為她的客戶提供瑣碎的服務。她說：「我一直堅持為客戶提供那些與房地產銷售不大相干的服務。例如，我成了他們的資訊中心，我會告訴他們好的兒童才藝班、寵物醫院、教堂、能幹可靠的保全人員等等方面的資訊。當客戶不在城裡時，我會與公共事業公司聯繫，要求他們停止給客戶們供電、供水、供氣以及暫停電話服務。我有時也會主動幫助一些人轉租房子，並且和他們一起佈置房間，比如貼壁紙、掛油畫、鋪地毯等等。」

在必要時，朱莉也會毫不猶豫地自掏腰包替客戶辦事。她說：「有一對夫婦剛搬進新居，卻發現沒有車庫大門的遙控器。因為賣方已經搬到另一個城市去了，所以我不得不買來一個新的遙控器作為補償。雖然花費了我100美元，但是那棟房子價值50萬美元，相比之下，客戶的良好感覺對我來說重要得多。

這些看起來很瑣碎的事情，正是朱莉贏得客戶信任的關鍵之一。**在**

細微之處得到了關照，客戶自然心存感激，這樣他們一旦有需要，首先就會想到那個細心的你，使你擁有長久的客戶資源。

▶▶ **從細微小事入手，不怕麻煩：**魔鬼就在細節裡，你替客戶留意到細節越細，就越能讓客戶在有產品需求時或他的朋友有需求時就越容易想到你。例如，銷售連動式債券或是保險的業務員，對於商品的相關合約要一字一字地將條文解釋給客戶聽，該注意的地方一定要用紅筆或螢光筆劃起來，想辦法讓客戶輕易了解商品並感受到你的用心。或是百貨公司櫃姐經常會遇到很多客人拿國外買來的化妝品到櫃上詢問使用方式，這時一樣要奉茶、耐心解釋，還提供新品試用包，並事後追蹤使用狀況。

▶▶ **巧思的服務：**可以結合自己的專長或興趣提供客戶額外的服務。例如保險業務員可以舉辦投資講座、保健講座；汽車業務員可以自組車隊，帶客戶溯溪、野外露營。既能引起客戶的興趣，也能快速累積和客戶的情誼。百貨公司櫃姐經營貴客的方式，也可以採取站在好朋友立場，關心其生活並隨時提供裝扮意見，與流行資訊。

▶▶ **多了解你的客戶：**在關注客戶購買意願與購買能力情況的同時，也要關注與客戶有關的一切事物，如此才能做到差異化服務。例如，如果你事先得知你的客戶有乳糖不耐症，喝牛奶會拉肚子，當你要請他喝飲料就不能點有含奶的飲品。或是你平時多留意市場訊息，若發現可以提供給你的客戶並對他有利，就要及時將有用資訊無償提供給對方，這就是維持長久客戶關係的最好方法。

　　業務員只有為客戶提供個性化服務與一對一的客製化專屬服務，將服務做得更周到細緻、更專業，才能讓客戶有驚喜的感受，真正感到貼心和溫暖，長久地贏得客戶。

　　亞都麗緻服務管理學苑總經理嚴心鏞說：「服務要做好，掌握一字

訣：『哇！（WOW）』就對了！」其在一場演講中，舉瑞士銀行一位細心服務的業務員，拿下兩百萬美元訂單的故事——一位身價上億元的企業家，是眾家銀行極力爭取的客戶。在這名企業家生日的當天，各家銀行送來各種口味的蛋糕。這名瑞銀的理財顧問則親自烘培一個蛋糕，送給這位客戶。最後，瑞銀搶下這位大客戶的生意，客戶告訴他：「雖然你的蛋糕賣相最差，也不夠美味，但誠意十足。」**好的服務，不是給你想給客戶的，而是客戶想要的。要能帶給客戶驚喜；有驚喜，就能創造客戶忠誠度；客戶一旦記得你，永遠記得「×××曾經給我如此棒的服務體驗！」**這樣他們就會推薦你，為你帶來源源不絕的客源。

把自己假想成客戶，換位思考

有很多業務員不知道怎樣才能為客戶提供更加全面的服務，讓客戶滿意。其實，想要讓客戶滿意並不難，業務員在面對客戶銷售前，不妨把自己當客戶，想想自己需要什麼樣的服務、有什麼樣的疑問，然後再根據這些問題想出相應的對策方法，這樣就能明白客戶會需要什麼，知道自己應該向客戶提供什麼樣的服務。

業務員應該明白，**貼心服務客戶不是為了服務而服務，而是為了方便客戶。**不僅要服務於每一位客戶，而且還要從心裡重視客戶，想客戶之所想，急客戶之所急，真心幫助客戶解決問題，這樣才能真正贏得客戶。

例如，如果你是房仲業務員你常常有機會要騎摩托車載客戶去看房子，你可以把機車停靠近人行道一點，讓客戶從行人道比較高的地方坐上車，這舉動在客戶的心裡面肯定是會有感覺。或是颱風來之前，一些在你手上寄賣的房子，有些屋主長期不在國內，難免會擔心自己的房子會不會

有什麼災情，你就要把別人的房子當自己的來照顧，主動去貼膠帶、關好門窗，以免颱風過後房子有任何損失。

不僅如此，你要善於從客戶的角度思考，更能讓客戶感到被重視，從而產生更濃厚的談話興趣。所以，不妨把自己扮演成客戶的角色，親身模擬體會一下客戶的心理感受和需要，在銷售前先給自己打「預防針」，工作自然能順利許多。

業務員在銷售時總會為客戶提供各種服務，你可以對經常提供的服務進行優化，讓服務更加方便客戶，就會給客戶留下好的印象。在實際銷售過程中，你可以從以下幾方面來做：

▶▶ 當業務員交給客戶產品資料時，往往都是厚厚的一疊，這時不論什麼樣的客戶都會覺得麻煩。你可以將資料的重點整理出來放在第一頁，若客戶想要了解更多時再翻看詳細資料，這樣的服務是不是更加貼心。

▶▶ 在拜訪客戶時，如果客戶恰巧不在，大多數業務員就會留下名片就離開了，如果想要給客戶更深的印象，再附上一張客氣有禮貌的信箋，就會讓人更加印象深刻。當然信箋的內容最好事先就先想好。

▶▶ 很多業務員在第一次見客戶時，都會滔滔不絕、長篇大論地介紹自己，殊不知這會讓客戶感到反感。業務員不妨整理一份關於自己的書面資料，以此作為簡單、特別的自我介紹，同時也讓客戶對你有個初步的了解。

▶▶ 找給客戶較新的鈔票。新鈔票與舊鈔票價值相同，但相比之下，人們都更喜歡新鈔票握在手裡的舒服感，你如果能留意到這點，把較新的鈔票找給客戶，就能在客戶心中留下更好的印象，例如知名的「鼎泰豐」找給客戶錢時，就一律是給新鈔與新幣。

⭐ 超越服務的服務

　　勞力型的服務，像是美髮沙龍的洗頭小妹，僅能滿足客戶基本需求。專業型的服務，像是美髮沙龍的髮型設計師，可以滿足顧客的心理需求。心靈（體驗）型的服務，超越服務，用心於滿足顧客心靈的欲求。現在是品牌與服務的年代，在這裡舉出一個以服務帶出品牌價值的實例：創業至今一百零四年的日式傳統旅館「加賀屋」（台北分店已開），在日本旅館界中始終是個傳奇，旅館界中猶如奧斯卡般的獎項「專家票選日本飯店旅館一百選」中，從第六屆開始，就由加賀屋連續三十年穩坐「總合部門」冠軍寶座至今，連天皇都曾經下榻過。加賀屋是日式旅館女將文化的發揚及傳承者，從一進門就是由你房間專屬的管家，為你提行李到房內，日式傳統的奉茶，服侍客人穿浴衣，除了大團體客在宴會廳用餐，房客們都是在房內由管家親自服務用餐，在西式飯店當道的現在，日式旅館傳統的管家編制還能維持得如此規模，並仍堅持傳統服務的，加賀屋是少數中的少數。

　　而讓他們穩坐飯店業龍頭寶座的，究竟是什麼秘密？當加賀屋最資深的教育訓練管家幸子，拿出了一份員工訓練手冊時，輕輕一翻僅僅十五頁，上面都是很普通的對話、手勢、儀態提醒，當你懷疑起怎麼可能這麼簡單時，幸子說：「訓練手冊只是湯底，」接著她拍拍胸口說：「湯料是要靠每個人的心去加。」除此之外，全館一百三十位管家，不是硬用一個模子去印出來的，而是讓她們發揮真心和自己的特色，成為一百三十種不同魅力的湯料。

　　加賀屋的特色在於雖然規模很大、客人很多，但是他們在服務上關

注的點卻很微小，而且所有的人不論職種，都把自己當成是第一線來迎接客人。當家的女將說：「每一位客人來，都要當成是自己最重要的人，也許是男友或是可愛的孫子，你一定是把房間打掃得乾淨舒適，拿出最好的食物來款待，你一定會去打聽他（她）的喜好，給他（她）最貼心的驚喜。」基本上，最主要的差別就在於有沒有用「心」，同樣一句謝謝，聲調的不同，客人的感受也就會完全不一樣，也許西式飯店會西裝筆挺地跟你說歡迎光臨，但你感受到的卻像是套了公式，彬彬有禮的鞠躬，而眼睛卻沒有正視著客人。如果沒有心，就算在玄關拼命揮手送客，也只是徒具形式罷了。從顧客走進旅館一直到離開旅館的時光中，因為受到細心無比的呵護，體驗到被尊重，甚至因此產生自我尊重與自我實現，因而留下一個難忘、以後還想再來的美好經驗，這就是心靈等級的服務，也就是服務超越服務的典型例子。

挖掘銷售精髓，坐穩銷售冠軍大位

銷售Tips 練.習.單

🔸 因為客戶不同，他們的關注點也不同。業務員要根據客戶的關注點為其提供個性化服務。比如：使用者關心產品功能，技術人員關心產品特點，部門經理關係產品優勢，決策人關心產品利益。

🔸 你可以多多運用自己對客戶的瞭解為客戶提供個性化服務，比如：「您上次的雲南遊玩得盡興嗎？」「您的孩子今年要考大學了吧？」這樣客戶會感覺到你的真誠。

🔸 要確實瞭解、熟悉公司的服務流程、管道和內容，並加以利用，這樣才能有效強化、放大個性化服務的作用。

🔸 複雜多變的市場，需求各異的客戶，需要個性化的服務。例如：每到重大節日的時候，業務員都會給客戶發送禮品，但是人人都送雨傘，你也送雨傘，客戶對你不會有特別的印象。這時你就要思考可以如何變化，一舉抓住客戶的心。

🔸 貼心服務的關鍵，在於你是否確實掌握了每個人都希望自己被重視、被關懷。

🔸 真實地讓客戶體驗你的好，不要只是出一張嘴。

 08 # 歡迎顧客的抱怨

業務員的工作內容不外乎是與形形色色的客戶往來，每天除了要面對可能的銷售拒絕之外，也會面對某些傲慢無比、有意刁難的客戶，更多時候是要面對抱怨商品或服務的客戶，而在遭遇令人難以心平氣和的情況時，業務員心中的感受、處理問題的方式，完全取決於注意力的焦點。這也就是說，一個能夠妥善處理突發事件與客戶抱怨的業務員，必須將注意力集中在如何解決問題、如何安撫客戶、如何圓融化解爭議，然而在此之前，最重要的，莫過於掌控自我的情緒，避免自己受到負面情緒的影響，如果不能保持平和的情緒予以處理，反而隨著對方的情緒起舞，結果可能將迴然不同。喬‧吉拉德曾說：「滿意的顧客會影響二百五十人，抱怨的顧客也會影響二百五十人。」

當客戶有所抱怨與不滿時，業務員沒有理由逃避，也必須正視問題、承認現實，努力尋找解決的辦法，徹底負起解決的責任，以期事情能朝向有利的方向發展，並讓雙方關係獲得修補的機會。

⭐ 客戶抱怨的處理原則與步驟

「只有滿意的客戶，才有忠實的客戶。」可說是耳熟能詳的市場銷售法則，業務員也要致力於讓「客戶感到滿意」，因為每一位客戶的背後，都有一個相對穩定、數量不小的群體，贏得客戶的心，經常能連帶獲

得他所屬群體的信任。但相對的，一位客戶的抱怨與不滿也能摧毀潛在市場。尤其隨著科技通訊的高速發展，壞消息會比好消息傳播得更快，當客戶認為他們的問題沒有獲得滿意的解決，他們會利用各種管道與方式廣而告知，而這也讓業務員必須更加謹慎地處理客戶抱怨。

儘管客戶的抱怨會以多種形式呈現，不滿的原因更是五花八門，但是只要處理得宜，反而能藉此與客戶建立更緊密的關係，甚至讓抱怨的客戶變成忠實擁護者。或許你好奇為什麼客戶抱怨的問題被妥善解決之後，就有可能贏得他們更為正面的評價？以消費行為心理學來說，這是一種「互惠原則」，也就是客戶與業務員發生消費糾紛時，如果業務員以最大的善意解決問題，並且負起責任彌補了客戶所受到的損害，客戶會認為業務員具有責任感、有魄力，進而基於好感而做出相對的回饋。

當然了，一個業務員在處理客戶抱怨時，光有善意與責任感是不夠的，許多人一遇到客戶抱怨的情況時，經常會手忙腳亂、毫無章法，致使客戶的不滿情緒高漲，因此，以下七項處理原則，可以協助你立即掌握狀況，繼而有步驟、有計畫性地解決問題。

1. 永遠正視客戶的抱怨

當客戶有所抱怨時，絕對不要逃避或忽視，很多時候，他們的抱怨是在提醒你必須改進之處。

2. 營造友善氣氛，讓客戶暢所欲言

無論客戶是否帶著怒氣，你都應營造友善的氣氛，並讓對方完全傾吐心中的不滿與想法，這除了能減低對方負面情緒的強度外，也能讓你確實暸解問題的核心。

3. 不與客戶爭辯，並且避免自我辯護

客戶正在表達不滿時，你應以平和、友善的態度仔細傾聽，避免與對方爭論對錯，或是試圖自我辯護，這只會激化客戶的不滿情緒，對於化解爭議沒有任何益處。

4. 尊重客戶的立場，不要有先入為主的觀念

客戶抱怨時，要能尊重對方的立場，不可有先入為主的觀念，輕率地否定對方的意見。

5. 不急於做出結論，但要展現積極處理的誠意

有時客戶的不滿會涉及許多層面，甚至無法當下立即處理，此時，你不必急於做出結論，而應展現積極處理的誠意，除了請求對方給予你處理的時間，也應承諾一旦確認解決方案後，將會迅速為對方處理問題。

6. 向上司回報問題，或是自我記錄處理的經過

如果客戶的抱怨必須獲得上司的協助才能處理時，務必確實向上司回報你遇到的問題，千萬不要隱匿不報，導致情況惡化。如果客戶的問題你能獨自解決，也應記錄處理經過，以便從中思考解決方式，日後也可作為檢討或改進的依據。

7. 擬定最佳的解決方案，徹底執行

當你向客戶提出解決方案時，必須確實說明解決的方式，並且要獲得對方的理解與認同，必要時，你也可以提供表達歉意的小禮物，而後便是徹底執行解決方案。

 如何面對生氣的顧客

無論客戶是向你抱怨商品或服務問題，你都要依循以上的處理原

挖掘銷售精髓，坐穩銷售冠軍大位

351

則，一步步地化解爭議，並且自我建構一套有系統的處理方式。值得一提的是，通常客戶對商品或服務感到不滿時，情緒反應很容易被激化，而業務員又經常是第一線的處理人員，因此在雙方尚未進入「正式溝通」階段時，業務員必須先安撫客戶，才能讓他們以緩和的情緒訴說抱怨，進而避免可能發生的衝突。

當你遇到情緒反應較為激動的客戶時，以下方法將能有效減緩客戶的情緒強度。

1. 邀請客戶坐下來對談，同時拿出你的筆記本

當人們感情衝動時，大腦神經會處於極度興奮的狀態，也會出現心跳加快、雙手顫抖、呼吸急促、捶胸跺腳、說話大聲等生理反應，而為了使衝動的客戶盡快恢復平靜心情，你應以熱忱、友善的態度，招呼他們坐下來訴說抱怨，同時，拿出你的筆記本，一邊傾聽對方的意見，一邊加以記錄。這些舉動會讓客戶意識到，你很重視他們的感受與想法，也有意願解決問題，所以注意力會漸漸轉移在陳述己見，而不再採取激烈的方式引人注意。當然了，記錄客戶抱怨並非只是為了安撫客戶，一份完整詳盡的「抱怨記錄」，將能讓你了解客戶的真實訴求，也為接下來如何妥善處理抱怨提供了參考依據。

2. 受禮使人氣消，受敬使人氣平

客戶登門抱怨時，多半內心充滿不平之感，因此**業務員第一時間的反應是否誠懇、友善，將是影響客戶後續態度的關鍵**。面對一臉怒容的客戶時，主動而友善地與對方握手，可以給對方「以誠相見、以禮相待」的印象，也能讓對方感覺自己受到尊重，繼而逐漸舒緩情緒，尤其在某些情況下，主動握手將能化解客戶激烈的肢體動作。假使客戶第一時間拒絕與

你握手，態度又十分強硬，不妨藉故反覆多次試握，即使客戶最後仍加以拒絕，態度上也會較為軟化。此外，只要現場條件許可，你可以藉由送上一杯咖啡、一杯熱茶、糖果茶點等物品展現你的誠意。

3. 引導客戶私下會談，表達你能理解對方不悅的立場

在公眾場合或銷售門市大發怨言的客戶，多半不介意旁觀者的目光，而且還希望有越來越多人能注意到他們的不滿，一旦旁觀者增多，他們的指責也會更加嚴厲，因此業務員遇到這種情況時，絕對不要與對方爭辯，因為縱使你提出合理的解釋或說明，對方只要認為最終結果不符預期，仍會借助旁觀者的輿論向你施壓，如此一來，不僅讓情況複雜化，也很難有效處理。此時，你最好能迅速引導客戶離開現場，以溫和有禮的態度，請對方移駕到辦公室或其他人群稀少的地點進行會談。另一個因應之道是，當面向客戶表達你能理解對方不悅的立場，甚至是告訴客戶「您有理由不高興」、「對於這個問題，我也有同感」、「感謝您對這個問題的提醒」等話語，這將有助於減緩客戶的情緒強度，並能讓對方逐漸平心靜氣地提出意見。

4. 適時採取拖延策略，避免草率行事

對於某些客戶提出的抱怨，有時你很難找到其中的真正緣由，甚至有些抱怨是純屬虛構，無法給予圓滿的解決方案。當你碰到類似的情況，或是遇到個性急躁的客戶，不必急於處理他們的抱怨，以免草率行事，最好的因應之道是擱置糾紛，暫緩處理，也就是採取「拖延策略」。比如，你可以答覆對方：「我馬上調查問題的實際情況，明天再給您一個滿意的回覆。」或是「這個問題我必須與上司討論，所以我先回報上司，等討論過後，一定能解決您的問題。」

5. 善用「先肯定後否定」的拒絕技巧

固然「客戶至上」是銷售人員的服務理念，但在處理客戶抱怨時，如果對方態度惡劣，藉機提出不合理要求時，適時表現你的專業與堅定態度，反而能促使對方有所收斂，最終或許還可收到出乎意料的效果。假使客戶提出的並非是無理要求，但你礙於自身的工作狀態，或是其他的條件限制，而無法予以滿足時，你拒絕對方的言詞要盡可能委婉，以便減少對方因為被拒絕所產生的不快。舉例來說，你想拒絕對方所提議的某種解決方案時，可以採用「先肯定後否定」的形式，在話語中隱藏堅定的立場，但詞句一定要委婉，替對方留有餘地，尤其是對有身分地位或是自尊心很強的客戶，更要留意你的用語及說話技巧。這也就是說，你不能直接回絕對方的提議，而應告知對方：「您的提議很有道理，我也頗為贊同，只是依據目前的條件，我們在執行上可能有些阻礙，但是如果採用另一個解決方案，就不會有這方面的問題。」如此一來，不僅委婉地拒絕了對方，也為雙方的溝通預留了後路。

處理客戶抱怨時，只要你能掌控自我情緒，抱持謙讓態度，並且有步驟地化解爭議，往往就能妥善處理客戶的問題，而你也必須從中記取經驗教訓，避免重蹈覆轍。換言之，客戶的抱怨必然有原因可循，假使檢視自己的銷售過程，就能明白是什麼因素導致失誤，然後，你應思索往後要如何避免問題，或者是如何調整自己的工作方式，特別是經常出現的失誤更不容輕視，因為相同失誤的發生次數過多，很容易就會引起更嚴重的失誤。此外，在**面對後續問題的處理時，也別忘了調查客戶的反應，親自致歉並且確認對方的問題已經獲得解決的負責任態度，除了能減輕對方的不快，也能贏得對方更深的信任感！**

　　從銷售的角度分析，當人們心中有了疙瘩，促使其講出來比讓他悶在心中更好。因為悶在心中的意見總會不時浮現，反覆刺激著顧客，這種心理刺激將對業務工作造成消極的影響，久而久之，業務員會因此而失去顧客的信任，導致交易破局。

　　在日本被譽為「經營之神」的松下幸之助先生認為，對於顧客的抱怨不但不應該厭煩，反而要當成一個好機會。在白手起家的創業道路上，他總結出了以下處理顧客抱怨的要點：

▶▶ 為了正確判斷顧客的抱怨，業務員必須站在顧客的立場上看待顧客的問題。時常站在顧客這一方想一想，許多問題就容易解決。

▶▶ 顧客在生氣時，他的感情是容易激動的，而且顧客對業務員流露出來的不信任或輕率態度也會特別敏感。

▶▶ 在一定場合，顧客的抱怨是難以避免的，因此業務員對此不必過於敏感，不應該把顧客的抱怨看作是對自己的職責，要把它看成是正常工作中的問題去處理。

▶▶ 在處理顧客抱怨時，不管對方的抱怨是否有理，業務員都應該保持誠懇熱忱的態度，這樣做並不意味著你接受了顧客的抱怨，而是表示下不為例。

▶▶ 對顧客抱怨採取寬宏大量的態度是有益的，這樣才能繼續和顧客做生意，而且還可以透過第二次合作、第三次合作……等把支付索賠的費用給追補回來。

▶▶ 如果你拒絕接受顧客的賠償要求，應婉轉且充分地說明理由，讓顧客接受你的意見就像你向顧客銷售產品一樣，需要耐心、細心、用心，而不能簡單行事。

▶▶ 顧客不僅會因產品的品質與規格問題而抱怨，還會因產品不適合他的需要而抱怨，此時，業務員不要總是執著於說明商品品質如何，而是要多注意

顧客的需求是否能得到滿足。

▶▶ 有些時候，你對顧客的索賠只提供部分補償，顧客就會感到滿意了。但在決定補償之前，最好先瞭解一下索賠金額，透過分析你會發現，賠償金額通常要比原先預料的少得多。

▶▶ 處理顧客為了維持個人聲譽或突顯自我形象的抱怨時，要格外小心，因為抱怨也是一面鏡子。

▶▶ 處理顧客的合理抱怨，不必遵循任何規定，接到投訴後應趁早著手處理，並承擔由己方責任帶來的一切損失。

▶▶ 任何時候，業務員都應當讓顧客有這樣的一種感覺：他正認真對待各種類型的抱怨，並且對這些抱怨進行調查，抓緊時間把調查結果公之於眾，不會拖延耽擱。

▶▶ 在你未證實顧客說的話不真實之前，不要輕易下結論，不責備顧客總比責備好一些。即使顧客是錯的，他在主觀上也認為自己是正確的，可以確信的是大部分的顧客並不是無理取鬧，存心欺詐業務員的。

▶▶ 向顧客提供各種方便的投訴管道，盡量做到只要顧客有意見，就讓他當面傾訴出來，同時發現顧客當下還沒表示出來的意見和不便提出的問題。

▶▶ 對待顧客的抱怨也是要以預防為主，矯正為輔，力求防患於未然。

　　顧客抱怨基本上有兩種特質，一種是系統性的，這是一般公司會注意的「大問題」。例如：某項產品有缺陷、職員難以遵循的工作流程、某位店長需要諮商等。實施「品質提升」計畫的公司，著眼的都是系統性的回饋。但是對業務員而言，第二種性質的回饋同樣不可忽略，那就是個別性的顧客抱怨。改進系統性的問題，或許可以促進下一季的市場佔有率成長，但是**認真看待個別顧客的問題盡力去解決，提升顧客的滿意度，卻很**

可能因為這樣而得到一位忠實的終生顧客。

假如抱怨是生意良機，那麼業務員應如何好好把握呢？首先必須盡可能使申訴的管道暢通。必勝客1990年在聖地牙哥試行成功之後，幾年後開始啟用免費客服電話，接受顧客的投訴。客服電話號碼就印在披薩盒上。一有顧客打電話進來，必勝客的客服人員就會認真地記錄下這通申訴電話的內容。除了分辨申訴原因、顧客的語調之外，客服人員還會記錄導致顧客抱怨的事件所發生的時間和地點，同時整理出相關的統計資料，和顧客的購買習慣，作為新產品及宣傳活動的企劃參考。

客服部每天都會透過電腦，將顧客詢問及抱怨的資料傳給所屬分店的店長，而收到訊息的店長，必須在四十八小時內回電話給投訴顧客。這種兩段式的處理，最巧妙的地方在於，店長在打電話給顧客之前都已經知道問題所在，並做好了充分的準備。

事實上，必勝客並沒有為這套系統另外聘請職員，也沒有購買全套附有電腦、電話插孔、耳機等電話系統，而是與邁阿密一家專門處理客訴的普西擎公司簽約。其中負責必勝客的客服人員，必須熟悉必勝客的服務手冊，精通產品細節及服務規則。必勝客透過申訴系統，將個別顧客的抱怨變成資產，而不是把顧客的抱怨當作店面經營不善、口味設計不佳，或其他內部系統問題的先期病兆。另一方面，必勝客還會利用顧客的投訴來加強與個別顧客間的關係。一位員工說：「這項系統的好處之一是，當顧客感到意見被尊重時，自然會產生一種參與經營的感覺，無形中也提升了對我們產品的忠誠度。」

挖掘銷售精髓，坐穩銷售冠軍大位

銷售Tips 練.習.單

- 面對顧客的抱怨要傾聽，不要打斷。展現出你瞭解顧客的陳述，也瞭解他們的感受。

- 瞭解顧客生氣的背後原因，是源於事實（例如，產品有瑕疵）、假設（這個產品看起來就知道是庫存品），或者情緒（例如，我對你們公司很失望）。

- 迅速回應，要把重心放在現在能不能立刻採取什麼行動，立即替客戶改善問題。

- 擬定掌控情緒的策略，並且確信你能隨時調整情緒。

- 積極深入瞭解事情的前因後果，避免指責顧客，否則會更難找出事情的真象。

- 讓顧客瞭解，你已經採取了哪些改進行動，以預防類似的問題再度發生，當顧客覺得他們對你的公司產生了正面的影響，減少其他人將來再遭遇相同的問題時，他們會覺得好過一些。

- 也可以寫信給顧客，並經常深入客戶工作或生活，與之進行面對面的接觸。處理顧客的抱怨，重要的不是形式，而是實際行動與效果。

- 不要向顧客提出一些不能兌現的保證，也不要做出不切實際的承諾，以免日後引起不必要的糾紛。

- 你是不可能向一個發怒的顧客講道理的，與發怒的顧客講道理也是沒有用處的，重要的是要使自己保持冷靜，才能平息對方的怒氣。

房仲業銷售學習典範

　　石小姐從事房地產銷售已有五年的光景了，雖然年紀輕輕，長相也並不出眾，卻已經是業內知名的風雲人物，一年從她手中賣出的房子是一般業務員的四到六倍。但是在剛剛開始做售屋小姐時，石小姐也同其他新業務員一樣摸不著頭緒，甚至連最基本的銷售技巧也不懂。

　　五年前，資訊科畢業的石小姐像其他大學生一樣到處投履歷、找工作，一心想當高級白領上班族的她應徵了一家又一家，最後都因為沒有實際工作經驗遭到了拒絕。後來在朋友的建議下，石小姐到一家房地產公司做了業務員。

　　由於非相關商科畢業，又沒有銷售經驗，外形也不出眾，公司的主管並不看好她，老業務員更對她不屑一顧，常常是大家都非常累了、有客戶來的時候讓石小姐招呼一下，就當是實習。如果實習期過了還沒有賣出房子，就要被解雇了，石小姐雖然也在努力學習一些銷售知識，但是總覺得沒有實務經驗，學得再多也是紙上談兵。

實習期就拿到大訂單

　　石小姐的公司經常開辦業務員培訓，一次培訓課程剛結束，大家還在一起討論有趣的培訓內容。一名衣著普通的中年男子走了進來，其他業務員看那人穿著普通，不像什麼有錢人，以為只是個隨便看看的，都沒有

要上前迎接的意思，一名老業務叫石小姐上前去招呼。

　　初出茅廬的石小姐鼓起勇氣熱情地迎上去，因為不善於言辭，她簡單介紹了物件的情況就頓時不知道還能說什麼，只是一個勁兒地微笑，倒是這位客戶一直在問長問短。憑著自己先前有做功課對建案的情況以及戶型等各方面的認真瞭解，石小姐都能非常詳細而周到地解答客戶的疑問，沒想到客戶聽得饒有興趣，還提出想要去看房。於是她陪著客戶看了不少戶型，耐心地一一解答與建議。

　　石小姐對這次銷售並沒有抱太大希望，只是想：不管他買不買，進來的都是客戶，我都應該好好接待。令石小姐沒有想到的是，這位客戶最後竟然一下子就買了三間！還在試用期間，石小姐就拿下一筆大訂單。對她而言真是開了個好彩頭。

真誠與微笑的收穫

　　由於試用期表現優異，石小姐提前正式上崗了。剛高興沒幾天，石小姐發現賣房子並不容易，特別是自己沒有多少經驗，市場變化又非常快，學習的一些專業知識並不能滿足客戶需要，一些簡單的銷售技巧也早被客戶看穿了，她在學習銷售技巧的同時，更注重事後的銷售自我檢討，她發現客戶非常喜歡她的微笑，只要有客戶來，她都毫不吝嗇地擺出微笑攻勢。

　　她還發現，如果她能根據情況向客戶推薦適宜的戶型，並根據客戶性別重點介紹戶型資訊，往往能得到更好的回應。也因為自己的女性，所以較能取得客戶信任，倘若豪宅買主由夫人來看屋時，石小姐就會先與她談家庭、小孩、學區等，有了共通的話題，從交談之中就能更清楚客戶的

需求，成交機率也因而提升。在向女客戶介紹時，她常常介紹房子周圍的環境，客廳的良好視覺以及廚房、衛浴設備等處的動線細節處理。而在向男客戶介紹時，她一般會介紹房子的升值潛力、裝修品質和房屋的可改造性。

憑藉其認真和熱情的態度，在轉正之後的半年裡，石小姐的業績漸漸提高，而且還和一些客戶成了朋友，還有一個中年女客戶認她做了乾女兒，經常招呼她到家裡吃飯，有時一次就能給石小姐帶來五到十個看房的客戶。

把握好「度」就能把握住訂單

在房產銷售做了一段時間，業績也不錯，但石小姐仍然很虛心，由於累積了一定的客戶量，也與各種不同的客戶打過交道，細心的她看到客戶第一眼就能分辨客戶是不是A級客戶。她總結出：一些非常有實力買房的客戶都穿得很普通，但其實穿的戴的都奢華低調，總帶一種矜持而冷淡的態度，對待這樣的客戶不能太熱情，介紹也要有重點，要善於傾聽客戶的喜好，由於客戶多半忙碌，不宜一股腦地將所有資訊塞給客戶，而是先瞭解他的需求，再針對所需加強介紹。並學會適當沉默，不要給客戶刻意討好的感覺，但也要時刻把握對方的心思，快速地思考，穩重地回應。石小姐成功的訂單裡，像這樣的A級客戶並不在少數，這也讓她的業績不斷飆升。

⭐ 只跳過一次槽

雖然工作做得順風順水，但由於所在公司的規模較小，三年後，石小姐經過深思熟慮做出決定：跳槽到一家業內比較知名的企業做業務專員。憑藉三年積累的紮實經驗和學習總結，又加上新企業有更大的舞臺，她的才能很快顯露出來，入職不到半年就給企業拿下了幾十個大訂單，她的突出表現很快引起了公司大老闆的注意，成為銷售崗位的一線人物（據說公司正在打算升她做銷售部經理）。

得到了老闆的認可和信任，石小姐更不敢絲毫鬆懈，她一邊學習和總結銷售經驗，一邊又開始學習相關的管理知識，為以後從一線銷售人員轉做管理人員做準備。

＊石小姐的工作經歷給了我們什麼啟示？

作為業務大軍中的新人，不要擔心自己沒有業績，而是先要擺正心態，認清自己，從做好眼前的工作開始，透過不斷的學習、反省檢討、實踐來完善和提升自己，體會銷售中客戶的心理和喜好，踏實認真地走好每一步，而不是急著做出成績。

＊石小姐有哪些優點值得業務員學習？

縱觀實例，石小姐的成功不是一蹴可幾，而是體現在工作中的點點滴滴。是什麼讓石小姐在短短幾年內就成長為銷售精英，從她身上又有哪些值得業務員學習的東西呢？

1. 不斷學習與自我檢討

　　大學畢業後，資訊專科出身、沒有銷售經驗的石小姐在學習專業銷售知識和技巧的同時，還十分注重階段性檢討，她結合自己銷售過程中遇到的各種情況，透過觀察、分析得出一套對自己最有利的銷售真經。對一個房仲業務員來說，對於你賣的房子由大門的材質、門鎖設計開始，到玄關、鞋櫃、地板材質、屋內高度等你都要清楚明白，這樣才足以應付客戶的各種提問，甚至一些風水與風俗常識你也要懂，例如有人喜歡房屋的座向是坐東向西，這樣賺錢沒人知。每間房子必定有優缺點，對於它的缺點，只能建議客戶解決方式，不能讓客戶有強迫推薦的感覺。所以，每次與客戶接觸後，一定要結合自身具體情況總結出的銷售經驗、技巧，比任何專業銷售知識都更有用。

2. 不以貌取人

　　對待任何一位客戶都同樣熱情，是石小姐受客戶歡迎的重要原因之一。一些業務員之所以失敗的原因就是：以貌取人，經由對客戶的外在來判斷客戶的購買能力，對認為沒有購買能力的人置之不理，對看起來經濟實力強的人積極迎合，一旦發現自己看錯了人就態度一百八十度大轉變，讓客戶十分反感。

　　無論客戶是否購買，也無論客戶的購買實力如何，業務員都應該一視同仁，用同樣熱情的態度對待，這樣才不至於得罪客戶，最終贏得客戶的認同和喜愛。

3. 真誠懇切

　　對於不同的客戶，石小姐會使用不同的方式對待。如男客戶和女客戶對房子的關注點不同，石小姐就懂得運用不同的介紹方法，為客戶提供

最滿意的服務和答案。

身為業務員的你，一定要想客戶之所想，急客戶之所急，感覺客戶的感覺，站在客戶的角度上為客戶提出對客戶有幫助的建議，即使你面對不同的客戶，只把握住這點，就能抓準客戶心，給他所期待的，就能提高銷售成功率。

4. 萬能微笑

微笑讓石小姐在銷售中變得更加有親和力，成功贏得了越來越多的客戶和朋友。微笑是世界上最美的語言，微笑可以讓業務員更加有魅力，所以千萬不要吝嗇你的微笑，見到客戶時大方地用微笑迎接他吧！

5. 認清位置

石小姐雖然業績良好，但是在一家企業工作三年後才考慮跳槽，三年時間的時間和經驗總結讓石小姐厚積薄發、脫胎換骨，在銷售技能嫻熟並取得高業績、得到公司高層認可之後，她又馬不停蹄地學習專業管理知識，開始大展宏圖。

認清位置最終才有位置，在工作中不要急著追求業績，急著跳槽，而是要善於對自己長期規劃，認清自己目前的位置，瞭解自己還需要完善哪些能力，積極努力經營個人的業務能力。

房地產銷售天王——霍金斯

名人履歷

　　湯姆・霍金斯（Tom・Hopkins）生於美國加州的普通家庭。進入大學三個月後因經濟因素而輟學，在建築工地扛鋼筋為生，每小時工資五美元。1963年進入房地產銷售行業，1967年拿下洛杉磯房地產協會最佳業務員獎，1969年創下一年售出365棟房子的記錄，平均每天賣一幢房子，創下全美房地產銷售最佳紀錄，三年內賺到三千萬美元，二十七歲成為千萬富翁，1972年做培訓講師，1976年成立公司開辦演講培訓、出版著作和訓練營，擁有自己的圖書物流中心，演講年收入超過三百萬美元。

名人經驗談

1. 去做你恐懼的事，這就是建立人格。
2. 要賺更多的錢就是去接觸更多的人。
3. 我愛我的客戶，他們也愛我。
4. 越是情況糟糕，越能做得更好。
5. 銷售人員首先自己要興奮，要有熱情，才能將他所銷售的產品表達得好。
6. 只要說對話，就會有很好的結果。銷售過程中不要用「成本」或「價格」，而是以「總投資」或「總金額」去取代，因為談到價錢，就會讓客戶想要去比價；還有「合約」、「購買」等詞彙都應避免，因為大家都喜歡「擁有」，並不喜歡「購買」。
7. 改進一個人的環境是要從腦內開始的。投資多一點時間、金錢和努力在你的內心，美好的事自然就會被你吸引而來。

_{Rule} 10 保險業銷售學習典範

今年五十歲的歐陽先生是一家生意興隆的保險公司負責人，他最早是從保險業務員開始做起的。在一般人看來，歐陽先生一定有著十幾年甚至幾十年的保險經驗，但實際上，他開始接觸保險工作時已經三十九歲了。

十年前，身為公務員的歐陽先生不甘心一輩子就待在這樣沒有壓力的環境下，每天重複朝九晚五的輕鬆工作。由於身邊有一些做保險的朋友，歐陽先生決定加入他們的行列，從做一名普通的保險業務員開始，這讓他的親人和朋友很不理解。

⭐ 堅持拜訪的結果

在最初拜訪客戶時，歐陽先生「吃了不少苦頭」，一個堂堂頂尖大學畢業的高材生，又有多年的公職工作經驗，竟然在拜訪客戶時被連續拒絕了十次！歐陽先生的對策就是：堅持不懈地拜訪。

在每次拜訪時，歐陽先生都「變花樣」，給客戶帶不同的小禮物，有時是公司的免費三角桌曆，有時自己花錢購買的小禮品或點心，只要有可能，他都不會錯過拜訪客戶的機會。不懈的堅持終於換來成效，在試用期間，歐陽先生就成功拜訪了上百個客戶，並且順利簽下一些保單。

高材生不恥下問

剛開始做保險業務時，歐陽先生雖然學歷高、有一定的工作能力，但由於對保險瞭解不深入，難免有些生疏。進入保險業後，歐陽先生不僅自學了保險的相關專業知識，保險理論、風險管理、保險商品種類、契約條款和法規，甚至是稅法、其他金融商品及道德教育等，工作中有不懂的問題時，他會積極請教上司和同事，甚至比他年齡小很多的同事。「不恥下問」讓他收穫良多。他很快就掌握且理清了上百種保單的內容並能綜合分析不同保單的優劣。

有技巧地介紹

剛剛開始從事保險業務一年，歐陽先生就完成了主管下達的任務，第二年就被提升為銷售組長，這得益於他的勤奮，他花了大量的時間去瞭解和研究各種保單，他發現這比先前的工作有意思多了。

歐陽先生在介紹保單時，總是先提出一個吸引客戶但又讓客戶覺得有缺憾的險種，之後再向客戶介紹一些更好的險種，這種方法替歐陽先生省了不少時間和精力，針對不同的客戶，歐陽先生建立不同的銷售模式，因人而異地銷售保險，雖然沒有像其他業務員那樣苦口婆心地發動口才攻勢，業績反倒比別人好。

除此之外，他還積極參加保險業的各種活動，與不同企業的保險精英交流銷售經驗，也認識了不少朋友。

客戶資料用處大

由於每個客戶的具體情況都不同，細心的歐陽先生會將客戶資料整

理成冊，詳細地記錄了客戶的年齡、家庭情況、職業、愛好、拜訪和簽單次數等資訊，一旦在回訪時發現客戶狀況有變化，他都會及時修改客戶資料，這讓他在工作中輕鬆不少。

　　只要公司推出新險種，他就開始翻閱客戶資料，例如得知某個客戶即將或剛剛當上新手父母，他會在第一時間修改客戶資料並打電話祝賀，適時向客戶推薦與兒童相關的保險險種，從未空手而歸。

 ## 職業發展轉型

　　做了三年保險業務員後，身為組長的歐陽先生其銷售業績穩坐公司業務員的第一名，雖然拜訪的客戶很多，但他幾乎都能清楚記著每一位客戶的名字，每天的工作也安排得井然有序。在工作的第四年，他被連升兩級，手下領導著幾百名保險業務員。從不懂保險的門外漢到保險業的精英到部門主管，歐陽先生只用了四年時間。更令人吃驚的是，歐陽先生又用四年創造了一個新的奇蹟。

　　當上管理者之後，歐陽先生每天領著比當年公務員高出十幾倍的薪水，雖然每天忙忙碌碌，但是卻忙得很有勁，讓身邊的人非常羨慕。然而歐陽先生卻在四十六歲時提出了辭呈，他決定自行創業。

　　由於先前積累起來的大量人脈和足夠的資金，在創業初期他並不像其他人一樣辛苦，憑藉好人緣和優秀的決策能力，四年的時間裡歐陽先生的公司飛速發展，他花費十年時間實現了從公務員到創業者的轉變，現在的他每天依舊忙碌著，公司規模也從當初的八人擴大到八十人。

＊歐陽先生的經歷給了我們什麼啟示？

　　保險銷售是一個接納度非常廣的職業，也是能爆發無限種可能的職業。不論你是大學生、想轉行的上班族、退休人員還是家庭主婦，你都能在保險銷售中找到自己的價值和位置，只要你努力加勤奮，不斷挖掘潛能和提升自己，你就能收獲驚人的成績。

＊歐陽先生身上有哪些值得我們學習的地方？

　　歐陽先生的成功在十年內成功轉型，從公務員變身企業家，他身上有哪些值得業務員學習的東西呢？

1. 做銷售什麼時候開始都不晚

　　歐陽先生三十九歲才開始賣保險，但是做得並不比那些剛畢業的年輕人差，能力很快就發揮出來，並且創造出令人佩服的絕好佳績。做銷售什麼時候開始都不晚，只要你踏實肯幹，善於學習與檢討，就能在工作中得到收穫。

2. 空杯心態，一切從零開始

　　在從事保險業務員之前，歐陽先生是公務員，有足夠的假期和輕鬆的工作環境，在別人眼中是個令人羨慕的學者形象。但是做保險業之後他放下了之前的一切，從零開始，拜訪客戶、虛心請教和交流、認真研究保險業務，全力以赴地做好一切。

　　想做成一件事，在做事之前就要學會把心態歸零，用謙虛、學習的

心態認真做好眼前的工作，不論你曾經多麼成功，你都應該放下一切光環與身段，努力做好手邊的工作，一切從零開始認真學習，挖掘自己的潛力，創造不同以往的成功。

3. 堅持不懈

由於歐陽先生堅持不懈的拜訪才讓其業績不斷成長。拜訪客戶是保險業務員每天既訂行程，每個保險業務員都應堅持拜訪客戶，不分新舊，與客戶始終保持良好的關係，以便於日後推薦新保單。

4. 管理客戶資料

歐陽先生分門別類地整理客戶資料，使自己能在最短時間內找到最想要的客戶資料，並針對不同的客戶提供最需要的險種，這是增加保險銷售成功率的重要方法之一。

在工作之餘，業務員要及時更新和整理、分析客戶資料，對客戶情況瞭若指掌，這樣才能不錯放任何機會，及時推薦新保單。

5. 腿勤更要腦勤

歐陽先生不僅認真學習保險業務知識，堅持不懈地拜訪客戶，而且還認真分析險種之間的不同和適用人群，總結出自己的銷售經驗並用到銷售中，使工作效率大大提升。

在工作中，業務員腿勤更要腦勤，不要用蠻力，而是要借巧力，根據自己的情況思考最有效的銷售對策，來提升成交率。

6. 多涉獵不同領域

歐陽先生原本是公務員出身，見聞廣、知識豐富，這也為他的銷售工作鋪路不少。業務員在學習業務知識的同時，也不要忽略對其他方面的瞭解和多元學習，以拓寬自己的知識面和眼界，打開多元思路。

日本保險銷售之神——原一平

名人履歷

　　原一平先生1904年出生在日本長野的富裕家庭，1930年進入明治保險公司擔任保險業務員，1936年，原一平的銷售業績已經名列公司第一，三年內創下了全日本第一的銷售紀錄，到四十三歲後連續保持十五年全國銷售冠軍，連續十七年銷售額達百萬美元。1962年，他被日本政府特別授予「四等旭日小綬勳章」。1964年，世界權威機構美國國際協會為表彰他在推銷業做出的成就，頒發了全球推銷員最高榮譽——學院獎，成為明治保險的終身理事，保險業內的最高顧問。

名人經驗談

1. 交易達成的同時，要使該客戶成為你的朋友。
2. 任何準客戶都是有一攻就垮的弱點。
3. 對於積極奮鬥的人而言，天下沒有不可能的事。
4. 越是難纏的準客戶，他的購買力就越強。
5. 應該使準客戶感到，認識你是非常榮幸的。
6. 要不斷地去認識新朋友，這是成功的基石。
7. 說話時語氣要和緩，但態度一定要堅決。對於業務員來說，善於傾聽比善辯更重要。
8. 成功者不但懷抱希望，而且擁有明確的目標。當你找不到路的時候，為什麼不去開闢一條。
9. 只有不斷找尋機會的人，才能及時把握機會。

10. 不要躲避你所厭惡的人。

11. 忘掉失敗，不過要牢記從失敗中得到的教訓。失敗就是邁向成功所應交的學費。

12. 過分的謹慎不能成大業。

13. 世事多變化，準客戶的情況也是一樣。

14. 銷售的失敗，與事前的準備用的功夫成正比。

15. 若要收入加倍，就要有加倍的準客戶。

16. 好的開始就是成功的一半。

17. 空洞的言論只會顯示出說話者的輕浮而已。

18. 錯過的機會是不會再來的。

19. 只要你的話有益於別人，你將到處受到歡迎。

20. 好運眷顧努力不懈的人。昨晚多幾分鐘的準備，今天就少幾小時的麻煩。

21. 儲藏知識是一項最好的投資。

22. 業務員不僅要用耳朵去聽，更要用眼睛去看。

23. 若要糾正自己的缺點，先要知道缺點在哪裡。

24. 若要成功，除了努力和堅持之外，還要加點機運！

Rule **11** 汽車業銷售學習典範

　　四十歲的老趙是一家4S店（4S店是指集汽車銷售、維修、配件和信息服務為一體的銷售店）的汽車業務員已做了三年，他覺得自己進入了事業瓶頸。老趙從七年前就開始做汽車銷售，公司倒是換了幾家，可是職位始終沒變過，這讓老趙很著急。

　　這家4S店已經是老趙的第四家工作了，先前他在一家店工作時間最長也不過兩年，最短的時候只有半年。起初老趙進入銷售行業是個偶然，那時他還在一家國有企業做售後服務，每天維修汽車，總是弄得自己渾身髒兮兮的。

　　當時4S店剛剛進入中國市場沒幾年，到4S店裡買車的都是些有錢人，4S店的業務員也都穿得很體面，老趙覺得到4S店當名業務員很不錯，不僅能接觸到不少有錢人，每天還能穿得西裝筆挺的，薪水也不錯，何樂而不為呢？因為沒有銷售經驗，他託一個朋友幫忙在一家4S店找到了工作，如願當上汽車業務員。

　　剛上班的時候，老趙天天神氣十足，見到誰都打招呼，在親戚朋友那裡炫耀自己的工作體面又輕鬆。可是一到了店裡，他就沒了精神，因為他對怎麼賣車的知識瞭解得並不多，但總自我感覺良好，覺得自己知道的那些夠用了，每當被客戶問得答不出來時，老趙就變得啞口無言。幸好公司偶爾會舉辦培訓講座，老趙多少還是學到了一些東西。

做了快兩年業務員後，老趙發現汽車銷售並不如自己想像中的那樣有意思，很多時候都是枯燥乏味的，而且常常很晚才下班，這讓老趙鬱悶不已。一次老趙因為疏忽簽錯了汽車金額而被辭退了。

沒了工作的老趙十分想念在國企的日子，那時的工作多輕鬆啊，雖然工資不高但也夠開銷。但是像老趙這樣學歷不高又沒特殊技能的人，從那裡出來容易要再進去就難了。於是老趙憑著先前的銷售經驗，硬著頭皮應聘到另一家4S店的業務員，就在三個月試用期快結束時，老趙才賣出一輛車，接下來的半年中，老趙為了不被辭退，每個月都得想辦法完成任務，做了一陣子後，老趙終於沒信心了，業績更是十分慘澹，只得捲舖蓋走人了。

再次失業的老趙開始思考：是不是自己不適合做業務員呢？但是已經做了快三年銷售了，而且也三十多歲了，除了銷售，好像沒有什麼能做的了。他聽說曾經一起賣車的同事小盧已經升了業務經理，老趙心想：「他也不過才在這一行做了四、五年，怎麼這麼快就升職了？」他找到小盧，向他討教成功的方法。小盧只告訴他兩個字：勤奮。這讓老趙覺得不太公平，自己當業務時也是起早貪黑的，為了趕業績也付出不少努力，怎麼自己就這麼失敗？小盧卻能做出點名堂來，我怎麼就不能？

失業三個月後，老趙又找了一份汽車銷售的工作，剛上崗不久老趙就接到一個大客戶，某外商公司總經理王先生準備從老趙這裡購買一款進口車，這讓老趙喜出望外，王先生看過車之後說先回公司處理一些緊急的事，幾天後就來協定購車的事。但是老趙左等右等也不見王先生，期間老趙打了幾次電話，也都聯繫不到王先生，時間久了老趙就想：「算了，也許他在別的店裡買了。」結果就不了了之了。

　　誰知兩個月後王先生來了，並表示前兩個月太忙了，所以拖到現在才來。老趙晃晃悠悠地走出來：「王先生你可來了，可等了你兩個月了！在忙什麼呢？想好了嗎？買什麼款式的車？哦，對了，你上次覺得不錯的那個型號的車現在已經銷售一空了，如果你還想要就得再等等……」老趙口若懸河地說著，王先生聽得意興闌珊：「哦，那我改天再來吧！」「不送了，慢走，有空再過來！」其實王先生原本還想再看看其他的車，但是聽著老趙一連串的問話，一點買車的興致都沒了。雖然老趙做了幾年業務員，但都是有經歷缺經驗，老趙因為缺乏實際經驗丟了生意的事已經不是一次兩次了。

　　不到一年的時間老趙又失業了。事業始終不順遂的老趙開始認真檢討自己的問題，他想到了小盧，他把小盧約出來，向他請教「勤奮」二字的含義。小盧的一番話令他醍醐灌頂：「勤奮不是你跑得勤快就夠了，你先要有顆勤快的心，每天工作時都要充滿熱情。」老趙忽然醒悟，每天工作時大家都被召集在一起喊口號，其實是為了激發大家的工作熱情，但自己只把它當作例行公事而已，難怪在心態上就差了一截。「勤快也不是你做得多就得到的多，勤動腿更要勤動腦，要認真仔細找方法，否則不僅浪費時間精力，也沒什麼成績，效率很低。」老趙點點頭，回想一下自己第一次丟工作就是因為不認真，結果做了不少白工。「不斷更新自己的知識才能跟上市場變化，你覺得自己知道的夠多了，其實市場每天都在變化，你不充電很快就被人追趕過去，你不夠專業客戶哪能信得過你？這又不是幾百元的生意。」老趙心裡想的確是這樣，上班幾年沒有學到什麼新東西，只是在銷售時瞭解不同型號汽車的基本資訊，說的都是銷售常用的制式話術，根本燃不起客戶的購物之火。

　　小盧的話讓老趙豁然開朗。於是老趙自費參加了幾次鼓舞人心的講座及業務課程，鼓足勇氣應聘到了現在的這家4S店，每天上班時老趙都精神奕奕，熱力十足，下班後就上網多瞭解業界新聞和汽車銷售知識，一年下來，一天，老趙創造了他幾年銷售生涯中最好的銷售業績，他竟然一共賣出了十五輛汽車。了解真正的「勤奮」讓老趙脫胎換骨，經過三年的努力，老趙已經是店裡數一數二的業務員了。但是現在老趙又開始煩惱了，他覺得雖然業績也有了，但總覺得自己年紀越來越大了，這樣做銷售並不是長久之計，他準備再找小盧請教一下……

＊老趙的工作經歷給了我們什麼啟示？

　　銷售看似很容易，有的業務員能賺到不少錢，但其實銷售是一項需要業務員經得住寂寞、經得起勞累，需要堅持才能做得好的工作，更需要業務員有十足熱情的工作。要想做好銷售，不僅要正確認識銷售工作的性質，端正心態，一步一腳印地深耕，不斷提升自己的業務水準和眼界，還要始終保有工作激情，讓自己擁有用之不竭的動力，最重要的一點是要善於思考，用智慧提高業績、改變自己。

＊從老趙身上我們可以看到哪些值得注意的問題呢？

　　從最初的業績慘澹到現在小有成績，小趙的經歷有不值得鼓勵的地方，也有值得肯定的地方，那麼我們應該注意哪些問題呢？

1. 缺少踏實肯幹的態度

在老趙剛當業務員時，4S店剛剛從歐洲引進沒幾年，不同於其他行業的業務員，汽車業務員都西裝筆挺地在銷售大廳裡向客戶介紹車款，看起來非常體面。然而老趙沒把心思放在工作上，而是忙著炫耀，對工作抱持當一天和尚撞一天鐘，缺少踏實肯幹的態度。

開發業務沒有別的法寶，就是要勤快，為了找客源你可以去掃街換名片，找附近店家老闆聊天，等待交易機會。回公司就把名片分類成有交談的老闆放一區，沒交談的則放到另一區，繼續再去跑那些攀談過，稍有機會的商家老闆，平均大約每兩周就會去露臉一次，成交的機會就看你訪客勤不勤。無論做什麼工作，你希望取得成績就要付出實實在在的努力。想做好業務員，首先要有踏實認真的態度，不懶惰、講技巧、勤練習，才能提高銷售，使自己不斷成長。此外，還要積極主動出擊，而不是守株待兔，要主動尋找商機，主動發現客戶需求，主動服務客戶，主動創造客戶的需要，主動提出成交要求，都是Top Sales每天做的事。

2. 自高自大，不知道自我檢討

老趙剛做業務員時，認為這是一項很容易的工作，不知道要多學習，更別說是檢討，總是表現出自傲自大的態度，這讓他在工作難以做出新成績。

虛心使人進步，銷售是一項需要業務員終生學習的工作，只有不斷充實、提升自己，才能適應市場的快速變化、滿足客戶善變的需求。業務員除了要學習銷售技巧，瞭解與產品和行業相關的內容，還要瞭解時事新聞、開發興趣愛好，擴展自己的知識面和視野。

3. 缺少堅持不懈的精神

在王先生電話打不通的情況下，老趙認為王先生一定是在其他地方購買了汽車，而放棄不再聯繫王先生，兩個月後王先生來到4S店，老趙才發現原來對方並沒有另買他車。

堅持不一定有結果，但是不堅持就一定沒有結果。超級業務員和一般業務員最大的差異是，一般業務員總是輕易放棄然後安慰自己，超級業務員卻是堅持到底。與其他工作相比，銷售更考驗業務員的耐心和心理素質，在客戶拒絕和提出異議時，擁有堅持不懈精神的業務員更容易取得成功。執著做好每一步，不輕易放棄，並以多元的觀點思考每一次的銷售挫折，找到每次困難背後的機會，你才能取得更好的銷售業績。

4. 不善於傾聽

看到王先生再次來到店裡，老趙感慨頗多，自顧自地說了一大堆，讓王先生沒有任何插話的機會，頓時令人非常反感，結果老趙又丟失了一次寶貴的銷售機會。

客戶喜歡的業務員是態度誠懇、對他尊重的業務員。上帝讓我們長一張嘴巴、兩隻耳朵，就是要我們少說多聽。傾聽，可以讓客戶完整表達他的需求和想法，會讓客戶覺得自己備受禮遇與尊重。業務員想瞭解客戶更多資訊，就要善於傾聽和引導客戶說出他在意的問題點，清楚客戶的需求和心理，這樣才能有的放矢、對症下藥，成功攻佔客戶的心。

最偉大的汽車業務員——喬‧吉拉德

 名人履歷

喬‧吉拉德（Joe Girard）出生於美國底特律市的貧民家庭。少年時就開始打工貼補家用。25歲以前，喬‧吉拉德換過三十幾個工作，但仍一事無成，甚至曾經當過小偷，開過賭場，好不容易遇到貴人，在其退休時將營建事業交給他管理，但因為他經營不當，不僅賠盡家產還搞得自己負債累累。35歲那年，喬‧吉拉德破產了，負債高達6萬美元。

為了生存下去，他跑去當了汽車業務員，三年之後，喬‧吉拉德一年內就銷售1425輛汽車的成績，打破了汽車銷售的吉尼斯世界紀錄。十五年的汽車銷售生涯中，他總共賣出了13001輛汽車，平均每天銷售6輛。在1978年喬‧吉拉德急流勇退，轉而從事教育訓練工作，出書、到世界各地演講自己的人生經驗與銷售技巧。

喬‧吉拉德創下的銷售紀錄——

1. 平均每天銷售6輛車；

2. 最多一天銷售18輛車；

3. 一個月最多銷售174輛車；

4. 一年最多銷售1420輛車；

5. 在15年的銷售生涯中總共銷售了13001輛車。

名人經驗談

1. 做銷售就要善於向所有人學習。

2. 做銷售要學會說「我喜歡你」。

3. 銷售永遠是從成交開始！提供服務，說到做到！

4. 多多的聆聽客戶的聲音！用微笑作為鋒利的武器！

5. 讓心中永遠有一把怒火，證明給瞧不起你的人去看！證明給別人看，我是最棒的。

6. 千萬不要讓別人忘記你！讓客戶永遠記得你，隨時不斷地行銷我自己！銷售關鍵不是選擇賣什麼東西，而是賣你自己！

7. 工作時要時時把工作放在心上，要與一些對你有幫助的人一起吃飯，而不要只是跟同事吃飯。

8. 要有條不紊地記下所有客人的約會，並做好萬全準備。

9. 支持你所賣的產品。

10. 千萬別撒謊：所謂「一次不忠百次不容」。更不容許過高收費。

Rule 12 百貨直銷業銷售學習典範

　　女孩黛西今年二十八歲，高中畢業，但是與同年齡的人相比，她有被很多女孩羨慕的成功，她擁有三家自己的化妝品連鎖店和一家形象設計中心。見過黛西的人們一定難以置信，她看起來的確只像個二十歲出頭的鄰家小妹，有吹彈可破的好肌膚和一頭柔亮烏黑的秀髮，聲音甜美清脆，紅潤的臉龐笑起來像盛開的花朵。黛西在店裡時，如果客戶是第一次來，她都會先讓客戶猜她的年齡：

　　「您猜我今年多大了？」

　　「應該就二十歲出頭吧！」

　　「不對啦，我已經二十八歲了哦！」

　　「妳的皮膚好好哦！」

　　「對呀，我一直堅持使用我們的產品，這種植物配方的護膚品能帶給肌膚充足的營養，堅持使用我們的產品也能像我一樣哦！」

　　……轉眼間，客戶就買下幾件護膚保養組滿意地離開。

　　黛西表示：她既把賣化妝品當工作又當樂趣，感覺每天的工作充滿挑戰又有趣。愛美的黛西在上中學時就迷上了彩妝，經常看各種化妝品方面的雜誌，對化妝品的功效、如何分辨化妝品優劣等很在行，自己也試著尋找適合自己膚質的護膚品和化妝品。

　　高中畢業後，她直接到化妝品專櫃應徵櫃姐。因為對化妝品有興趣

和平日累積的使用心得，她很快就適應了，櫃姐做不到一年，銷售業績就已經超過一些資歷兩年以上的老員工。她的秘訣是先讓客戶喜歡上自己，最後依賴上她。

她每天一定做好所有護膚的步驟，不忽視任何一個環節，在上班之前認真化好適合自己的淡妝，讓每一個見到她的客戶都賞心悅目。每當客戶走近她的櫃位，黛西都不急著介紹新產品，而是先觀察客戶的膚質、膚色、五官等，再結合對方情況介紹適合客戶的產品。她除了會熱情地一邊為客戶試擦、分享其他顧客用過的效果，一邊又會耐心地告訴客戶平時該如何保養身體、調理氣色，在她的用心服務下很少有人能不心情飄飄然、一臉滿意地離開。

起初一些客戶並不接受黛西的建議，黛西就提議先讓客戶試用，或直接將一些小的免費試用品送給客戶，讓客戶自己感受使用效果，不僅如此，黛西還根據客戶的五官、臉部結構等為客戶提出彩妝建議，如果客戶一下子掌握不到訣竅，有時黛西還會在放假時把客戶約出來個別教學。

絕不把自己的業績壓力帶給消費者，是黛西的獨到之處。不論遇到什麼樣的客人，黛西一定會先請對方坐下來，娓娓地解說與示範各種產品，聽客人說自己皮膚的問題，即使曾遇過直接說了不會購買的消費者，她的服務依然親切，「有人願意花時間聽我講，我就很高興了」她直爽地說。時間長了，許多人都成了她的老主顧，而且都指名找黛西買化妝品。

對於這些忠誠的老客戶，黛西還製作一個資料庫，在上面清楚地寫明客戶的姓名、聯繫方式、膚質、膚色、臉部特點、對哪些化妝品最感興趣等，只要店裡有了新的產品，她就翻看資料冊，給需要的客戶打電話。

就這樣，兩年下來黛西收穫很大，一些老客戶經常幫她介紹新客

戶，她也和不少客戶在私下成了好朋友，這讓她覺得小小的化妝品專櫃已經無法發揮她的能力。於是她跳槽一家國際直銷化妝品公司擔任銷售顧問，每天與不同人打交道，為更多人講述護膚心得、提出購買建議，她又認真學習服裝搭配技巧，給來諮詢的客戶提供從護膚、化妝、色彩搭配到整體形象的建議。

在工作中，她漸漸發現自己不僅喜歡研究化妝品，對形象設計也很有靈感，她除了閱讀相關方面的書籍外，也參加一些講座，學習形象專家的心得，經過一年的努力，她對女性形象的研究更加深入了，一些客戶甚至認為她是專業級的造形設計師。

這也讓黛西有了一個大膽的想法：與其在別人的公司做顧問，還不如自己開個形象設計中心，做自己的形象設計。但對於年紀輕輕的黛西來說，創立一個公司太難了，首先資金就是個問題。怎麼辦呢？黛西想起了自己的老本行：做銷售。

黛西先找了幾家信譽、口碑良好的化妝品商店作對比，最後選擇了一家受眾廣、容易操作的店做加盟商，開設了一家自己的化妝品專賣店，雖然是第一次開店，但是黛西的店裡並不冷清，由於黛西多年累積了許多死忠的老客戶，很快就讓經營走上了正軌。

接下來的兩年，黛西又繼續加盟了兩家連鎖店，生意興隆。隨著經濟條件的好轉和對個人形象的認真研究，黛西在不到三十歲就開設了屬於自己的個人形象設計中心，偏重於個人妝容和服飾造型的打造。現在黛西每天雖然都忙碌到很晚，但是她感到充實而快樂，忙得開心又快活。

＊黛西的經歷給了我們什麼啟示？

　　銷售是一項門檻低、接納度廣的工作，不需要高學歷也不需要豐富的資歷，如果你肯努力、善於挖掘自身優勢，你不僅能做而且還能做得非常好。銷售本身就是一所學校，在服務不同類型的客戶的過程中，你的閱歷也在增加，你的綜合能力會不斷提升，最終使你看到不一樣的自己。

＊黛西身上有哪些值得我們學習的地方？

　　黛西從高中畢業生一路成長到公司經營者，在提升自己的同時也不斷發展起屬於自己的事業，是什麼讓她有了令人羨慕的成績？業務員可以從她身上學習到哪些東西呢？

1. 從興趣出發

　　黛西從小喜愛研究化妝品，憑藉良好的悟性和基礎，在從事化妝品專櫃小姐後也得心應手，並且很快體現出自己的銷售風格：觀察→邀請試用→建議→私下教客戶→與客戶成為朋友。

　　銷售不是人人都能做，銷售不同產品更要有看人的能力。也許你看到大大小小的廚房用具就頭疼，但你對戶外裝備非常感興趣，又非常喜歡旅行，你曾經的野外旅行經歷也讓你知道人們最需要什麼，你就去從事販售戶外休閒用品的業務員。因為有興趣，對這領域了解的層面就深，這樣你提出的建議一定非常實用又容易被客戶接受，你的工作興趣也會被激發

出來了，你的銷售業績也將不俗。

2. 善用電話銷售

作為化妝品專櫃小姐，黛西並沒有把工作局限於面對面的銷售，而是建立客戶資料冊，有新產品或產品優惠活動時，及時打電話通知客戶，透過打電話的方式進行銷售，提高銷售頻率，從而提高銷售量。

電話銷售不僅可以用在網店中，也可用於實體店面中，及時通知老客戶來選擇新產品，能讓實體店面的銷售量增加。如果你是一個實體店面的銷售員，不妨也考慮使用這種方法，不僅能與老客戶聯絡感情，也能提高產品銷售量。

3. 符合產品特質的形象更能贏得客戶信賴

黛西在工作中十分注重自己的形象，她深知一名化妝品專櫃小姐要有好的膚質、膚色和悅人的妝容，才有專業說服力，客戶才有興趣和她交談，向她購買化妝品。

你的形象首先是種說服力，不論你銷售哪種產品，你都應該善於培養與產品相關的特質，如你銷售健康器材，或是推銷健身卡，你首先要有一個看起來健美挺拔的身體，不要羸弱到弱不禁風或肥胖，這樣客戶才會覺得你的產品有說服力，才能信任你，才會有與你交談的意願。

4. 引發客戶的好奇心

對於第一次來店裡的客戶，黛西藉由提問給客戶造成懸念，讓客戶驚喜，激發起客戶的好奇心，立即讓客戶的購買需求大增。

激發客戶好奇心是點燃客戶購買熱情的重要途徑之一，一旦客戶好奇心被激發起來，就能更關注你和產品，使你的銷售工作更有效率。

5. 向客戶提供力所能及的幫助

在向客戶介紹產品時，黛西除了結合客戶情況推薦適合的產品外，還為客戶提供額外的化妝指導，盡己所能地幫助客戶。

女人，總是喜歡被人注意、討論自己的小小改變。業務員可以多多利用這一點，比如，特別留意客人的氣色，客人最近氣色很好，要一臉好奇地詢問：「你最近有做什麼保養？還是飲食有了什麼改變？」氣色不好時，則要關心問候：「你最近是不是常熬夜？還是工作壓力太大？」然後叮嚀客人要小心照顧身體，或是建議可以搭配什麼產品來改善氣色，甚至還貼心提供補身體的中藥藥方。

客戶不需要最好的產品，只需要最合適的，作為銷售員或業務員，要以做為客戶的最佳產品顧問自許，不僅要盡量推薦對客戶最需要的產品，還要盡力幫助客戶，為客戶提供有效建議，讓客戶更滿意。

玫琳凱化妝品創辦人——玫琳凱

 名人履歷

　　1963年，玫琳凱‧艾施（Mary Kay Ash）憑著自己多年累積的經驗——一個事業計畫和五千美元的積蓄，在兒子的幫助下創立了玫琳凱化妝品公司。玫琳凱以自己的名字命名新公司，最初的職員只有她和兒子理查及九名美容顧問。

　　玫琳凱直銷的化妝品來自於她從自己美容師手中買下的一種美容配方。玫琳凱公司第一年的銷售額達到19.8萬美元，1996年達到130萬美元。到目前為止，玫琳凱公司在全球三十五個國家，有多達兩百萬名獨立美容顧問，為兩千多萬消費者提供著一對一的個性化美容諮詢與服務，銷售額超過二十億美元，名列美國《財富》雜誌全美五〇〇大企業行列，並成了「全美一〇〇家最值得員工工作的公司」中榜上有名的唯一一家直銷公司和化妝品公司。

 名人經驗談

1. 你對自己的生命擁有比你想像中更多的主宰權。
2. 半途而廢的人絕不會成功，成功的人絕不會半途而廢。轉變態度可以改變你的一生。
3. 努力追求理想，你不會有什麼損失，只會有收穫。
4. 如果你相信你能做到，你便能做到。
5. 你希望別人怎樣對待你，你也要怎樣對待別人。
6. 每個人都喜歡和快樂、熱情的人相處，所以，請試著讓自己做一個快樂而

熱情的人。

7. 成功與否,關鍵不在於我們擁有多少才能,而在於如何運用才能。

8. 無論你確立了什麼目標,你必須有想急切實現它的強烈欲望,否則你不會成功。

9. 當你帶著微笑恭維別人時,會有更大的效力回應你;而帶著微笑去央求別人幫忙時,也將使別人更難以拒絕你。

10. 希望只是空中樓閣,只有實際執行才能實現理想。

11. 我發現,我原本如此害怕的事情,一旦開始去做,竟不是那麼困難,敵人不是別人,正是恐懼本身,只要克服恐懼,便能贏得勝利。

PART IV

訂製自己的成功

審視當下自我，打開你的問題鎖

完美王道，因人而異，因人而變，
也許超級業務們的成功之道並不一定適合你，
但絕對有你可以學習和借鑑之處。
結合王道根本，審視當下自我，
找到你的問題所在，讓王道與你緊密貼合，
你方能推陳出新，自成一派。

附錄 業務員十大素質自我測試

　　不想當將軍的士兵不是好士兵，同樣的道理，不想成為頂尖「超業」的業務人員也不會在銷售事業上取得成功。銷售工作看似簡單，好像人人都能做，但是想做得有聲有色卻沒有那麼容易。那麼，要想成為一個合格甚至是優秀的業務人員，你應該具備什麼樣的素質呢？

⭐ 基本素質篇

　　雖然業務職涯的門檻不高，但每年還是有很多人因為種種原因被淘汰出局。要想成為一名稱職的業務員起碼應該具備誠實正直、充滿信心、有企圖心、抗壓能力、溝通能力這五種基本素質。只有具備了這些基本素質，你才能勝任銷售工作，成功取得業績，在激烈的競爭中不至於被淘汰出局。

誠實正直	在我看來，誠實正直是： 1. 2. ……	
	誠實正直在業務推廣中有以下好處： 1. 2. ……	
	我在銷售過程中所表現出來的誠實正直有： 1. 2. ……	對推廣業務的益處 1. 2. ……
	我對自己在銷售過程中表現出來的不誠實部分或事件： 1. 2. ……	如何改變這種狀況 1. 2. ……
充滿信心	在我看來，所謂充滿信心就是： 1. 2. ……	
	充滿信心有助於我在以下銷售情境中取得成功： 1. 2. ……	
	我對自己在銷售過程中所表現出充滿信心的肯定： 1. 2. ……	對促進銷售的益處 1. 2. ……
	我對自己在銷售過程中表現出來的沒自信與不滿意的地方： 1. 2. ……	如何改變這種狀況 1. 2. ……

有企圖心	在我看來，所謂企圖心就是 1. 2. ……	
	企圖心有助於我在以下銷售情境中取得成功： 1. 2. ……	
	我對自己在銷售過程中所表現出來的有企圖心的肯定： 1. 2. ……	對促進銷售的益處 1. 2. ……
	我對自己在銷售過程中表現出來的沒有企圖心與不滿意的地方： 1. 2. ……	如何改變這種狀況 1. 2. ……
抗壓能力	在我看來，所謂抗壓能力就是： 1. 2. ……	
	抗壓能力有助於我在以下銷售情境中取得成功： 1. 2. ……	
	我對自己在銷售過程中所表現出來的抗壓能力的肯定： 1. 2. ……	對提升業績的益處 1. 2. ……
	我對自己在銷售過程中沒有抗壓能力的表現與不滿意的地方： 1. 2. ……	如何改變這種狀況 1. 2. ……

	在我看來，所謂溝通能力就是： 1. 2. ……	
溝通能力	溝通能力有助於我在以下銷售情境中取得成功： 1. 2. ……	
	我對自己在銷售過程中所表現出溝通能力的肯定： 1. 2. ……	對促進銷售的益處 1. 2. ……
	我對自己在銷售過程中表現出溝通能力不良與不滿意的地方： 1. 2. ……	如何改變這種狀況 1. 2. ……

 專業素質篇

　　你願意在五十歲的時候仍然與那些充滿熱情和活力的年輕人一樣擠著捷運去拜訪客戶嗎？我相信每個人的答案都是否定的。如果你不滿於只是當一名基層的業務員／銷售員，那麼你就要具備以下五種職業素質：學習能力、正向思考、富影響力、人脈資源、高效管理。這些職業素質不但會讓你的業績常青，還會讓你得到更多的晉升機會和更好的職涯選擇。

學習能力	在我看來，學習能力就是： 1. 2. ……	
	學習能力有助於我在以下銷售情境中取得成功： 1. 2. ……	
	我對自己在銷售過程中所表現出學習能力的肯定： 1. 2. ……	對銷售業績的益處 1. 2. ……
	我對自己在銷售過程中表現出學習能力不佳與對自己不滿意的地方： 1. 2. ……	如何改變這種狀況 1. 2. ……
正向思考	在我看來，正向思考就是： 1. 2. ……	
	正向思考有助於我在以下銷售情境中取得成功： 1. 2. ……	
	我對自己在銷售過程中所表現出正向思考的肯定： 1. 2. ……	對提升業績的益處 1. 2. ……
	我對自己在銷售過程中表現出來的負面思考與對自己能力不滿意的地方： 1. 2. ……	如何改變這種狀況 1. 2. ……

富影響力	在我看來，影響力就是： 1. 2. ……	
	有影響力有助於我在以下銷售情境中取得成功： 1. 2. ……	
	我對自己在銷售過程中所表現出來的影響力之肯定： 1. 2. ……	對提升業績的益處 1. 2. ……
	我對自己在銷售過程中表現出影響力不足與不滿意的地方： 1. 2. ……	如何改變這種狀況 1. 2. ……
人脈資源	在我看來，人脈資源就是： 1. 2. ……	
	人脈資源有助於我在以下銷售情境中取得成功： 1. 2. ……	
	我對自己在銷售過程中所表現出來的人脈資源之肯定： 1. 2. ……	對推廣銷售的益處 1. 2. ……
	我對自己在銷售過程中表現出人脈資源不足與不滿意的地方： 1. 2. ……	如何改變這種狀況 1. 2. ……

高效管理	在我看來，高效管理就是： 1. 2. ……	
	高效管理有助於我在以下銷售情境中取得成功： 1. 2. ……	
	我對自己在銷售過程中所表現出來的高效管理的肯定： 1. 2. ……	對提升銷售的益處 1. 2. ……
	我對自己在銷售過程中表現出的效率不足與不滿意的地方： 1. 2. ……	如何改變這種狀況 1. 2. ……

優秀業務人員潛能測試

你具備成為優秀業務人員的潛質嗎？你距離成為超級銷售王的道路還有多遠呢？在今後的工作中，你有快速晉升的機會嗎？快來做做以下這個測試吧，瞭解一下自己的潛能與不足之處！

1. 假如你是一名業務菜鳥，你是否對每天、每週，甚至每個月的工作都有詳細的安排？假如你是一名業務老鳥，你對自己未來三～五年的職業生涯是否有詳細的規劃？

   A 目前沒有規劃，只知道照公司的安排走。

   B 有規劃，但只是近期的計畫。

   C 已經規劃好每個階段的目標以及最終要達到的高度與格局。

2. 到了年底業績考核的時候，高強度的工作壓力讓你勞累不堪，如果有一天老闆不在，你會做什麼？

   A 把握機會，稍微偷一下閒。

   B 反正老闆看不見，還是不去跑外勤了。

   C 和平時一樣，積極聯繫客戶，或外出拜訪客戶。

3. 在一次銷售過程中你做了很多努力，在自認為即將成交的時候卻遭到了客戶的拒絕，你會怎麼想？

A 我怎麼這麼倒楣，看來我似乎不適合這個工作。

B 沒關係，大家都有不成功的時候。

C 我仍是最棒的，我一定會做得更好。

4·做了一段時間的業務工作，常常會感覺身心疲憊，沒有了當初的活力與幹勁，此時，你會去聽一些培訓師的講座或者主動找個機會充電嗎？

A 工作這麼累，沒有精力。

B 公司安排的講座會去聽聽。

C 會利用節假日主動參加培訓課程。

5·在沒有成交之前，業務員都會與客戶保持密切的聯繫，但是在成交之後，你還會積極與客戶保持聯繫嗎？

A 成交之後就不會聯繫了。

B 今後只是業務上的往來。

C 與客戶形成了良好的朋友關係。

6·相信自己的業務員往往能取得成功，你是個有自信的業務員嗎？

A 完全沒有自信。

B 還可以啦。

C 我一直相信我自己。

7·認識自己是一項非常重要的能力，如果讓你對自己做一個簡單的評價，你會怎麼說？

訂製自己
的成功
Part

A 我覺得自己沒什麼可取之處。

B 我覺得自己很完美。

C 我喜歡我自己——雖然自己的確有不少需要改進的地方。

8・在與生活周遭的人相處時，你是抱著怎樣的態度？

A 我與他們並沒有特別的往來。

B 保持遠近適宜的距離。

C 我會盡力幫助周圍的人。

9・上司交給你一個看似不可能完成的銷售任務，可以說是時間緊、任務重，你會怎麼做？

A 真是強人所難，想辦法推辭掉吧。

B 勉強接受，先做看看再說。

C 接受，積極行動以提升達成率。

10・當被客戶拒絕時，不同的業務員會有不同的反應，在一般情況下，你是怎麼做的？

A 立即放棄，再找下一個目標。

B 對客戶死纏爛打。

C 找到客戶拒絕的原因並想辦法解決。

11・有很多業務員不是敗在銷售技巧上，而是敗在銷售細節，比如不修邊幅的形象、綿軟無力的聲音等等。你曾因為一些細節而導致銷售失敗嗎？

A 經常會。

B 偶爾會。

C 從來不。

12 · 每天早晨，你都面對鏡子告訴自己要充滿活力，以積極的心態面對即將到來的一天的緊張工作嗎？

A 不能。

B 基本上可以。

C 我對每天的工作都充滿熱情。

13 · 當你與客戶正在討論銷售細節時，第三方突然打斷了你與客戶的談話，與你的客戶討論其他的事，你會怎麼辦？

A 不予理睬，繼續執行接下來的工作。

B 停下來，尋找時機繼續銷售流程。

C 建議第三方換個時間拜訪。

14 · 在與客戶溝通時，你通常扮演什麼樣的角色？

A 滔滔不絕地說。

B 單只聽客戶說。

C 把大部分時間留給客戶，但是會解答並解決客戶疑問。

15 · 有些客戶雖然暫時與你沒有業務往來，但是他有可能在以後需要你的產品，你會堅持對其進行長期追蹤嗎？

A 不會，等他需要時候再聯繫。

B 偶爾聯繫一下。

C 即便短時間內沒有購買，也經常保持聯繫。

16· 你希望透過銷售工作達到怎樣的收入水準？

A 吃飽穿暖就可以。

B 越多的財富越好。

C 我希望將來經濟上無憂無慮。

17· 面對工作，有的人是「拼命三郎」，有的人是得過且過，你呢？

A 得過且過。

B 與大部分同事保持一致的步調。

C 對待工作非常認真，喜歡追求第一。

18· 在與客戶洽談時，如果客戶的話題偏離了銷售主題，你能重新把話題拉回到有關銷售的方面嗎？

A 偶爾可以。

B 大致上都可以。

C 擅長控制銷售話題。

19· 很多時候，客戶說的話往往包含了其他的意思，即所謂的「話裡有話」、「弦外之音」，你能聽出來嗎？

A 很少聽得出來。

B 有時能，有時不能。

C 基本上都能。

20. 由於出色的業績和良好的管理能力，你得到了晉升，你有信心比你的前任做得更好嗎？

A 沒有。

B 不知道。

C 一定會努力做得更好。

得分標準：**A＝0分　B＝1分　C＝3分**

測試分析：▶

0～14 **得分之間**：如果你是名業務菜鳥，那麼不要氣餒，得分少倒也正常，但是你要仔細對照一下測試題，看看你在哪方面做的還不夠好，繼續努力，相信你會有很大的進步；如果你是業務老鳥，那麼這個得分就是在警告你岌岌可危了，你所遇到的問題可能會很多，你要找出來並一一解決。如果問題的關鍵在於你對銷售失去了信心和熱情，絲毫提不起興趣，那麼你不妨換個工作試試看。

15～29 **得分之間**：你可能在某些方面存在一些問題，不妨在以後的銷售過程中多加注意，看看自己的問題出在哪裡：是遇到了銷售瓶頸還是對銷售工作失去了熱情，是與客戶溝通出現了問題還是忽視了一些細節。只要找到問題點，對症下藥去改善，相信你會有很大的進步。

30～45 **得分之間**：你有強烈的企圖心，而且你很有自信，相信自己能在銷售領域佔據一席之地；在銷售過程中，你通常能很好地把握銷售局面，看穿客戶的心理；銷售完成後，你能與客戶建立起良好的朋友關係；這些都將會為你的銷售事業帶來益處。可以這樣說，你具有成為優秀銷售員的潛質，但是要戒驕戒躁，繼續努力。

應聘業務員常見的25道面試題

在找工作時，每個人都要經過一些考試關卡，當進入到最終面試這關的時候，我們也不能掉以輕心，因為可能一個問題沒有回答得讓面試官滿意，你就與心儀的工作失之交臂了。應聘銷售工作時也是這樣。面對每一道試題，你都要小心謹慎，給出所能給的最佳答案。

以下整理出應聘業務員最常見的25道面試題，希望對大家有一定的幫助。

 **基本題：**

> 1. 請做一個簡單的自我介紹。
> 2. 談談你在從事業務工作上的優缺點。
> 3. 你上一份工作是什麼，為什麼離開原來的公司？
> 4. 你期望的工作環境和工作狀態是什麼？
> 5. 你希望公司給你什麼樣的好處？
> 6. 如果公司錄用了你，你將如何開展工作？

這六個問題是面試時的基本問題，不管應聘什麼工作幾乎都會遇到。不過，銷售員在回答這類問題的時候，還是要注意以下幾點：

▶▶ 你應該務實，切忌不能自我吹噓，更不要說謊，因為你是否具備你所說

的才能,在接下來會得到一一的驗證。如果存在僥倖心理,將會得不償失。

▶▶ 在前往一家公司面試前,你最好針對這些問題提前準備好相關的對應與回答,甚至自己照著鏡子多練習幾遍。因為優雅的儀態和良好的口才表達能力永遠是面試官首要考量的,也是業務員在與客戶溝通時必須具備的。

▶▶ 在提到你上一份工作時,注意不要過多評價上司,更不要向面試官傾訴自己的委屈,說之前公司的一些壞話,這對你的面試不但沒有任何好處,反而還會讓面試官對你產生反感。

⭐ 實務題:

7 · 在工作中你與上司的意見相左時會怎麼辦?

這題考的是你服從上司和表達自我意見的能力。尊重上司是前提,但是如果覺得自己的想法可行,也應該委婉告知上司,與上司主動溝通你的論點讓上司明白。

8 · 關於銷售,你最喜歡的和最不喜歡的部分分別是什麼?能說明原因嗎?

因為個人喜好不同,所以每個人的答案也不相同,但是需要注意的是不能犯一些最基本的錯誤,比如銷售就是一個與人打交道的工作,如果你說最不喜歡與人交往,這無疑是自斷後路。

9 · 能說說你未來三~五年的職涯定位和規劃嗎?

這題考察的是你對自身與未來的規劃,這是一個在面試中經常會遇到的問題,你不妨在面試之前就做一職涯規劃,計畫出自己要完成怎樣的銷售任務和要達到的職位,每個公司都希望自己的員工對工作有明確的計畫和目標。如果你沒有提前計畫,也不要緊張,可以說一些不

是很詳細的計畫或自我期許。總之，當面試官問到你的職涯規劃時一定要有話可說，而且你的計畫要符合實際情況。

10·**如果你的下屬沒有完成你分配給他的責任額，而你的上司責怪下來，你會怎麼辦？**

把責任全部推卸到下屬身上是最不明智的一個答案，你的下屬沒有完成工作，做為其直屬主管最大的失職就是監督不力且輔導不周。

11·**能講講你遇到的最困難的一次銷售經驗及你是如何解決的嗎？**

相信最困難的一次銷售經驗是每個業務人員都記憶猶新的，你只要把這個故事完整地講出來，告訴面試官最困難的地方是什麼以及你是怎麼解決的就可以了。不過要特別注意的是你舉的銷售經驗一定要是成功的正面。

12·**如果安排你給新員工上一堂行銷課程，你會講些什麼？為什麼？**

注意，因為只是要你給新員工上一堂課，因此你要講的自然是你認為最重要的內容，譬如如何保持對銷售工作的熱忱。

13·**要把新客戶變成老客戶，你有什麼行之有效的方法嗎？**

將新客戶變成老客戶的方法有很多，比如在有新產品問市時主動詢問其是否需要、在重要節日問候新客戶、與新客戶形成良好的朋友關係等等。回答這個問題時的重點在於你是怎麼做的，最好能夠結合自身的經歷。

14·**如果上司給了你一個很重的銷售任務，而且時間非常緊迫，你如何才能完成這個任務？**

任務重、時間緊是業務人員經常遇到的問題，最好的答案就是將任務量化並訂出銷售計畫，確定每天的工作量，按計畫完成，這是工

作成功的最大保障。

15 · 你喜歡與老客戶打交道還是與新客戶打交道？可以說明理由嗎？

當然，選擇新客戶還是老客戶要看自己的偏愛。如果選擇老客戶，你可以說能夠用最少的精力完成業績；如果選擇新客戶，你可以說是為了擴大客戶群體，甚至可以說是喜歡迎接挑戰。

16 · 你有超額完成銷售目標的經歷嗎？你總結過原因嗎？

銷售有著很多不確定性，有時候運氣也是影響業績的重要因素。在回答這個問題的時候你最好多說一些運用的技巧和方法。

17 · 你認為一個完整的銷售過程需要多長時間？你有方法縮短這個時間嗎？

產品的屬性不同，所需要的交易週期自然也不盡相同，你可以根據產品特性說明交易週期，而縮短交易週期最有效也是最直接的辦法就是讓客戶知道購買你的產品是物有所值甚至是物超所值的。

18 · 請你向我推銷一下辦公桌上的電話機。

很簡單，只要把面試官當做是你的客戶就好了，不能給面試官有演戲的感覺。這道題考的是你的臨場應變能力，切忌不能怯場。

19 · 能說說你與眾不同的素質和銷售技巧嗎？

既然與眾不同，就是要說明自己的特色，與別人不同的差異點。相信每個人都會有一兩招殺手鐧吧。

20 · 你認為一個優秀的銷售人員最重要的素質是什麼？為什麼？

一個優秀的銷售人員應具備很多好的品質，但是綜合起來大概有四點：高超的銷售技巧、內在的自信力、與客戶建立良好關係的公關

能力、有著嚴謹工作作風的自制力及自控力。

21・你覺得人們購買產品的主要原因是什麼？

對產品的需要和喜歡以及對銷售人員的信任。

22・你能從老客戶的關係網中找到新客戶嗎？你會怎麼做？

老客戶的人脈關係網絡確實能夠給業務人員帶來新商機，其關鍵就在於如何從老客戶身上挖掘新客戶。在充分取得老客戶的信任之後，老客戶甚至會主動向你介紹新客戶。如果沒有老客戶的主動介紹，你也可主動發出請求，但前提是你要確定你的老客戶要已經非常信任你。

23・進行電話銷售前，你通常會做哪些準備？

先行調查客戶公司的情況，盡可能地先了解客戶個人的情況和需求，並確定自己的銷售目標。

24・如果一位客戶一直在購買與你產品功能相似但價位較低的產品，你要如何說服他放棄原來的產品轉而購買你的產品？

數字是最好的說服手段！透過一系列數字的列舉與量化的客觀比較，讓客戶知道買哪種產品更划算，他自然會改變原來的決定。

25・如果你的產品確實是某公司需要的，但是公司的大部分人堅持價格便宜但是品質稍差的另一品牌產品，客戶徵求你的意見時，你該怎麼辦？

你要記住，這時你給客戶的不是決定而是建議，因為客戶更願意相信他的同仁們。你要做的是列出自己產品優於其他產品比較與分析，引導客戶做出購買自己產品的決定，而不是代替客戶做決定。

附錄四 超業不會犯的銷售20戒

1. 不守時

　　拜訪客戶，最忌諱的是不守時。身為忙碌的現代人，分秒必爭、時間就是金錢，因此，與客戶有約絕對要排開種種可能造成遲到的因素，如塞車、找不到車位，務必要提前出門，寧可早到，再以一種悠然的心情，整理好服裝儀容再前去拜訪客戶。

2. 服裝儀容不合宜

　　不合時宜的穿著，則容易給人懶散、不負責任、不重視客戶的種種負面聯想。拜訪客戶，首先要給客戶留下一個深刻而正面的形象。在服裝儀容方面，要注意穿著合宜，女性不妨穿套裝、略施脂粉，男性以西裝較為正式。在拜訪客戶時，尤以素雅清新的穿著為宜，切勿將金銀珠寶全部配戴在身上。

3. 精神萎靡、無精打采

　　業務員除了專業素養外，也要講求飽滿的精神。面對一個神情萎靡、精神懶散的人，往往令人退避三舍。業務員要能活潑而有朝氣地和客戶打招呼，不能怯生生地小聲問候，否則即使你的產品再好也不能吸引客戶的興趣。尤其業務員每天必須面臨不同的挑戰，拜訪不同的客戶，一定要持續保持神清氣爽，才能進一步論及績效。

4. 做事沒準備、沒效率

拜訪客戶前的準備工作絕不能輕忽，更不能有「碰運氣」的僥倖心理。無論是見過面的客戶或是首次謀面的準客戶，您必定有許多相關的資料，出門前，務必仔細地檢查一遍。行前要先訂好自己的目標，構思自己此行該做、該說、該表達的種種，免得行程混亂、資料缺東缺西，必然有損業務員專業的形象，也浪費彼此的時間。

5. 太自以為是

業務員必須要對自己的專業有自信，但也不能因此而自視甚高，姿態擺得高高的，給人難以親近的感覺，要適度尊重客戶，儘管他們提出不成熟，甚至以偏概全、似是而非的看法，也要能委婉地澄清，而非自認是專家，就以說教式的口吻地問：「你懂嗎？」、「你明白我的意思嗎？」、「這麼簡單的問題，你瞭解嗎？」從銷售心理學來講，一直質疑客戶的理解力引起客戶的反感，而讓對方覺得得不到起碼的尊重。要懂得「放低身段」仔細傾聽，才能忖度客戶的心。

6. 態度不卑躬屈膝

在客戶面前，縱然不能過於自滿，但不宜表現的太過謙卑，甚至乞求成交，這樣只會令對方小看你，覺得你的產品或服務沒有買的價值。業務員在客戶面前，應該保持不卑不亢的態度，神態自然坦城，語言從容，應是以「與客戶分享好商品」自我期許，要轉變新觀念，我們不是去乞求客戶，而是應該與客戶平等相待，毋須裝作可憐的模樣，猶如有求於客戶，無法挺起腰、抬起胸。反而要讓他們感覺到你不是在賣產品而是在交

朋友，態度是真誠的，這樣成交幾率就很大。

7. 不能傾聽

　　業務員都習慣以大量的產品說明來緩解銷售中的緊張和不安，或者錯將客戶的沉默當做接受而滔滔不絕，所以，傾聽在銷售中很容易被忽略。過多的陳述一方面容易引起客戶的反感，另一方面也喪失了獲取客戶內部信息的機會。開始與客戶溝通時，可以扮演聽眾的角色，傾聽客戶的心聲，無論是否與產品有關，讓他覺得你並不現實；最忌諱一坐下就開門見山地切入正題，並且喋喋不休地表達自己的意見，從不給客戶發言的機會。這樣會讓客戶覺得沒有受到足夠的尊重，之後你若再想要改善彼此的關係，可說是難上加難。

8. 搶客戶的話

　　業務員最忌一味地想推銷自己的產品，就無理地打斷客戶的話，在客戶耳邊喋喋不休，或是當客戶正興高采烈地表達自己對某件事的看法時，儘管你有再多不同的意見，也要要耐心聽到最後一句，切忌打斷客戶的話頭，靜靜地讓客戶把話說完。如果你認為客戶觀念有待修正或誤解，也不要急於說出來，要等他表達完之後再以誠懇的態度加以說明。絕對不能中途打斷，以一種極高的姿態、說教式的大肆批評；而是要給客戶一種感覺：我們雙方是在進行觀念上的溝通，而非刻意地針鋒相對。

9. 說謊、沒有信用

答應客戶的事情，必定要做到「一言既出、駟馬難追。」這才是現代業務員應有的態度。在商業互動中，說謊不只是道德問題，還是策略問題。若情況不允許吐露實情，寧願保持沉默，也不要說謊。交易首重誠實，不惜誇大、說謊、報喜不報憂的話術已經不合時宜，反而是要將心比心，設身處地為客戶推薦更合適的商品，尤其在如今服務業盛行的年代，業務員的良莠，與產品的生命力息息相關。一旦謊言被拆穿，反而會連互信基礎都沒了，豈不是得不償失。

👤 10. 急於介紹產品

這點指的就是：向錯誤的人說了錯誤的話。我們經常看到業務員向首位接電話或見到的人大力介紹自己產品的特徵和優點，而不管這個人是否有沒有購買權或購買欲望。特別是第一次拜訪時，介紹產品不應該是交談的重點，這次交談的時間通常不超過半個小時，而這裡面包括了必要的開場白、提問的時間和大部分客戶回答的時間，第一次見面的目的是盡可能多了解客戶的背景資訊和需求資訊，所以，真正有必要介紹產品的時間應該不超過五分鐘，只有在客戶感覺有必要深入瞭解時，再應客戶需求詳細說明即可。

👤 11. 沒有照顧到在場其他人士

拜訪客戶，常會約在客戶的公司或家裡碰面。除了與客戶詳談外，通常他會有其他同事或家人陪同在旁，此時，便是你展現巧思的時刻了，不可忽略其他的人員，一定要讓他們也覺得倍受禮遇，甚至對你產品感興趣，替你敲敲邊鼓。如此，成功的契機便掌握在你的手裡。

12. 任意批評

這是業務新人最常見的通病,常因脫口而出的話傷了別人,還不自知,例如,見了客戶第一句話便說,「你家真難找」、「這茶怎麼沒味道」,包括嚴苛地批評批評客戶現在使用的產品,或是其他同業。他們在說出這些攻擊性話題時,無論是對人、對事、對物的攻擊詞句,都會造成客戶的反感,也有損自己的專業形象。批評的結果,不僅無法提高自己的身價,更對公司造成極大的損傷。例如在比較同業間產品差異時,可客觀地指出各家的長處,並強調自己所屬公司的優點、特色,而毋須以負面的攻擊作為手段。

13. 不專業,一問三不知

面對客戶詢問有關產品或服務方面的專業知識,此時,正是業務員們表現專業的最佳時機。除了依靠平日自我充實外,行前的充分準備也是重點。事前可將客戶可能提及的問題一一列出成表,模擬回答的內容及技巧,才可確保臨場時能表現得宜。但若遲遲無法作答,或是無法給客戶滿意的答覆,想要促成交易,可說是難上加難。

14. 不真誠

不要忘了留給客戶誠懇的印象,業務員最忌諱給人油腔滑調、一切只向錢看的印象,唯有「踏實坦誠」,才是客戶衷心期盼的業務員特質。拜訪客戶,聆聽客戶談話,要注意時時表露出和藹的笑容,儘管談及與產品無關的事情,也要專心聆聽;不妨坐在客戶身邊適當的距離位子,才不會顯得過於冷漠及生疏。

15. 強勢、給人咄咄逼人之感

在促成的階段，適時地提醒客戶是必要的工作；但在初次，甚或還不是很成熟的階段，僅有一面之緣，即想要快快促成，會令客戶產生退縮，甚至當面拒絕。所謂欲速則不達，掌握時機十分重要，切莫操之過急，時時想要逼客戶下決定，反而會有反效果出現。

16. 沒有時間觀念

訪談時間過於冗長，很容易令客戶產生不耐與困擾。事前與客戶約好多少時間，就要盡可能確實遵守，以免耽誤彼此接下來的工作。若是讓客戶下逐客令時，業務員方才恍然大悟，這種情境可說是十分難堪的。無謂的閒談不但會讓客戶心煩，還會降低自己給客戶的專業感覺。因此，確實抓緊時效、發揮效率，是業務員必須自我訓練的目標。

17. 沒有預算的概念

預算的概念分成兩方面：一是了解與評估客戶的採購預算；二是對自己市場開拓的成本控制和利潤評估。了解客戶的預算情況是業務員需要取得的最重要資訊之一，這樣才能引導客戶安排預算，甚至在必要的時候能建議客戶臨時增加或重新安排預算。此外，業務員在爭取訂單時也要替公司的利潤把關，不能為了討好客戶而大放利多，完全沒有考量到這筆生意即使談成，其實也是一筆虧錢的訂單。

18. 過早涉及價格

價格是客戶最關心的購買因素之一。往往在第一次見面時，客戶都

會有意無意地問：「這個價格是多少？」這時候業務員如果透露價格，客戶通常就會記在心裡，甚至馬上記在紙上。過早涉及價格對於最終達成有利的銷售是不利的。要知道過早涉及價格的直接後果就是洩露了自己的價格底線，喪失了銷售中的主導權。所以，報價的最佳時機是在充分溝通後，即將達成交易之前。這樣，一旦報完價就可以直接轉入簽約，減少了討價還價的因素和時間。

19. 做生意虎頭蛇尾

超級業務員都有一個特色：重現良好的售後服務，能夠靠舊客戶口碑相傳，源源不斷地開發出新的客源，建立一套縝密的客戶網路。因此，售後服務可牢牢掌握住客戶的心，昔日「只在收取保險費、招攬保險時才出現」、「前後態度一百八十度大轉變」的種種批評，應隨著時光的流逝而消失；代之而起，應是健全親切的服務態度。切記：客戶是長久的，期盼能永續經營，聰明的你，一定不能虎頭蛇尾。

20. 不負責任

對於已然成交的客戶，業務員更不能現實地降低原來承諾的服務品質。承諾的關鍵是完成承諾，你要給顧客一個保證，保證顧客購買你的產品不會有任何風險，保證你的產品確實可以對顧客有用，在承諾時要注意，不能許下你做不到的承諾。遇到客戶申請理賠，不可藉故拖延、打電話不回、拖延時間……這些不良的做事態度，都將阻斷下一筆訂單的到來，記住：口碑，將勝於一切。

附錄五 挑戰不景氣的黃金法則

1. 隨時掛著笑容

優秀的業務員幾乎都是隨時隨地笑臉迎人。真誠的笑容，跟五官長相沒有絕對關係，純粹就是打從心底喜歡接觸別人、服務人。隨時都展現友善的態度，讓人願意親近或自然地被你吸引過來。此外懂得聆聽，了解消費者的心理、做到對客戶的關心比預期多一點，讓客戶覺得自己很受重視。所以，態度溫和、親切的笑臉，將為你累積無價的人脈資源。

2. 從老客戶身上開發新業績

充分展現服務的熱忱，再辛苦的任務也不推託，因為你的服務有口碑，老客戶才會願意讓你賺。業務員越能提供附加價值給客戶，服務超乎客戶預期，就越能贏得客戶的信賴，並賺來更多的機會。只要服務做到好，就可以虜獲客戶的心，讓老客戶死忠追隨，也樂於轉而介紹新客戶，業績自然能夠穩定成長。

3. 打不死的拼戰精神

業務每天要拜訪很多的客戶，每天都要寫很多的報表，有人說：銷售工作的一半是用腳跑出來的，一半是動腦子得來的銷售，要不斷地去拜訪客戶，去協調客戶，甚至跟蹤消費者提供服務，銷售工作不會一直是一

帆風順,多多少少會遇到很多困難,但你要有解決的耐心,要有百折不撓
的精神,要有堅強的意志力。「你是看到才相信,還是相信才看到呢?」
業務員一定要對市場有永遠不放棄的信心、不停歇的努力。要有積極、敢
衝,而且「絕對不認輸」的特質,把握住任何一個機會,以旺盛的企圖心
朝訂定的目標勇往直前。

4. 靠腦袋不靠嘴巴

成功絕非偶然,成功業務員一定要有獨創性的思考能力,發揮個人
創意。開創新市場的頭腦,是新一代業務員的一項秘技。想要戰勝同業對
手,唯有多動動腦筋。老是與別人做相同的事,是不可能讓客戶關注到
你。用心思考、創新思維,同時不畏懼轉變,敢於給自己全新的挑戰,才
能不斷創造出佳績,所以,擁有出色的業務能力,不再是靠嘴巴,而是靠
頭腦。

5. 用專業建立影響力

業務員必須了解產品的特色和優點,加上專業知識的俱足,才有實
力服務顧客。與客戶接觸時,業務員要學會做客戶的產品顧問,比客戶有
更齊全、更領先的產業知識,而不只是產品的解說員。不論客戶問什麼問
題都要對答如流,讓自己成為客戶眼中的產品專家。這樣才能贏得客戶足
夠的信任,使客戶願意聽從自己的建議,進而影響客戶的決定。也唯有具
備專業知識,才能看出客戶的真正需求,提出好的銷售計畫或建議書,達
成合約或銷售的目的。

6. 完全從顧客需求出發

　　強迫推銷只會帶來反感，必須100％顧客導向，客戶會想要花錢購買，既有情緒理由，也有理智的理由，要透過察顏觀色來瞭解顧客的真實想法與需求。Top Sales通常都是優秀的傾聽者，你若只顧著說你想說的而不聽別人說，你永遠不會知道客戶的問題在哪裡，你不知道問題就無法創造需求，沒需求人家自然不會感興趣，更不會有意願購買。既然是一個很好的產品，業務員就要對自己的產品有信心，不要不好意思幫客戶發掘他自己也不知道的需求，要記住，你是在將一個好的東西介紹給人，幫助人解決問題。

7. 熱愛你的產品

　　永遠熱愛你的商品，永遠熱愛銷售，隨時跟每一個顧客要求轉介紹的名單。優秀業務員要瞭解自己公司的產品特性，熱愛並信任自己的產品。信心會使你更有活力，要相信公司，相信公司提供給消費者的是最優秀的產品，要相信自己所銷售的產品是同類中的最優秀的，要能夠看到公司和自己產品的優勢，並把這些熟記在心。要和對手競爭，就要清楚自己的優勢，就要用一種必勝的信念去面對你的客戶。

8. 要有敏感的觀察力

　　業務員要有足夠的敏銳度，就要保有一份對市場環境、顧客的敏銳觀察力。觀察不是簡單的看看，而是用專業的眼光和知識去細心觀察你的市場及你的客戶。例如到賣場逛逛，一般人可能知道什麼產品在促銷，什

麼產品多少錢，業務員則要能觀察出更多資訊：注意到別人賣得好的產品是為什麼好賣？競爭品牌又有哪些促銷活動？同樣地在與客戶的談判當中，要觀察對方的言談舉止，從其流露出的資訊來分析對方的「底牌」和心態。例如進場談判，買方報了個價，作為業務員要能分析對方說話的神情語調，用話語刺探，然後觀察出是否有壓低價格的可能，空間幅度有多大等等。有敏銳的觀察力才能隨時主動出擊，關注成功度高的銷售活動，抓住每個銷售機會。

9. 要有執行力

執行力指的是，不僅要把事情做好，而且要在最短的時間、最有效率的前提下做好。凡事要先規劃，再行動，花一分鐘計畫，可以少掉十分鐘的執行時間，也能減少出錯的機率。我們需要用行動去關懷我們的客戶；我們需要用行動去完成我們的目標。如果一切計畫、一切目標、一切願景都只是停留在紙上，不去付諸行動，那計畫就不能執行，目標就不能實現，願景就是泡沫 。由於業務的目標是可被量化的，成績也很容易被衡量，所以需要強烈的執行力。一個優秀的業務員的使命就是要認真去完成公司給的銷售目標，而提升業績的方法，是找尋更多具有需求的客戶，要想想潛在客戶在哪裡，怎麼切入、怎麼開發，列出目標計畫，加上最重要的───一定要有效率地確實去執行，這樣才能如期成功爭取到客戶。

附錄六 客戶說No時的應對話術

　　以下是業務員最常遇到的被拒絕情況及應對話術。當然，實際的拒絕情況不只如此，類似的拒絕還有很多，業務員可以自行綜合與應用，自己研擬一套專屬於自己狀況的反制客戶拒絕的應對說詞，只要能將這種封鎖客戶拒絕言詞的武器好好發展開來，就沒有談不成的訂單。

　　業務員最常遇到的被拒絕的情況及應對話術，如下：

1. 客戶說：我沒空。

我能理解，我也老是覺得時間不夠用。不過只要給我三分鐘，您就會相信，這三分鐘花得很值得。還是您可以選一個您方便的時間，或者我可以在星期三上午或星期二下午來拜訪你。

2. 客戶說：我沒興趣。

您說沒興趣我能理解，要您對不知道有什麼好處的東西感興趣實在是強人所難。如果您沒有細心去研究過的話，又怎麼會有興趣呢，所以，希望您能抽出時間，給我一個機會替您做個完整的介紹。

3. 客戶說：你把資料寄給我就好了。

我們的資料都是精心設計的綱要，必須配合人員的從旁解說，以一對一的方式為客戶量身訂做出適合客戶的方案，所以最好是星期一或星期二我來拜訪您，並當面為您解說。

4. 客戶說：我們會再跟你聯絡的。

也許您目前不會有太大的意願，不過我還是樂意讓您了解，若是您能考慮買我們的產品，對您是相當有益的。也許您現在未必有興趣購買我們的產品，但透過我的介紹，您肯定會有所收穫的。

5. 客戶說：抱歉，我沒有錢。

謝謝您說得那麼坦白，正因為如此，反而可以充分證明我們的產品可以對您產生經濟效益：用最少的資金創造最大的利潤，我的工作就是一方面為您省錢，一方面又為您節省時間。

6、客戶說：抱歉，我沒有預算。

我知道一個完善管理的事業需要仔細地編制預算。預算是幫助公司達成目標的重要工具，但是工具本身須具備靈活性，您說對嗎？我們的產品能幫助貴公司提升業績並增加利潤，還是建議您根據實際情況來調整預算吧！

假如今天我們討論的這項產品能幫助貴公司擁有長期的競爭力或帶來直接利潤的話，作為一個公司的決策者，我想經理您在這種情況下，您是願意讓預算來控制您呢，還是由您自己來主控預算？

這是我們公司今年主推的商品，很適合您和您的家人使用，為了您家人的健康著想，把它買下來作為一份禮物，我想一定能獲得您家人的喜歡與讚賞的。

7. 客戶說：我要考慮一下。（下週給你電話。）

- 好的，先生，您看這樣會不會更簡單些，我下星期一下午晚一點給您打電話，好嗎？

- 先生，我剛才到底是哪裡沒有解釋清楚，所以您說您要考慮一下？

- 您是對價錢不滿意嗎？還是車型不滿意？

- 下週我就不保證有貨了耶……這款目前很搶手，我先替您保留一天，明天我再給您打電話。

8. 客戶說：這金額太大了，不是我能馬上支付的。

- 是的，我想大多數的人和你一樣都沒辦法立即支付的，所以，我們公司有提供無息分期付款，可以分三期和六期的，供您選擇。

9. 客戶說：太貴了。

- B牌是賣××錢，我們這個產品比B牌便宜多啦，品質也比較好。

- 這個產品您可以用多少年呢？按××年計算，××月××星期，實際每天的投資是多少，其實，你每天只要花××錢，就可以擁有這個產品。

- 先生，一看您就知道您平時很注重××（如：儀表、生活品位等）的啦，不會捨不得買這種產品或服務的。

10. 客戶說：市場不景氣。

- 這些日子以來雖然有很多人談到市場不景氣，但對我們個人來說，其實沒有什麼大的影響，所以還不至於會影響您購買我們的產品。

● 您的競爭對手某某先生，也購買了這種產品，他使用後直誇這產品讓他的工作效率大增。就在今天，您也有相同的機會，做出相同的決定，您願意嗎？

11. 客戶說：能不能便宜一些。

● 單純以價格來決定買不買是不夠全面的，光看價格，會忽略品質、服務、產品附加價值等，當然，您也可以買另一款便宜的，但就享受不到產品的一些附加功能。

● 這個價位已是最低的價位，您要想再低一些，我們就虧本賣了，我們做生意是有口碑的，絕對不會佔客戶便宜的。

● 這個世界上，我們很少發現可以用最低價格買到最高品質的產品，這是經濟社會的真理，在購買任何產品時，有時多投資一點，是很值得的，不是嗎？假如你同意我的看法，為什麼不多投資一點，選擇品質比較好一點的產品呢？畢竟選擇普通產品已不能滿足你了。當你選擇較好的產品所帶來的好處和滿足時，價格就已經不重要了，你說是不是呢？

12. 客戶說：別的地方更便宜。

● 先生，也許您說的是真的，畢竟每個人都想以最少的錢買最高品質的商品。但我們這裡的服務好，您在別的地方購買，就沒有這麼多服務項目，而且您還要再找時間去那裡買，這樣不是又耽誤了您的時間，等於沒省多少，還是我們這裡比較恰當。

● 這樣啊，現在假貨氾濫，要小心哦！如果是品質優良的服務與價格二

選一，您會選哪一項呢？你願意犧牲產品的品質只求便宜嗎？如果買到假貨怎麼辦？您是打算放棄我們公司良好的售後服務嗎？有時候我們多投資一點，來獲得我們真正要的產品，這挺值得的，您說對嗎？

我不知道那家公司可以以最低的價格提供最高品質的產品，不過，前些天有個客戶在他們那裡買了××，沒用幾天就壞了，拿去那家公司修理，對方也不處理，才來我這裡問問有沒有辦法修……，我想您一定不希望也遇上這樣的情形吧？

13. 客戶說：它真的值那麼多錢嗎？

您是位眼光獨到的人，難道您現在懷疑自己了嗎？您的決定是英明的，您不信任我沒有關係，怎麼您也不相信自己呢？

當然值！（接下來分析給顧客聽，以打消顧客的顧慮，增強客戶的信心。你可以運用對比分析、拆解分析，還可以舉例佐證。）

編製標準應答語的步驟

Step 1. 把每天遇到的客戶拒絕記錄下來。

Step 2. 依照出現頻率的高低把每一種拒絕列表排序。

Step 3. 與同事討論編製適當的應答錄，並編寫整理成文章。

Step 4. 列印成冊，以便隨時翻閱。

Step 5. 用心背誦，達到運用自如、脫口而出的程度。

銷售大師經驗談

附錄七

銷售是最好的工作，有很多人在銷售領域做出了無法估量的業績，讓我們來向這些銷售大師取經，看看他們都有什麼經驗之談吧！

＊如果你想要把東西賣給某人，你就應該盡自己最大的力量去收集他與你生意有關的情報。

——喬·吉拉德

＊銷售的成功是99%勤奮＋1%的運氣。

——喬·吉拉德

＊如果客戶還沒有提到價格，那通常代表兩種意義：一種是他們可能根本就沒有購買產品的意願；另外一種就是，你的表現還沒有讓他們覺得自己要準備做購買的決定了。

——喬·吉拉德

＊打電話約見準客戶，應該讓對方覺得有必要見你一面。倘若做不到這一點，至少也要讓準客戶對你的拜訪感到有興趣才行，這是約見的基本原則。

——原一平

＊微笑能把你的友善與關懷有效地傳達給準客戶。

——原一平

＊世界上有兩件東西比金錢和性更為人們所需要——認可與讚美。

——玫琳·凱

＊對每個銷售人員來說，熱情是無往不利的，當你用心與靈魂信賴你所推銷的東西時，其他人必定也能感受得到。

——玫琳・凱

＊銷售人員經常犯的一個錯誤是，他們很輕易地就根據客戶的第一反應對客戶下了斷語，結果卻忽略了很好的潛在客戶。

——玫琳・凱

＊你首先應該確定哪些潛在客戶是你下一次溝通的目標客戶。只有確定了明確的目標客戶，你才有可能實現既定的銷售目標。

——日本第一保險公司銷售代表齊藤

＊行銷的目的在於，幫助你瞭解客戶。

——世界級行銷專家杜雷頓・勃德

＊與20%的客戶做80%的生意。也就是把80%的時間和工作集中起來，用來熟悉占總數20%的對自己最重要的那部分客戶。

——約克・麥克馬特，IMG集團總裁

＊你唯一要銷售的東西是想法，而好的想法也是所有人真正想買的東西。

——喬・甘道夫，全美十大傑出保險業務員

＊只有熱愛自己的事業，並且為此不遺餘力奉獻的人，才能得到應得的報酬。

——美國人壽保險創始人佛蘭克・貝特格

＊你應該設身處地為客戶著想，為他設計最適合的保險。只要你使他覺得你的服務不同凡響，你就處在有利的地位，你就有希望獲得成功。

——巴哈，美國壽險奇才

＊如果你想把產品銷售出去，那麼最好先知道客戶究竟在想要些什麼。

——沃爾夫・愛默生

＊銷售的關鍵點很簡單，就是把握客戶最基本的需求或最感興趣的細節。

——美國人壽保險創始人佛蘭克·貝特格

＊銷售工作並不是要征服客戶，而是要贏得對方的合作。

——IBM總裁尼可

＊銷售專業中最重要的字就是「問」。

——博恩·崔西

＊如果沒有綜合用途、價值與服務等相關的好處，客戶是不會購買你的產品的。

——約翰·伍茲

＊當客戶說過七遍「不」之後，通常就成交了。

——傑佛瑞·P·大衛森

＊我們的銷售代表耳聰目明，能不斷打聽出顧客的最新需求，把消息傳給研發人員。因此，研發人員最有資格滿足顧客的需求，又同時能提供新產品或新事業。

——李維士·李爾

＊任何形式的推銷，都是從被拒絕開始的，不經歷過被拒絕，就不是真正意義上的推銷。

——雷德曼

＊如果你真的想要銷售的成功，那麼你最好讓客戶瞭解你的這一想法，並且積極地為這一想法的實現用盡全力。

——沃爾夫·瑪克爾

《用聽的學行銷》一書4CDs精華版

一書4CDs，學行銷就像聽音樂一樣超輕鬆！
隨時聽行銷，殺手級應用，勝讀萬卷書！

王寶玲、伯飛特、衛南陽、王在正

四位國寶級行銷大師醞釀10年專業能量，跨行業跨品類採訪、分析、比較、歸納，嘔心瀝血打造出殺手級行銷寶典！說行銷故事，保證一聽就懂，只需用一點兒聽覺與視覺，您便可以站在巨人的肩膀上看見未來！！

甫上市即再版三刷，感謝各大企業演講邀約、團購本書並指定主管閱聽！

原價NT$650元→ 特價NT$450元→ 新絲路優惠價NT$**347**元

《用聽的學行銷》32CDs完整版

內容◆本書四位作者親聲講授全部行銷密技，
共32片CD光碟。

售價◆ 原價NT$4986元→特價NT$3168元
→新絲路超值優惠價NT$**1490**元

購買方式◆郵政劃撥：50017206 采舍國際有限公司
網路訂購：新絲路網路書店www.silkbook.com

《用聽的學行銷》32CDs完整版

洽詢專線◆（02）82459896
（02）22487896 分機 302 or 305

iris@mail.book4u.com.tw

ying0952@mail.book4u.com.tw

您非買不可的理由

1. **物超所值**：位列「亞洲八大名師」的王博士，橫跨兩岸三地的演講費用，每小時從10,000元人民幣起跳，一堂課更要價80,000元台幣！現在，12片CD、840分鐘，價值100,000元人民幣的音檔，只賣您新台幣1,200元！

2. **限量販售**：本有聲書限量1000盒，為避免排擠效應與莫非定律，「成功」也將有所限定。因此，售完後即不再出版！

3. **成功隱學**：有別於書中所提之例，王博士將更為精彩、引人共鳴的成功祕訣與案例收錄有聲書中，精彩度必將讓您頻頻點頭、連聲道好！

躍身暢銷作家
的最佳捷徑

出書夢想的大門已為您開啟，
全球最大自資出版平台為您
提供價低質優的全方位整合型出版服務！

優質出版、頂尖行銷，制勝6點領先群雄：

制勝 1. 專業嚴謹的編審流程　　制勝 4. 最超值的編製行銷成本
制勝 2. 流程簡單，作者不費心　制勝 5. 超強完善的發行網絡
制勝 3. 出版經驗豐富，讀者首選品牌　制勝 6. 豐富多樣的新書推廣活動

詳情請上華文聯合出版平台 www.book4u.com.tw

台灣地區請洽　　　　　　　中國大陸地區請洽
歐總編 elsa@mail.book4u.com.tw　　王總監 jack@mail.book4u.com.tw

誰說老闆一定是對的？

唯唯諾諾、戰戰兢兢，
老闆＝金科玉律的時代過去了……

您厭倦了每天朝九晚五、看人臉色的上班族日子嗎？只要依照上司的指示死守崗位就可以平步青雲、升官發財嗎？網路資訊爆炸，您做好應對的準備了嗎？

知識經濟時代來臨，只要您掌握了新知就等於掌握了生涯轉變的關鍵、抓住扶搖直上的契機。擁有知識就能提昇競爭力，並讓您在詭譎多變的商場上屹立不倒，終至獨當一面打敗您現在的老闆！

給自己一個機會，和我們一起加入知識升級的行列吧！

發 行 人：王擎天 C.K.O：Jack Wang
總 編 輯：歐綾纖 elsa@mail.book4u.com.tw
文字編輯：蔡靜怡 iris@mail.book4u.com.tw
美術編輯：蔡瑪麗 mary@mail.book4u.com.tw

線上訂購總代理：新絲路網路書店www.silkbook.com
電子書總代理：華文網www.book4u.com.tw
郵購代理：采舍國際有限公司
劃撥帳號：50017206

國家圖書館出版品預行編目資料

王道：業績3.0—「超業」都在用的保證成交術！
/王寶玲 著.—初版.—新北市中和區：
創見文化 2011.4
面；　　公分

ISBN 978-986-271-057-9(精裝)
1.銷售　　　2.銷售員　　　3.職場成功法

496.5　　　　　　　　　　　100003936

王博士
演講邀約

王博士身為亞洲八大名師之首，多年來巡迴
兩岸、星馬、香港演講其知性與理性的各領
域獨到之見解，已在北京、上海、吉隆坡、
台北、台中……等華人地區講演數百場，想
一聽王博士分享精采絕倫的成功之道嗎？

歡迎各大學術機構、企業、組織團體邀約演講！

意者請洽
✦ 電話:(02)2248-7896 ext.305 黃小姐
✦ 傳真:(02)2248-7758
✦ E-mail:ying0952@mail.book4u.com.tw

人生課題 02

王道：業績3.0
「超業」都在用的保證成交術！

本書採減碳印製流程
並使用優質中性紙
（Acid & Alkali Free）
最符環保需求。

出版者／創見文化
作者／王寶玲
印行者／創見文化
總編輯／歐綾纖
文字編輯／蔡靜怡
美術設計／蔡瑪麗

郵撥帳號／50017206 采舍國際有限公司（郵撥購買，請另付一成郵資）
台灣出版中心／新北市中和區中山路2段366巷10號10樓
電話／（02）2248-7896
傳真／（02）2248-7758
ISBN／978-986-271-057-9
出版日期／2011年4月

全球華文國際市場總代理／采舍國際
地址／新北市中和區中山路2段366巷10號3樓
電話／（02）8245-8786
傳真／（02）8245-8718

全系列書系特約展示門市
橋大書局
地址／台北市南陽街7號2樓
電話／（02）2331-0234
傳真／（02）2331-1073

新絲路網路書店
地址／新北市中和區中山路2段366巷10號10樓
電話／（02）8245-9896
網址／www.silkbook.com

本書於兩岸之行銷（營銷）活動悉由采舍國際公司圖書行銷部規畫執行。

線上總代理 ■ 全球華文聯合出版平台 www.book4u.com.tw
主題討論區 ■ http://www.silkbook.com/bookclub　　● 新絲路讀書會
紙本書平台 ■ http://www.silkbook.com　　● 新絲路網路書店
電子書平台 ■ http://www.book4u.com.tw　　● 華文電子書中心

ⓑ 華文自資出版平台
www.book4u.com.tw
elsa@mail.book4u.com.tw
ying0952@mail.book4u.com.tw

全球最大的華文自費出版集團
專業客製化自資出版・發行通路全國最強！